高等学校计算机基础教育教材精选

计算机硬件技术基础

迟丽华 喻梅 编著

清华大学出版社
北京

内容简介

本书是为高校非计算机专业的本科生学习计算机硬件知识编写的教材。内容包括计算机硬件的基础知识、基本技术和基本应用，并由浅入深地介绍了计算机硬件发展中的新知识、新技术。全书共分 8 章。第 1 章介绍计算机系统的硬件组成、工作原理、逻辑部件、数据计算等基础知识。第 2 章介绍微处理器，包括基础的 16 位微处理器、现代先进的 32 位、64 位微处理器。第 3~4 章通过实例介绍微机的指令系统和汇编语言与程序设计。第 5 章介绍总线技术。第 6 章介绍存储器的分类、管理和使用。第 7 章介绍输入输出技术。第 8 章介绍常用的接口芯片。每章都配备了多种类型的习题，并且在附录中给出了习题答案。

本书适合作为高校的计算机公共基础课程"计算机硬件技术基础"的教材，也可作为科技人员学习计算机硬件知识的教材和参考书。

本书封面贴有清华大学出版社防伪标签，无标签者不得销售。

版权所有，侵权必究。举报：010-62782989，beiqinquan@tup.tsinghua.edu.cn。

图书在版编目(CIP)数据

计算机硬件技术基础 / 迟丽华，喻梅编著. —北京：清华大学出版社，2019（2024.8 重印）
高等学校计算机基础教育教材精选
ISBN 978-7-302-51560-9

Ⅰ. ①计… Ⅱ. ①迟… ②喻… Ⅲ. ①硬件－高等学校－教材 Ⅳ. ①TP303

中国版本图书馆 CIP 数据核字(2018)第 257388 号

责任编辑：张瑞庆　常建丽
封面设计：傅瑞学
责任校对：李建庄
责任印制：刘　菲

出版发行：清华大学出版社
　　　　网　　址：https://www.tup.com.cn, https://www.wqxuetang.com
　　　　地　　址：北京清华大学学研大厦 A 座　　　　邮　　编：100084
　　　　社 总 机：010-83470000　　　　　　　　　　邮　　购：010-62786544
　　　　投稿与读者服务：010-62776969, c-service@tup.tsinghua.edu.cn
　　　　质量反馈：010-62772015, zhiliang@tup.tsinghua.edu.cn
　　　　课件下载：https://www.tup.com.cn, 010-83470236
印 装 者：涿州市般润文化传播有限公司
经　　销：全国新华书店
开　　本：185mm×260mm　　　印　张：15.25　　　字　数：351 千字
版　　次：2019 年 2 月第 1 版　　　　　　　　　印　次：2024 年 8 月第 6 次印刷
定　　价：39.90 元

产品编号：080222-01

前言

本书是为高校非计算机专业的本科生学习计算机硬件知识编写的教材，适合作为计算机公共基础课程"计算机硬件技术基础"的教材。为了跟进计算机硬件技术的新发展，在教材中体现计算机硬件的新知识、新技术、新功能，贯彻教育部提出的适应发展的新工科教育理念，对原有教材《微型计算机硬件技术基础》(清华大学出版社出版)做了修改，推出此版新教材《计算机硬件技术基础》，删除原有的一些内容，增加了新内容，不仅可以使学生掌握计算机硬件的基础知识、基本技术和基本应用，同时可使学生开阔视野，了解计算机硬件技术的新发展，提高利用计算机硬件知识解决问题的思维方式和实践能力，更好地利用计算机解决问题。

本书的内容符合高校非计算机专业对计算机硬件知识的要求，编著方式适合这类学生的认知习惯和理解能力，内容由浅入深，文字通俗易懂，注重理论联系实际，贴近实际应用。

全书共 8 章。第 1 章介绍计算机系统的硬件组成、工作原理、逻辑部件、数据计算等基础知识。第 2 章介绍处理器，包括基础的 16 位微处理器和现代先进的 32 位、64 位、多核微处理器，主要讲解它们的基本结构、组成部件、工作原理以及采用的新技术。第 3 章介绍指令系统，并给出使用例子。第 4 章通过实例介绍汇编语言与程序设计。第 5 章介绍总线技术。第 6 章介绍存储器的分类、管理和使用。第 7 章介绍输入输出技术，包括输入输出接口、中断技术等内容。第 8 章介绍常用的接口芯片，包括计数/定时芯片、数/模转换芯片、模/数转换芯片、并行接口芯片和串行接口芯片等，通过实例说明芯片的功能和用法。每章都配备有多种类型的习题，并在附录中给出答案，有助于学生归纳教学内容，测试学习结果。

全书由迟丽华策划、主编、统稿，喻梅和李英慧参加编写。由于作者水平有限，书中难免存在不妥之处，恳请广大读者批评指正。作者联系方式是 chilihua@tju.edu.cn。可在清华大学出版社的网站下载本书的 PPT 课件。

作　者

2018 年 12 月于天津大学

目录

第1章 计算机的基础知识 ⋯⋯⋯⋯⋯⋯⋯⋯⋯⋯⋯⋯⋯⋯⋯⋯⋯⋯⋯⋯⋯⋯⋯⋯⋯⋯⋯⋯⋯ 1

1.1 计算机系统的硬件组成 ⋯⋯⋯⋯⋯⋯⋯⋯⋯⋯⋯⋯⋯⋯⋯⋯⋯⋯⋯⋯⋯⋯⋯⋯⋯⋯ 1
　　1.1.1 一般计算机系统的硬件组成 ⋯⋯⋯⋯⋯⋯⋯⋯⋯⋯⋯⋯⋯⋯⋯⋯⋯⋯⋯⋯ 1
　　1.1.2 微型计算机系统的硬件组成 ⋯⋯⋯⋯⋯⋯⋯⋯⋯⋯⋯⋯⋯⋯⋯⋯⋯⋯⋯⋯ 2
　　1.1.3 嵌入式计算机系统的硬件组成 ⋯⋯⋯⋯⋯⋯⋯⋯⋯⋯⋯⋯⋯⋯⋯⋯⋯⋯⋯ 3
　　1.1.4 主要的性能指标 ⋯⋯⋯⋯⋯⋯⋯⋯⋯⋯⋯⋯⋯⋯⋯⋯⋯⋯⋯⋯⋯⋯⋯⋯⋯ 4
　　1.1.5 基本的逻辑部件 ⋯⋯⋯⋯⋯⋯⋯⋯⋯⋯⋯⋯⋯⋯⋯⋯⋯⋯⋯⋯⋯⋯⋯⋯⋯ 5
　　1.1.6 计算机的基本工作原理 ⋯⋯⋯⋯⋯⋯⋯⋯⋯⋯⋯⋯⋯⋯⋯⋯⋯⋯⋯⋯⋯⋯ 8
1.2 数制转换与数据运算 ⋯⋯⋯⋯⋯⋯⋯⋯⋯⋯⋯⋯⋯⋯⋯⋯⋯⋯⋯⋯⋯⋯⋯⋯⋯⋯ 9
　　1.2.1 数制转换 ⋯⋯⋯⋯⋯⋯⋯⋯⋯⋯⋯⋯⋯⋯⋯⋯⋯⋯⋯⋯⋯⋯⋯⋯⋯⋯⋯⋯ 9
　　1.2.2 二进制数的数据范围 ⋯⋯⋯⋯⋯⋯⋯⋯⋯⋯⋯⋯⋯⋯⋯⋯⋯⋯⋯⋯⋯⋯⋯ 11
　　1.2.3 二进制数的逻辑运算 ⋯⋯⋯⋯⋯⋯⋯⋯⋯⋯⋯⋯⋯⋯⋯⋯⋯⋯⋯⋯⋯⋯⋯ 11
1.3 符号二进制数的表示与运算 ⋯⋯⋯⋯⋯⋯⋯⋯⋯⋯⋯⋯⋯⋯⋯⋯⋯⋯⋯⋯⋯⋯⋯ 12
　　1.3.1 符号二进制数的表示方法 ⋯⋯⋯⋯⋯⋯⋯⋯⋯⋯⋯⋯⋯⋯⋯⋯⋯⋯⋯⋯⋯ 12
　　1.3.2 符号二进制数的运算 ⋯⋯⋯⋯⋯⋯⋯⋯⋯⋯⋯⋯⋯⋯⋯⋯⋯⋯⋯⋯⋯⋯⋯ 13
　　1.3.3 小数的表示 ⋯⋯⋯⋯⋯⋯⋯⋯⋯⋯⋯⋯⋯⋯⋯⋯⋯⋯⋯⋯⋯⋯⋯⋯⋯⋯⋯ 15
1.4 字符的编码 ⋯⋯⋯⋯⋯⋯⋯⋯⋯⋯⋯⋯⋯⋯⋯⋯⋯⋯⋯⋯⋯⋯⋯⋯⋯⋯⋯⋯⋯⋯ 16
　　1.4.1 BCD编码 ⋯⋯⋯⋯⋯⋯⋯⋯⋯⋯⋯⋯⋯⋯⋯⋯⋯⋯⋯⋯⋯⋯⋯⋯⋯⋯⋯⋯ 16
　　1.4.2 ASCII编码 ⋯⋯⋯⋯⋯⋯⋯⋯⋯⋯⋯⋯⋯⋯⋯⋯⋯⋯⋯⋯⋯⋯⋯⋯⋯⋯⋯⋯ 17
习题 ⋯⋯⋯⋯⋯⋯⋯⋯⋯⋯⋯⋯⋯⋯⋯⋯⋯⋯⋯⋯⋯⋯⋯⋯⋯⋯⋯⋯⋯⋯⋯⋯⋯⋯⋯⋯ 19

第2章 微处理器 ⋯⋯⋯⋯⋯⋯⋯⋯⋯⋯⋯⋯⋯⋯⋯⋯⋯⋯⋯⋯⋯⋯⋯⋯⋯⋯⋯⋯⋯⋯⋯⋯⋯ 22

2.1 微处理器基础 ⋯⋯⋯⋯⋯⋯⋯⋯⋯⋯⋯⋯⋯⋯⋯⋯⋯⋯⋯⋯⋯⋯⋯⋯⋯⋯⋯⋯⋯ 22
　　2.1.1 微处理器发展概述 ⋯⋯⋯⋯⋯⋯⋯⋯⋯⋯⋯⋯⋯⋯⋯⋯⋯⋯⋯⋯⋯⋯⋯⋯ 22
　　2.1.2 内部寄存器 ⋯⋯⋯⋯⋯⋯⋯⋯⋯⋯⋯⋯⋯⋯⋯⋯⋯⋯⋯⋯⋯⋯⋯⋯⋯⋯⋯ 22
　　2.1.3 功能结构 ⋯⋯⋯⋯⋯⋯⋯⋯⋯⋯⋯⋯⋯⋯⋯⋯⋯⋯⋯⋯⋯⋯⋯⋯⋯⋯⋯⋯ 26
　　2.1.4 并行工作方式 ⋯⋯⋯⋯⋯⋯⋯⋯⋯⋯⋯⋯⋯⋯⋯⋯⋯⋯⋯⋯⋯⋯⋯⋯⋯⋯ 27

         2.1.5 引脚说明 ………………………………………………………… 28
         2.1.6 工作时序 ………………………………………………………… 31
         2.1.7 存储器的管理方式 ……………………………………………… 32
    2.2 现代微处理器技术 …………………………………………………………… 34
         2.2.1 32位与64位微处理器简介 …………………………………… 34
         2.2.2 主要组成部件 …………………………………………………… 35
         2.2.3 外部引脚与内部寄存器 ………………………………………… 36
         2.2.4 工作模式 ………………………………………………………… 39
         2.2.5 多核处理器简介 ………………………………………………… 41
    习题 ……………………………………………………………………………… 42

第3章 指令系统 …………………………………………………………………… 45

    3.1 指令系统概述 ………………………………………………………………… 45
         3.1.1 指令的格式 ……………………………………………………… 45
         3.1.2 指令字长与指令的执行时间 …………………………………… 46
    3.2 操作数的寻址方式 …………………………………………………………… 47
         3.2.1 立即寻址 ………………………………………………………… 47
         3.2.2 寄存器寻址 ……………………………………………………… 48
         3.2.3 存储器寻址 ……………………………………………………… 49
    3.3 指令系统 ……………………………………………………………………… 53
         3.3.1 数据传送指令 …………………………………………………… 53
         3.3.2 算术运算指令 …………………………………………………… 57
         3.3.3 逻辑运算指令 …………………………………………………… 64
         3.3.4 移位指令 ………………………………………………………… 66
         3.3.5 字符串操作指令 ………………………………………………… 72
         3.3.6 程序控制指令 …………………………………………………… 76
         3.3.7 系统功能调用指令 ……………………………………………… 83
         3.3.8 处理器控制指令 ………………………………………………… 86
    习题 ……………………………………………………………………………… 86

第4章 汇编语言与程序设计 ……………………………………………………… 91

    4.1 汇编语言基础 ………………………………………………………………… 91
         4.1.1 汇编语言程序的设计步骤 ……………………………………… 91
         4.1.2 汇编语言源程序的结构 ………………………………………… 92
         4.1.3 汇编语言的语句格式 …………………………………………… 93
    4.2 常用伪指令 …………………………………………………………………… 94
         4.2.1 定义段的伪指令 ………………………………………………… 94
         4.2.2 指定段寄存器的伪指令 ………………………………………… 95

  4.2.3 定义过程的伪指令 ·· 96
  4.2.4 定义变量的伪指令 ·· 97
  4.2.5 定义符号的伪指令 ·· 99
 4.3 汇编语言程序设计 ·· 99
  4.3.1 顺序结构 ·· 99
  4.3.2 分支结构 ·· 101
  4.3.3 循环结构 ·· 103
  4.3.4 子程序 ·· 108
 习题 ·· 109

第 5 章 总线技术 ·· **115**

 5.1 总线的基本概念 ·· 115
  5.1.1 总线的分类 ·· 115
  5.1.2 总线的结构 ·· 116
  5.1.3 总线的基本功能及性能指标 ···································· 118
 5.2 常用的总线标准 ·· 121
  5.2.1 系统总线 ·· 122
  5.2.2 外部总线 ·· 124
 习题 ·· 127

第 6 章 存储器 ·· **130**

 6.1 概述 ·· 130
  6.1.1 存储层次 ·· 130
  6.1.2 主要指标 ·· 131
 6.2 半导体存储器 ·· 132
  6.2.1 只读存储器 ·· 132
  6.2.2 随机存取存储器 ·· 133
 6.3 存储芯片与系统的连接方式 ·· 136
  6.3.1 全地址译码方式 ·· 137
  6.3.2 部分地址译码方式 ·· 138
  6.3.3 线性译码方式 ·· 138
 6.4 高速缓冲存储器 ·· 139
  6.4.1 工作原理 ·· 139
  6.4.2 读写策略 ·· 140
  6.4.3 与主存的对应方式 ·· 141
 6.5 存储器的扩充方式 ·· 143
  6.5.1 位扩充方式 ·· 143
  6.5.2 字扩充方式 ·· 144

　　　　6.5.3　字位扩充方式 ································· 145
　6.6　存储器的管理技术 ······································· 147
　　　　6.6.1　虚拟存储器 ····································· 147
　　　　6.6.2　Windows 的内存管理 ···························· 151
　6.7　外部存储器 ··· 151
　　　　6.7.1　硬盘 ··· 152
　　　　6.7.2　光盘 ··· 154
　　　　6.7.3　U 盘 ··· 156
　习题 ··· 156

第 7 章　输入输出技术　159

　7.1　输入输出接口 ··· 159
　　　　7.1.1　输入输出接口的基本功能 ························· 159
　　　　7.1.2　输入输出端口及编址方式 ························· 161
　7.2　输入输出的基本方法 ····································· 162
　　　　7.2.1　无条件传输与查询方式传输 ······················· 162
　　　　7.2.2　中断方式 ······································· 163
　　　　7.2.3　直接存储器存取方式 ····························· 164
　　　　7.2.4　通道传输方式 ··································· 165
　7.3　中断技术 ··· 166
　　　　7.3.1　中断的基本概念 ································· 166
　　　　7.3.2　中断的过程 ····································· 168
　　　　7.3.3　中断服务程序地址的获取方法 ····················· 169
　　　　7.3.4　8259 中断控制器 ································ 172
　习题 ··· 183

第 8 章　常用的接口芯片　186

　8.1　定时/计数芯片 8254 ····································· 186
　　　　8.1.1　外部引脚和内部结构 ····························· 186
　　　　8.1.2　工作方式及控制字 ······························· 187
　　　　8.1.3　应用举例 ······································· 192
　8.2　并行接口芯片 8255 ······································ 194
　　　　8.2.1　外部引脚和内部结构 ····························· 194
　　　　8.2.2　与系统总线的连接及寻址 ························· 196
　　　　8.2.3　工作方式 ······································· 197
　　　　8.2.4　控制字和状态字 ································· 200
　　　　8.2.5　应用举例 ······································· 202
　8.3　串行接口芯片 8250 ······································ 206

8.3.1 外部引脚和内部寄存器 …………………………………… 206
　　　8.3.2 工作过程 ……………………………………………………… 211
　　　8.3.3 应用举例 ……………………………………………………… 211
　8.4 数/模转换芯片和模/数转换芯片 ……………………………………… 214
　　　8.4.1 模/数转换芯片 ……………………………………………… 214
　　　8.4.2 数/模转换芯片 ……………………………………………… 218
　习题 ………………………………………………………………………………… 223

附录　习题答案 …………………………………………………………… **225**

参考文献 ………………………………………………………………………… **233**

第 1 章 计算机的基础知识

本章简要介绍计算机硬件的一般知识,包括组成部件、基本逻辑门、基本工作原理等,还介绍了数制转换、数据的表示与运算等基础知识,为后续章节奠定基础。

1.1 计算机系统的硬件组成

计算机系统由硬件系统、软件系统组成。硬件系统是组成计算机的机器部分,软件系统由程序、数据和文档资料组成。

1.1.1 一般计算机系统的硬件组成

计算机的硬件系统由控制器、运算器、存储器、输入设备、输出设备五大部件组成。其中,运算器、控制器集成在一块芯片中,称为中央处理单元(central process unit)或中央处理器,简称 CPU。微型计算机的 CPU 也称为微处理器(microprocessor)。处理器是计算机硬件的核心部件,决定计算机的整体性能。

1. 控制器

控制器是整个计算机硬件系统的指挥控制中心,根据程序指令产生一系列控制信号,以此控制所有部件按指令工作。控制器内部包括指令寄存器、指令译码器、程序计数器和控制单元等。

计算机中有 3 类信息:数据信息、地址信息和控制信息,分别在数据总线、地址总线和控制总线上流动,由控制器控制如何流动。

2. 运算器

运算器的功能是做算术运算和逻辑运算。运算器包括运算部件、累加器、寄存器。运算部件是运算器的核心部件。寄存器用于存放指令、指令地址、数据、运算结果等。

3. 存储器

存储器是计算机的存储部件，用于存放程序、数据等信息，分为内存储器和外存储器两类。衡量存储器的主要指标是存储容量、存取速度。

（1）内存储器简称内存，又分为高速缓冲存储器（Cache）、只读存储器（read only memory，ROM）和随机存储器（random access memory，RAM）。

RAM 也称主存储器，简称主存或内存，是可读可写的存储器。RAM 内容可由用户随时读写，断电后内容立即丢失。RAM 用来暂存计算机正在运行的程序和正在使用的数据。主存被划分成若干个存储单元，每个存储单元可以存放指令或数据等信息。为了能找到存储单元，赋予每个存储单元一个编号（地址），存储单元一般按字节编址，即每个字节有一个编号。一个字节（byte，B）包括 8 个二进制位（bit，b），即 1B＝8b。

ROM 是只读存储器，用于存放永久性的系统程序和服务程序，用户只能读出其中的内容，不能修改，它的内容由计算机厂家采用特殊方法写入，断电后内容不丢失。

高速缓冲存储器的优点是读写速度快，可以解决处理器和主存读写速度不匹配的问题。处理器读取信息时，先访问 Cache，如果没有所要内容，再访问主存。高速缓存的缺点是价格高、容量小。随着制作技术的不断提高，容量逐步提高，价格降低。

（2）外存储器也称辅助存储器，简称外存或辅存。与内存相比，其特点是存储容量大、成本低、可以永久脱机（断电）保存信息。常用的外存储器有磁带、硬盘、光盘和 U 盘等。

4. 输入输出设备

计算机内部通过输入输出设备与外界传送信息。输入输出设备有多种，其速度、数据格式、电位高低等与处理器不匹配，不能与处理器直接连接，必须通过输入输出接口连接，输入输出设备与处理器通过接口实现联络、信号变换、数据缓冲和传送信息等工作。

1.1.2 微型计算机系统的硬件组成

微型计算机简称微机，微机的硬件结构也属于冯·诺依曼结构，仍由控制器、运算器、存储器、输入设备、输出设备构成。各部件的连接方式普遍采用总线结构，即由总线将处理器、主存储器和输入输出接口电路连接起来，并实现与外部设备的信息传送。总线作为传送信息的公共通道，包括地址总线、数据总线、控制总线，分别传送地址信息、数据信息和控制信息。

图 1.1 是微机硬件基本组成的框图，总线将主板与输入输出接口连接起来，依靠输入输出接口连接外设（磁盘、鼠标、显示器等）。虚线内的部件安装在机箱内的主板上。主板是微机的最大电路板，是重要部件，几乎集中了系统的全部功能，微处理器安装在主板的专用插座上。主板上还包括内存插槽（用于插接内存条芯片，构成主存储器）、高速缓存、芯片组、BIOS（basic input output system，基本输入输出系统）、CMOS RAM（简称 CMOS）、总线插槽（输入输出通道）、串行接口和并行接口等。主板有多种类型，区别是各

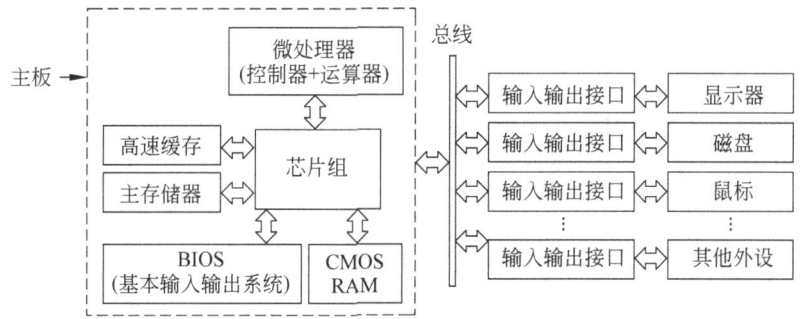

图 1.1　微机硬件基本组成的框图

部件的排列位置、电源接口外形、控制方式等。

对于 Intel 80286 及以后推出的微机,主板上都有一块 CMOS RAM 芯片,用于存储微机的一些配置信息,如系统时间、硬件配置等参数。要修改 CMOS 内容,开机后进入 Setup 程序。CMOS 由电池供电,关机后信息不丢失。

BIOS 是一块 ROM,内容由计算机厂家采用特殊方法写入,用于存储微机的基本输入和输出程序。用户只能读出 BIOS 内容,不能修改。关机后 BIOS 信息不丢失。

芯片组是固定在主板上的几块芯片。微处理器的种类、引脚、时序各不相同,需要不同芯片组的支持。系统时钟以及各种与其同步的时钟由芯片组决定。

1.1.3　嵌入式计算机系统的硬件组成

嵌入式计算机系统简称嵌入式系统(embedded system),是用于特定应用的专用计算机系统。其特点是便利灵活、嵌入性强,可以嵌入到信息家电和工业控制系统中。

日常生活中广泛使用手持式嵌入式系统,如手机、条码扫描、物流管理和数据采集设备等。其他嵌入式系统还有 ATM 机、自动售货机、GPS 导航、车载计算机、医院的医疗设备、机顶盒、智能电视、工业控制设备等。

嵌入式的硬件部分包括嵌入式处理器或单片机、外围硬件设备等。外围硬件设备包括显示卡、存储器(ROM、RAM 等)、通信设备接口、IC 卡或信用卡的读取设备等。

1. 嵌入式微处理器

嵌入式微处理器是嵌入式系统的核心,它与通用处理器最大的不同是,它工作在专用的系统中,将通用处理器由板卡完成的任务集成在芯片内部,便于制作小型化的嵌入式系统。嵌入式微处理器有多种体系结构,全世界的嵌入式微处理器已超过一千多种,面向不同的应用。

2. 存储器

存储器用于存放程序、数据、图片等内容,包含主存储器、辅助存储器(外存)、高速缓存(Cache)。用于主存的存储介质有 ROM、RAM。系统使用的操作系统和应用程序都固化在 ROM 中。常用的外存有闪存(flash memory)、硬盘等。

3. 通用设备接口

嵌入式系统和外界交互需要一定形式的通用设备接口,如模/数(A/D)转换接口、数/模(D/A)转换接口、输入输出接口等。

输入输出接口有 RS-232 接口(串行通信接口)、Ethernet(以太网接口)、USB(通用串行总线接口)、音频接口、VGA 视频输出接口、I2C(现场总线)、SPI(串行外围设备接口)和 IrDA(红外线接口)等。

1.1.4 主要的性能指标

1. 字与字长

字是计算机处理器处理数据的基本单位。字长是处理器一次能同时处理的二进制数的位数,如 16 位、32 位、64 位等。通常以字长定义计算机,如 16 位机、32 位机、64 位机。一般来说,计算机数据总线的线数就是字长。字长的大小决定计算机处理数据的能力。字长越长,一次能处理的数据越多。

2. 存储容量

存储容量是存储器存储数据的总量。存储容量的常用单位换算关系如下。
1B(byte,字节)=8b(bit,位)
1W(word,字)=2B
1KB(kilobyte,千字节)=1024B
1MB(megabyte,兆字节)=1024KB
1GB(gigabyte,吉字节)=1024MB
1TB(terabyte,太字节)=1024GB
1PB(petabyte,拍字节)=1024TB
位(b)、字节(B)分别是存储容量的最小单位和基本单位。

3. 运算速度

运算速度(平均运算速度)是计算机每秒执行指令的条数,取决于指令的执行时间,是衡量计算机性能的一项重要指标,可用"百万条指令/秒"(million instruction per second,MIPS)描述。

4. 主频、外频

主频是处理器的工作频率,即处理器内部电路实际运行的频率,是分辨处理器速度的主要指标。外频是向处理器提供的基准时钟的频率,即处理器总线的频率,是处理器与其他部件之间传送数据的工作频率。

1.1.5 基本的逻辑部件

计算机用二进制(0、1)表示数据,二进制的 0、1 也称为逻辑值,0 是负逻辑,1 是正逻辑。逻辑部件用于表示逻辑值和逻辑运算。下面从应用角度介绍几种常用的逻辑部件:基本的逻辑门电路、三态电路、译码器。这里只介绍部件的功能、外部引线、表示符号(逻辑符号),不涉及内部电路。

1. 基本的逻辑门

基本的逻辑门包括与门、或门、非门、与非门、或非门、异或门。

1) 与门

与门(AND GATE)是多个逻辑值进行与运算的门电路。两个逻辑值 A、B 做与运算,结果 Y 表示为 $Y=A \wedge B$。图 1.2 是与门逻辑图。表 1.1 是与门真值表。

当输入量 A、B 均是 1 时,输出 Y 才是 1。A、B 只要有一个是 0,输出 Y 就是 0。从电路角度说,如果采用正逻辑,当与门的输入量 A、B 都是高电位时,输出 Y 才是高电位,否则 Y 输出低电位。

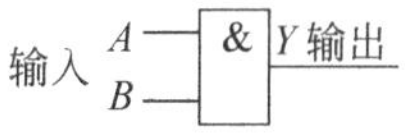

表 1.1 与门真值表

A	B	Y
0	0	0
0	1	0
1	0	0
1	1	1

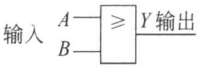

图 1.2 与门逻辑图

2) 或门

或门(OR GATE)是多个逻辑值进行或运算的门电路。两个逻辑值 A、B 做或运算,结果 Y 表示为 $Y=A \vee B$。当输入量 A、B 有一个是 1 时,输出 Y 是 1;只有当 A、B 都是 0 时,Y 才为 0。图 1.3 是或门逻辑图。表 1.2 是或门真值表。

表 1.2 或门真值表

A	B	Y
0	0	0
0	1	1
1	0	1
1	1	1

图 1.3 或门逻辑图

3) 非门

非门(NOT GATE)是非运算的门电路。图 1.4 是非门逻辑图。表 1.3 是非门真值表。

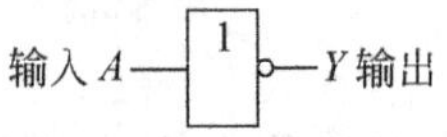

输入 A —[1]o— Y 输出

图1.4 非门逻辑图

表1.3 非门真值表

A	Y
0	1
1	0

4) 与非门

与非门(AND NOT GATE)是与门、非门两者的结合,即先对输入量 A、B 做与运算,再对结果做非运算,结果 Y 表示为 $Y=\overline{A \wedge B}$。图1.5是与非门逻辑图。表1.4是与非门真值表。

表1.4 与非门真值表

A	B	Y
0	0	1
0	1	1
1	0	1
1	1	0

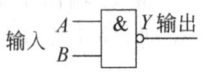

图1.5 与非门逻辑图

5) 或非门

或非门(OR NOT GATE)是或门、非门两者的结合,即先对输入量 A、B 做或运算,再对结果做非运算,结果 Y 可表示为 $Y=\overline{A \vee B}$。图1.6是或非门逻辑图。表1.5是或非门真值表。

表1.5 或非门真值表

A	B	Y
0	0	1
0	1	0
1	0	0
1	1	0

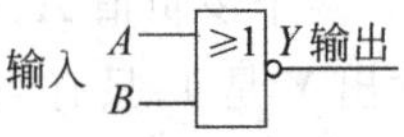

图1.6 或非门逻辑图

6) 异或门

异或门(XOR GATE)是异或运算的门电路。图1.7是异或门逻辑图。表1.6是异或门真值表。

表1.6 异或门真值表

A	B	Y
0	0	0
0	1	1
1	0	1
1	1	0

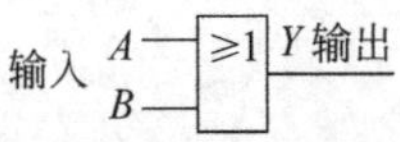

图1.7 异或门逻辑图

2. 三态门

一般的逻辑门只能输出两种状态：高电位(1)、低电位(0)。三态门电路也叫三态缓冲器，简称三态门，能输出第三种状态，即高阻态(高阻抗，电阻很大，相当于电路开路)，相当于隔断状态。

三态门可被看成是一种控制开关，主要用于外部设备与处理器的连接，控制选通哪个设备。未选通的设备，三态门处于高阻态，相当于没有与处理器连接，设备的信号不能传给处理器。如果处理器只连接一个设备，就不需要三态门。

由于三态门具有控制信号是否通过的能力，所以常用三态门构造输入接口。图1.8是 EN 高电位导通的三态门。图1.9是 $\overline{\text{EN}}$ 低电位导通的三态门。EN 或 $\overline{\text{EN}}$ 作为三态门的开关信号，控制三态门的导通和隔断。当 EN 或 $\overline{\text{EN}}$ 是高电位时，三态门导通，选中与之连接的设备，设备的信号可以通过三态门传给处理器。当 EN 或 $\overline{\text{EN}}$ 是低电位时，三态门处于隔断状态，未选中与之连接的设备，设备的信号不能传给处理器。

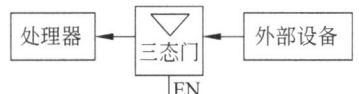   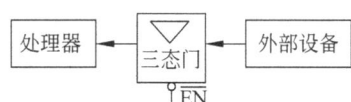

图1.8　EN 高电位导通的三态门　　　　图1.9　$\overline{\text{EN}}$ 低电位导通的三态门

3. 译码器

计算机系统中通过控制电路将地址信号转换成选择信号，以便选择所需的部件，这个控制电路称为译码电路或译码器。

译码器的种类有很多，这里主要介绍译码器 74LS138，其外部引脚如图1.10所示。它有 3 个输入信号 C、B、A，控制 8 个输出信号 $\overline{Y}_0 \sim \overline{Y}_7$，称为 3-8 线译码器。$G_1$、$\overline{G}_{2A}$、$\overline{G}_{2B}$ 是译码器的 3 个使能(enable)输入信号，控制是否允许译码器工作。当 $G_1 = 1$，$\overline{G}_{2A} = \overline{G}_{2B} = 0$ 时，译码器处于工作状态，称为使能(enable)状态，否则处于禁止状态，称为不能(disable)状态。3 位输入信号 C、B、A 有 8 种状态，决定 8 个输出线 $\overline{Y}_0 \sim \overline{Y}_7$ 的状态。输出是 0 时，与该输出线连接的部件才能工作。例如，输入信号 C、B、A 都是 0 时，输出线 $\overline{Y}_0$ 是 0，$\overline{Y}_0$ 线导通，与 $\overline{Y}_0$ 线连接的部件可以工作。通过程序控制输入信号 C、B、A，以便

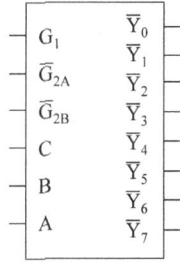

图1.10　74LS138 译码器的外部引脚

从 $\overline{Y}_0 \sim \overline{Y}_7$ 选择其一导通。74LS138 译码器的功能表见表 1.7。

表 1.7 74LS138 译码器的功能表

使能线			输入线			输出线							
G_1	$\overline{G}_{2A}$	$\overline{G}_{2B}$	C	B	A	$\overline{Y}_0$	$\overline{Y}_1$	$\overline{Y}_2$	$\overline{Y}_3$	$\overline{Y}_4$	$\overline{Y}_5$	$\overline{Y}_6$	$\overline{Y}_7$
×	1	1	×	×	×	1	1	1	1	1	1	1	1
0	×	×	×	×	×	1	1	1	1	1	1	1	1
1	0	0	0	0	0	0	1	1	1	1	1	1	1
1	0	0	0	0	1	1	0	1	1	1	1	1	1
1	0	0	0	1	0	1	1	0	1	1	1	1	1
1	0	0	0	1	1	1	1	1	0	1	1	1	1
1	0	0	1	0	0	1	1	1	1	0	1	1	1
1	0	0	1	0	1	1	1	1	1	1	0	1	1
1	0	0	1	1	0	1	1	1	1	1	1	0	1
1	0	0	1	1	1	1	1	1	1	1	1	1	0

1.1.6 计算机的基本工作原理

计算机按照程序的指示工作。需要预先把让计算机完成的工作写成命令序列，即编写程序，并且存储到存储器中。

计算机能做哪些操作取决于提供了哪些指令，一条指令对应一种基本操作，指令的多少决定了计算机功能的强弱。计算机能辨别、执行的所有指令称为指令系统，又称指令集合。不同类型的计算机有不同的指令系统。

计算机的工作就是执行程序。一个程序包含若干条指令，需要逐条执行。执行程序的过程是不断地取指令、分析指令、执行指令的过程，如图 1.11 所示。

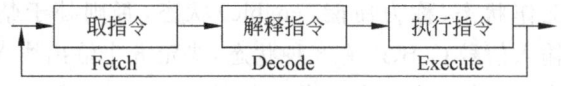

图 1.11 计算机的工作过程

执行一条指令的过程大体如下。

(1) 计算机的执行部件从指令预取(排队)部件中提取一条指令，若没有所需指令，就向总线接口部件发出请求，要求访问内存，从中取出该条指令。

(2) 当总线空闲时，总线接口部件通过总线从内存中取出一条指令，放入高速缓存和指令预取部件中。

(3) 指令译码部件从指令预取部件中取得该指令，并翻译成起控制作用的微码。

(4) 地址转换部件算出指令所需操作数的物理地址，按照该地址从内存取出操作数。

(5) 执行部件按照指令操作码的要求完成处理，并根据处理结果设置一些状态标志。

(6) 修改相关地址，为提取下一条指令准备好地址。

重复上述过程,直至程序中的全部指令执行完毕,获得最终结果。关于指令执行过程的详细介绍参见第2章。

1.2 数制转换与数据运算

计算机采用二进制表示数据。输入到计算机的十进制数首先转换成二进制数,计算后的二进制数结果再转换成十进制数,这些转换由计算机自动完成。

1.2.1 数制转换

1. 十进制数转换成其他进制数

十进制数转换成其他进制数,如转换成二进制、十六进制,其转换方法是:对十进制数的整数、小数分别转换,并将转换结果合为一个数。整数部分的转换方法是除以 R 取余数,直至商为0,余数从右到左排列即为所求。小数部分的转换方法是乘以 R 取整数,直至取走整数后余下的数为0(若取走整数部分后余下的数仍不为0,则满足精度后停止计算),取走的整数从左至右排列即为所求。

1) 十进制数转换成二进制数

十进制数转换成二进制数的方法是整数除以2取余数,小数乘以2取整数。

例1.1 十进制数23.625转换为二进制数,写出转换过程(整数23除以2取余数,小数0.625乘以2取整数)、转换结果。

转换结果是10111.101,下面是转换过程。

```
整数23除以2取余数的过程              小数0.625乘以2取整数的过程
                  余数               整数      0.625
                                            ×    2
  2 | 23    →    1(最低位)          1←      1.250
  2 | 11          1                         0.250
  2 |  5          1                       ×    2
  2 |  2          0                  0←      0.50
  2 |  1          1(最高位)                ×    2
      0                              1←      1.00
```

2) 十进制数转换成十六进制数

十进制数转换成十六进制数的方法是整数除以16取余数,小数乘以16取整数。例如,十进制数165转换成十六进制数,结果是A5,或写成A5H(H表示十六进制)。转换过程如下。

```
         余数
16 | 165  →   5
16 |  10  →  10(A)
       0
```

2. 非十进制数转换成十进制数

任意一个 R 进制数 $(B_{n-1}B_{n-2}\cdots B_0B_{-1}\cdots B_{-m})_R$ 转换成十进制数的方法是:首先把 R 进制数写成如下的多项式(基数 R 按权展开),然后对多项式各项求和,可得十进制数。

假定 R 进制数是正数,R 进制数按权展开的多项式如下。

$$(B_{n-1}B_{n-2}\cdots B_0B_{-1}\cdots B_{-m})_R = B_{n-1}\times R^{n-1} + B_{n-2}\times R^{n-2} + \cdots + B_0\times R^0 + B_{-1}\times R^{-1} + B_{-2}\times R^{-2} + \cdots + B_{-m}\times R^{-m}$$

B_i 表示 R 进制数各数位的数码,取值范围是 $0\sim n-1$,如十进制有 $0\sim 9$ 共 10 个数码。R 称为基数,是数制使用的数码个数,如二进制的基数是 2,十进制的基数是 10。R 的指数称为权,是数制中某位表示的数值大小(所处位置的价值),如十进制 123,数字 1 的位权是 100,2 的位权是 10,3 的位权是 1。

1) 二进制数转换成十进制数

方法是把二进制数写成基数 2 按权展开的多项式。

例 1.2 二进制数 1101.01 转换成十进制数。

$(1101.01)_2 = 1\times 2^3 + 1\times 2^2 + 0\times 2^1 + 1\times 2^0 + 0\times 2^{-1} + 1\times 2^{-2} = 8+4+0+1+0+0.25 = (13.25)_{10}$

2) 十六进制数转换成十进制数

方法是把十六进制数写成基数 16 按权展开的多项式。

例 1.3 十六进制数 2A5.8 转换成十进制数。

$(2A5.8)_{16} = 2\times 16^2 + 10\times 16^1 + 5\times 16^0 + 8\times 16^{-1} = 512+160+5+0.5 = (677.5)_{10}$

3. 二进制数与十六进制数的相互转换

$2^4=16$,即 4 位二进制数可用 1 位十六进制数表示。或者说,1 位十六进制数可转换成 4 位二进制数。十六进制数转换为二进制数的方法是:十六进制数的每 1 位用 4 位二进制数替代,见下面的例子。

例 1.4 十六进制数 F9A.C 转换成二进制数。

```
( F     9     A .    C )₁₆
  ↕     ↕     ↕      ↕
(1111  1001  1010. 1100)₂
```

结果是 $(F9A.C)_{16} = (111110011010.1100)_2$。

上述转换过程的逆过程就是二进制数转换成十六进制数,即以小数点为界,二进制数的整数部分从低位到高位(从右到左)每 4 位一组,高位不足 4 位时前面补零,二进制数的小数部分从高位到低位(从左到右)每 4 位一组,低位不足 4 位时后面补零,每组二进制数用1位十六进制数代替。

1.2.2 二进制数的数据范围

二进制数可表示的数据范围由二进制数的位数决定,位数越多,则数据范围越大。如果用8位二进制数表示无符号数,可表示的最小二进制数是00000000,最大二进制数是11111111,对应十进制数的范围是$0 \sim 2^8-1$,即$0 \sim 255$,对应十六进制数$0 \sim FF$。用n位二进制数表示无符号数,可表示的数据范围是$0 \sim 2^n-1$。如果数据的运算结果超出了可表示的范围,则会产生溢出,导致结果不正确。

例1.5 假设用8位二进制数表示无符号数,验证两个无符号数11111111、00000001相加后,即255+1的结果是否正确。

255+1的结果应是256,因为8位无符号数可表示的最大值是255,256超出了范围,所以运算结果有溢出。从下面的运算竖式可以看出,相加的结果是00000000,即十进制数0,代表256的进位1丢失了,所以结果不正确。

```
      11111111
  +   00000001
  1   00000000
```
结果是十进制数0,运算结果超出8位,丢失进位1,有溢出,结果错误。

1.2.3 二进制数的逻辑运算

逻辑运算是逻辑值的运算。逻辑值是用0、1表示的变量,用于表示(区分)问题的两种状态,如电压的高、低,一般用逻辑1表示高电位,用逻辑0表示低电位。

二进制数的基本逻辑运算包括与运算、或运算、非运算、异或运算,它们都是对二进制数的每一位做运算。

1. 与运算(AND)

与运算又称逻辑乘,是两个二进制数按位做与运算,运算规则是1 AND 1=1,1 AND 0=0,0 AND 1=0,0 AND 0=0,即任何数和0相与,结果都是0,1和1相与,结果是1。例如,10100011 AND 11000101,结果是10000001,运算竖式如下。

```
        10100011
  AND   11000101
        10000001
```

2. 或运算(OR)

或运算又称逻辑加,是两个二进制数按位做或运算,运算规则是0 OR 0=0,0 OR 1=1,1 OR 0=1,1 OR 1=1,即任何数和1相或,结果都是1。例如,10100011 OR 11000101,结果是11100111。

3. 非运算(NOT)

非运算又称反运算,是对每位二进制数取反值,即 NOT 0=1,NOT 1=0,0 的反是 1,1 的反是 0。例如,NOT 10000001=01111110。

4. 异或运算(XOR)

异或运算是两个二进制数按位做异或运算,运算规则是 0 XOR 0=0,0 XOR 1=1,1 XOR 0=1,1 XOR 1=0,即两个二进制数的对应位不相同时该位结果是 1,相同时结果是 0。例如,10000101 XOR 00100111,结果是 10100010。

1.3 符号二进制数的表示与运算

前面讨论的二进制数未涉及符号,称为无符号数。有正、负的二进制数称为有符号数或带符号数,简称符号数。

1.3.1 符号二进制数的表示方法

采用最高位表示数据的符号,最高位是 1,表示正数,最高位是 0,表示负数。符号数有 3 种表示方案:原码、反码、补码。计算机采用补码表示符号数。

1. 原码

1) 原码的表示

原码是符号数最简单的表示方法,最高位表示数据的符号,其他位是数据的绝对值。例如,+12 的 8 位原码是 00001100,16 位原码是 0000000000001100。-12 的 8 位原码是 10001100,16 位原码是 1000000000001100。

0 的原码有两种形式:$[+0]_原$、$[-0]_原$。如果用 8 位表示,$[+0]_原$=00000000,$[-0]_原$=10000000。

2) 原码的数据范围

原码的数据范围由二进制数的位数决定,位数越多,可表示的数据范围越大。若用 8 位表示原码,最小的二进制负数是 11111111,最大的二进制正数是 01111111,对应十进制数的范围是 $-(2^7-1) \sim +(2^7-1)$,即 $-127 \sim +127$。如果用 16 位表示原码,可表示的十进制整数范围是 $-(2^{15}-1) \sim +(2^{15}-1)$,即 $-32767 \sim +32767$,若用 n 位表示原码,可表示的十进制整数范围是 $-(2^{n-1}-1) \sim +(2^{n-1}-1)$。

2. 反码

1) 反码的表示

正数的反码与原码相同。例如,$[+12]_原=[+12]_反$=00001100。对于负数,反码的符号位与原码相同,数值部分是对原码的数值部分按位取反值,即 1 变为 0,0 变为 1。例如,$[-12]_原=10001100$,$[-12]_反=11110011$。

数字 0 的反码有两种形式:$[+0]_反$、$[-0]_反$。若用 8 位表示,$[+0]_反=00000000$,$[-0]_反=11111111$。

2) 反码的数据范围

反码的数据范围由二进制数的位数决定,位数越多,可表示的数据范围越大。若用 8 位表示反码,反码 10000000 是最小的二进制负数,对应十进制数 -127。反码 01111111 是最大的二进制正数,对应十进制数 $+127$。若用 n 位表示反码,对应的十进制整数范围是 $-(2^{n-1}-1)\sim+(2^{n-1}-1)$。

3. 补码

1) 补码的表示

计算机用补码表示符号数。正数的补码与原码相同。负数的补码是反码的最低位加 1,即 $X<0$ 时,$[X]_补=[X]_反+1$。例如,$[-12]_原=10001100$,$[-12]_反=11110011$,$[-12]_补=[-12]_反+1=11110100$。

数字 0 的补码只有一种形式,即 $[+0]_补=[-0]_补=00000000$。

2) 补码的数据范围

补码的数据范围由二进制数的位数决定,位数越多,则可表示的数据范围越大。8 位补码的最小二进制负数是 10000000,对应十进制数 -2^7,即 -128。8 位补码的最大二进制正数是 01111111,对应十进制数 $+(2^7-1)$,即 $+127$。n 位补码对应的十进制整数范围是 $-(2^{n-1})\sim+(2^{n-1}-1)$。

例 1.6 假设用 16 位表示符号数,分别写出原码、反码、补码的整数范围。

(1) 原码、反码的数据范围都是 $+(2^{15}-1)\sim-(2^{15}-1)$,即十进制数 $+32767\sim-32767$。

(2) 补码的数据范围是 $+(2^{15}-1)\sim-(2^{15})$,即十进制数 $+32767\sim-32768$。

例 1.7 已知 $[X]_补=00100110$,求 X 的原码及对应的十进制数。

先由补码得到原码,再由原码算出对应的十进制数。因为 $[X]_补$ 的最高位是 0,所以是正数,原码与补码相同,$[X]_原=[X]_补=00100110$,数值部分 0100110 对应十进制数 38,添上符号是 $+38$。

例 1.8 已知 $[X]_补=11111110$,求 X 的原码及对应的十进制数。

根据 $[X]_原=[[X]_补]_补$,或 $[X]_原=[[X]_补]_反-1$ 都能得到原码。X 的原码是 10000010,对应的十进制数为 -2。

1.3.2 符号二进制数的运算

首先介绍符号二进制数的补码运算,然后介绍运算的溢出问题。

1. 二进制数的补码运算

计算机用补码表示符号数和运算结果。利用补码可以把减法转换成加法。符号二进制数的运算归结为补码运算,补码运算有如下规则。

(1) $[X+Y]_{补}=[X]_{补}+[Y]_{补}$,即和的补码等于补码之和。

(2) $[X-Y]_{补}=[X]_{补}-[Y]_{补}$,即差的补码等于补码之差。

(3) $[X-Y]_{补}=[X]_{补}+[-Y]_{补}$,即差的补码等于第 1 个数的补码与第 2 个数(负数)的补码之和。

例 1.9 已知 $X=+6$、$Y=+1$、$X-Y=5$,写出 $[X]_{补}$、$[-Y]_{补}$,计算 $[X]_{补}+[-Y]_{补}$,验证 $[X]_{补}+[-Y]_{补}=[X-Y]_{补}=+5$。

因为 X 是正数,所以 $[X]_{原}=[X]_{补}=[+6]_{补}=00000110$。

$[-Y]_{原}=[-1]_{原}=10000001$,$[-1]_{反}=11111110$,$[-1]_{补}=[-Y]_{补}=11111111$。

$[X]_{补}+[-Y]_{补}=[+6]_{补}+[-1]_{补}$ 的运算竖式如下。

```
   00000110    [+6]的补码
 + 11111111    [-1]的补码
 ─────────────
 1 00000101    最前面的 1 是进位,其余位是+5
```

即 $[X-Y]_{补}=[X]_{补}+[-Y]_{补}=[+6]_{补}+[-1]_{补}=00000110+11111111=00000101$,即 $+5$。

2. 运算的溢出问题

前面介绍了无符号运算的溢出问题。符号数的运算也存在溢出。当两个相同符号的数相加或两个不同符号的数相减时,若运算结果超出可表示的数据范围,出现溢出,则结果不正确。两个带符号的二进制数相加或相减时,可用下面法则判断计算结果是否溢出。

(1) 如果最高位向前无进位(或借位),次高位向最高位有进位(或借位),则相加或相减的结果有溢出。

(2) 如果最高位向前有进位(或借位),次高位向最高位无进位(或借位),则相加或相减的结果有溢出。

上述两个判定规则可用异或运算(⊕)表示,即如果相加或相减结果最高位的"进位(或借位)⊕次高位的进位(或借位)=1",则说明计算结果溢出了。

例 1.10 假设数据的宽度为 8 位(符号 1 位、数值 7 位),$X=+127$、$Y=+1$,计算 $X+Y$,结果是否溢出?

因为 8 位补码的数据范围是 $-128\sim+127$,所以 $127+1$ 有溢出,可用下面的加法竖式验证。

```
   01111111    (+127)
 + 00000001    (+1)
 ─────────────
   10000000    (-128)的补码,最高位的 1 表示负数
```

计算结果 10000000 的最高位是 1,结果是负数,两个正数相加,结果是负数,即数据溢出。也可以用溢出判断法则判定是否溢出。从上面的运算竖式可以看出,最高位向前无进位,次高位向最高位有进位,即有溢出。

1.3.3 小数的表示

带小数的数有定点、浮点两种表示方法。定点法表示称为定点数。浮点法表示称为浮点数。浮点法类似十进制数的科学计数法。

1. 定点数

定点数(fixed point number)的小数点固定在约定位置,小数点是隐含的,无需专门表示。有两种约定:一种是小数点固定在符号位之后,只能表示小数,称为定点小数;另一种是小数点固定在有效位数之后,只能表示整数,称为定点整数。计算机一般用定点整数表示符号整数。

例 1.11 假定用 8 位原码表示定点整数,符号占 1 位,数值占 7 位,十进制整数 +9 的 8 位原码是 00001001,对应的定点整数表示如下。

例 1.12 $(+0.125)_{10} = (+0.0010000)_2$,+0.125 的 8 位原码定点小数表示如下。

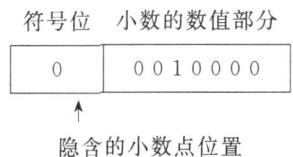

2. 浮点数(float point number)

小数点的位置可以浮动,所以称为浮点数。计算机用浮点数表示带小数的数。浮点数由阶码、尾数两部分组成,记为 $\pm M \times 2^E$。

阶码 E 表示指数,一般用定点整数的补码表示,尾数 M 表示有效数字,一般用定点小数的原码或补码表示。要求尾数规格化,即 $0.1 \leqslant$ 尾数 < 1,通过调整阶码保证数值大小不变。

IEEE 标准浮点数的格式如下。

最高位	次高位		
尾符(尾数的符号)	阶符(阶码的符号)	阶码的数值部分	尾数的数值部分

尾数的符号就是浮点数的符号,阶码总是整数,尾数的长度影响数据的精度,阶码决定浮点数的数据范围。用 8 位表示阶码(1 位符号位、7 位数据位),可表示的数据范围是 $2^{-128} \sim 2^{+127}$。

在浮点数的表示和运算中,当尾数是零或阶码是最小值时,产生下溢出(down flow),

下溢出一般以机器零处理。当阶码大于阶码最大值时,产生上溢出(over flow),不再继续运算,转入溢出处理。

例 1.13 二进制数+101.111 写成+$2^E×M$ 形式,要求尾数 M 规格化。假设阶码 8 位、尾数 16 位,请写出该浮点数的存储格式、可表示的数据范围。

解:(1) 尾数规格化要求 0.1≤尾数<1,+101.111 的小数点前移 3 位,调整阶码,保证数据大小不变,浮点数是+0.101111×2^{+3},尾数是+0.101111,阶码是+3。

(2) 计算机中的存储格式如下:

尾符	阶符	阶码	尾数
0	0	0000011	101111000000000
占1位	占8位		占15位

(3) 因为阶码占 8 位,所以浮点数的数据范围是 2^{-128}~2^{+127}。

例 1.14 假设阶码 8 位、尾数 24 位,请写出十进数+0.125 的浮点数存储格式。

解:十进制数+0.125 对应二进制数+0.001。+0.001 的小数点后移 2 位,调整阶码,保持数据大小不变,浮点数是+0.1×2^{-2},尾数是+0.1,阶码是-2。

阶码-2 的 8 位原码是 10000010,补码是 11111110。+0.125 的浮点数存储格式如下。

尾符	阶符	阶码	尾数
0	1	1111110	10000000000000000000000
占1位	8位补码		占23位

1.4 字符的编码

字符是计算机中的非数值数据,包括文字、符号等。为了处理字符,需用二进制数表示字符,即为字符编码,它是文字、符号在计算机中的表示方法。

1.4.1 BCD 编码

BCD 码(binary coded decimal)又称二-十进制编码或 8421 码,把十进制数的每 1 位分别用 4 位二进制数表示。例如,98 的 BCD 码是 10011000,12.45 的 BCD 码是 00010010.01000101。

1. 用 BCD 码做加减运算

两个 BCD 码数做加减运算时,首先按二进制数做加减运算,然后修正运算结果,见下面的例子。

例 1.15 采用 BCD 码计算 12+77,验证结果是否是 89。

解: 12 的 BCD 码是 00010010,77 的 BCD 码是 01110111。从下面的运算竖式可以看出,结果 10001001 是 89 的 BCD 码。

十进制数的进位规则是逢十进一。89 的每位 BCD 码都不大于 9,即无进位,是正确结果,不需要修正。

```
    0001 0010  (12 的 BCD 码)
 +  0111 0111  (77 的 BCD 码)
    ─────────
    1000 1001
```

例 1.16 采用 BCD 码计算 12+79,是否需要修正运算结果。

解: 12+79 应该是 91。从下面的运算竖式可以看出,计算结果 10001011 不是 91 的 BCD 码。原因是个位 2+9 的结果是 11,大于 9,需要按照逢十进一的规则修正个位的运算结果 1011,即向前(十位)进 1 位,可通过加 6(二进制数 0110)实现进位,1011+0110=10001,修正后的结果是 10010001,是十进制数 91 的 BCD 码。

```
    00010010   (12 的 BCD)
 +  01111001   (79 的 BCD)
    ────────
    10001011   个位计算结果 1011 大于 9,需进位
 +      0110   加 0110 修正结果
    ────────
    10010001   修正后得到 91 的 BCD 码
```

两个 BCD 码做加/减运算时,可以先按二进制的加/减指令运算,再用 BCD 调整指令修正结果,加运算时用加 6 修正,减运算时用减 6 修正,具体修正规则如下。

(1) 两个 BCD 码的对应位相加,结果向高位无进位(结果小于 16)且结果不大于 9,该位不需要修正。若结果大于 9 且小于 16,则该位需要加 6 修正。

(2) 任何两个 BCD 码的对应位相加,结果向高位有进位,即结果大于或等于 16,该位需要加 6 修正。

(3) 如果低位的修正结果使高位大于 9,高位需要加 6 修正。

(4) 两个 BCD 码相减时,若低位向高位有借位,由于"借一作十六"与"借一作十"的差别,相减结果比正确结果多 6,所以有借位时,用减 6 修正结果。

BCD 码数据运算的另一种处理方式是,运算前通过程序把 BCD 码数据转换为二进制数,运算后再通过程序把运算结果转换为 BCD 码。

1.4.2 ASCII 编码

文本字符普遍采用 ASCII 码(American Standard Code for Information Interchange),即美国信息交换标准代码。ASCII 码是美国标准,后被 ISO、CCTT 等国际组织采用。ASCII 码有 7 位版本、8 位版本,国际通用 8 位版本。7 位版本的 ASCII 码用 7 个二进制

位编码,可为 128(即 2^7)个字符编码,包括 33 个通用控制字符(如换行、回车)、10 个阿拉伯数字、52 个大小写英文字母、33 个标点符号及运算符号。

计算机中的一个 7 位 ASCII 码字符占用一个字节(8 位),最高位恒为 0。例如,字母 A 的 ASCII 码是 01000001,对应十六进制数 41H,对应十进制数 65。字母 B 的 ASCII 码是 01000010,对应十六进制数 42H,对应十进制数 66。数字 0 的 ASCII 码是 00110000,对应十六进制数 30H,对应十进制数 48。表 1.8 列出了数字、字母的 ASCII 码。

表 1.8 数字、字母的 ASCII 码

字 符	二进制表示	十进制表示	十六进制表示
0	00110000	48	30
1	00110001	49	31
⋮	⋮	⋮	⋮
8	00111000	56	38
9	00111001	57	39
A	01000001	65	41
B	01000010	66	42
⋮	⋮	⋮	⋮
Y	01011001	89	59
Z	01011010	90	5A
a	01100001	97	61
b	01100010	98	62
⋮	⋮	⋮	⋮
y	01111001	121	79
z	01111010	122	7A

8 位版本的 ASCII 码用 8 位二进制数编码。当最高位是 0 时,称为 ASCII 的基本码(与 7 位 ASCII 码相同)。当最高位是 1 时,形成扩充的 ASCII 码,表示范围是 128~255 的数据,也可表示 128 种字符,各国通常把扩充的 ASCII 码作为本国文字的代码。

在通信中,8 位 ASCII 码的最高位是奇偶校验位(parity check bit),用于检查接收的编码是否正确。最高位是奇校验位时,该位的取值应保证 1 的个数是奇数。例如,A 的 7 位 ASCII 码是 1000001,最高位作奇校验位,形成 8 位的 ASCII 码 11000001,该数有 3 个 1,1 的个数是奇数。最高位作偶校验位时,该位的取值应保证 1 的个数是偶数。例如,最高位作偶校验位,A 的 8 位 ASCII 码是 01000001,1 的个数是偶数。

习 题

一、选择题

1. 计算机硬件的核心部件是_____。
   (A) 处理器　　　　　　　　(B) 运算器
   (C) 嵌入式微处理器　　　　(D) 控制器

2. _____的说法正确。
   (A) 控制器是整个计算机硬件系统的指挥控制中心
   (B) 运算器的功能是做算术运算和逻辑运算
   (C) 根据指令产生一系列控制信号,以此控制所有部件
   (D) A、B、C

3. 正在运行的程序存放在_____中。
   (A) 主存　　　(B) U盘　　　(C) 硬盘　　　(D) 外存(辅存)

4. _____的说法正确。
   (A) 字是计算机处理器处理数据的基本单位
   (B) 字长是处理器一次能同时处理二进制数的位数,如16位、32位
   (C) 以字长定义计算机的位数,如16位机、32位机、64位机
   (D) A、B、C

5. _____的说法正确。
   (A) 嵌入式计算机系统简称嵌入式系统
   (B) 嵌入式系统是为特定应用服务设计的专用计算机系统
   (C) 手机、条码扫描、GPS导航、ATM机都属于嵌入式系统
   (D) A、B、C

6. 计算机的地址信息在_____上流动。
   (A) 输入输出接口　(B) 控制总线　　(C) 地址总线　　(D) 数据总线

7. _____的说法正确。
   (A) 主频是处理器的工作频率
   (B) 外频是向处理器提供的基准时钟的频率
   (C) 外频是处理器与其他部件之间传送数据的工作频率
   (D) A、B、C

8. 下列无符号十进制数能用8位二进制数表示的是_____。
   (A) 256　　　　(B) 199　　　　(C) 299　　　　(D) 312

9. 二进制数11111011对应十六进制数_____。
   (A) BF　　　　(B) FB　　　　(C) BE　　　　(D) PU

10. _____的说法错误。

（A）零的原码、反码有两种形式

（B）零的补码只有一种形式,8位表示是00000000

（C）负数的原码、反码、补码相同

（D）正数的原码、反码、补码相同

二、填空题

1. 计算机系统由_____、_____组成。硬件由_____、_____、_____、_____、_____五大部分构成。

2. 将运算器、控制器做成一块芯片,称为_____,微机中称之为_____。

3. 主存储器简称_____,用于存放_____、_____等。存储器的重要指标是_____、_____。主存被分成_____存储单元,用_____标识每个存储单元。

4. 微机各部件的连接方式普遍采用_____。外部设备通过_____与处理器连接。

5. 计算机的工作就是_____。一个程序包含_____指令,需要_____执行。程序的执行过程就是不断地_____、_____、_____。

6. 1B=_____b,1Word=_____B,1KB=_____B,1MB=_____KB,1GB=_____MB。位(b)、字节(B)分别是存储容量的_____单位、_____单位。

7. 十进制数15.5转换成二进制数是_____,对应的十六进制数是_____。用8位表示无符号数,可表示的数据范围(二进制)是_____至_____,十进制数是_____至_____。

8. 对两个二进制数1101、0100做与运算,结果是_____,做或运算,结果是_____,对1101做非运算,结果是_____。

9. 计算机的符号数有3种表示方式：_____、_____、_____,普遍采用_____方式。最高位是1,表示该数是_____数。最高位是0,表示该数是_____数。

10. 正数的原码、反码、补码_____。十进制数+12的8位原码、反码、补码都是_____。由负数的原码求反码的方法是_____保持不变,原码的数值部分_____。对于负数X,$[X]_{补}$=_____、$[[X]_{补}]_{补}$=_____,即补码的补码是_____。十进制数-12的8位原码、反码、补码分别是_____、_____、_____。补码11100111的原码是_____,是十进制数_____。

11. 用8位表示原码,01111111是最大_____,对应十进制数_____,11111111是_____,对应十进制数_____。采用n位表示整数,原码、反码的数据范围是_____至_____,补码的范围是_____至_____。

12. 一般的门电路只输出_____两种电位,能表示_____种状态。三态门电路(三态缓冲器)简称_____,有_____种输出状态,即_____、_____、_____。

13. 计算机表示带小数的数有两种方案：_____、_____。浮点数记为_____,由_____、_____两部分组成,尾数规格化的要求是0.1≤_____<1,通过调整

_____保证数值大小_____。二进制数 1000.1010 的 $\pm M \times 2^E$ 形式是_____。

14. BCD 码称为_____。84.5 的 BCD 码是_____。ASCII 码是_____的编码。65 是字母_____的 ASCII 码,对应十六进制数_____。66 是字母 B 的_____,对应十六进制数_____。数字 0 的 ASCII 码写成十六进制数是_____,对应十进制数_____。

15. 通信中,ASCII 码的最高位(b7)作为_____,用于检查接收的数据_____。b7 作奇校验位,要求 1 的个数为_____。1000001 添加奇校验位后是_____,对应十六进制数_____。

三、问答题

1. 计算机的硬件系统由哪 5 部分组成?每部分的作用是什么?
2. 什么是嵌入式系统,它有什么特点,有哪些主要产品?
3. 什么是按字节寻址存储器?
4. BIOS 的作用和特点分别是什么?
5. 有哪些基本的逻辑部件,作用是什么?
6. 写出 4 种基本的逻辑运算和对应的运算规则。
7. 计算机为什么用补码表示符号数?
8. 已知 $[X]_{补}=00100010$,该数是正,是负?其对应的十进制数是多少?
9. 已知 $X=+12$、$Y=+14$,写出 $[X]_{补}$、$[-Y]_{补}$(用 8 位表示),计算 $[X]_{补}+[-Y]_{补}$,验证 $[X]_{补}+[-Y]_{补}=X-Y=-2$。
10. 假设按下面的格式存储浮点数,阶码 8 位(阶码符号 1 位、数值 7 位),尾数 24 位(尾数符号 1 位、数值 23 位),请写出二进制数 +101.11 的浮点数形式。

尾数符号	阶码符号	阶码数值	尾数数值
1 位	1 位	7 位	23 位

第 2 章 微处理器

本章首先介绍基础性的 16 位微处理器,然后介绍现代先进的微处理器及相关的新技术。

2.1 微处理器基础

2.1.1 微处理器发展概述

处理器是计算机的核心部件,微处理器的发展促进微机的发展。1973 年,Intel 公司推出首款 8 位微处理器芯片 8080,之后又推出 16 位的微处理器 8086/8088。1981 年,IBM 公司采用 8088 微处理器生产出个人计算机(PC),开创了计算机的新时代。之后又研发出 X86 架构的一系列微处理器,包括 16 位的 80286,32 位的 80386、80486、Pentium(80586)系列。当今采用 EM64T、AMD 64 技术,推出广泛使用的 64 位微处理器,不仅处理器的字长逐步扩展,并且引入多核技术,使计算机的性能不断提高。

在介绍 32 位、64 位的微处理器之前,有必要先了解基础的 16 位微处理器 8086/8088,这两种微处理器的内部结构基本相同。图 2.1 为 Intel 8086 微处理器。

图 2.1 Intel 8086 微处理器

2.1.2 内部寄存器

微处理器内部包括多个寄存器(register),用于存放数据、指令等信息。用汇编语言编写程序可直接使用寄存器。8086/8088 微处理器含 14 个 16 位寄存器,分别是 8 个通用寄存器、4 个段寄存器、2 个控制寄存器,如图 2.2 所示。

1. 通用寄存器

通用寄存器(general-purpose registers)的通用功能是存放运算数据、运算结果。除此

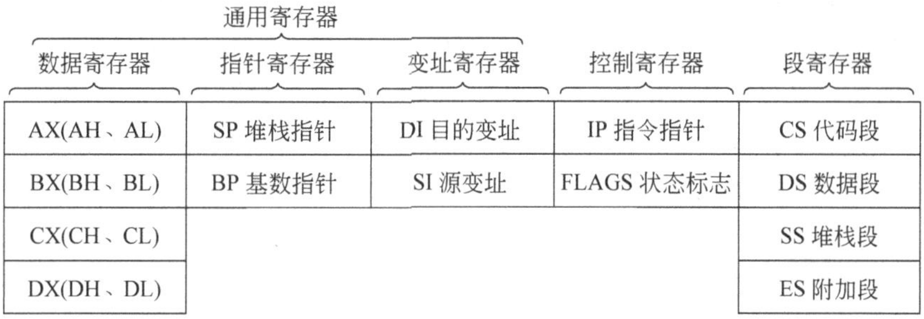

数据寄存器	指针寄存器	变址寄存器	控制寄存器	段寄存器
AX(AH、AL)	SP 堆栈指针	DI 目的变址	IP 指令指针	CS 代码段
BX(BH、BL)	BP 基数指针	SI 源变址	FLAGS 状态标志	DS 数据段
CX(CH、CL)				SS 堆栈段
DX(DH、DL)				ES 附加段

图 2.2　8086/8088 微处理器内部寄存器

之外，还有其他专门的用途。8086/8088 系统的通用寄存器包括 4 个数据寄存器(AX、BX、CX、DX)、2 个指针寄存器(SP、BP)、2 个变址寄存器(SI、DI)。

1) 数据寄存器

数据寄存器包括 AX、BX、CX、DX，用于暂时保存运算数据、运算结果。每个 16 位数据寄存器可分成 2 个 8 位寄存器，如 AX 分成 AH、AL，采用 AX 处理 16 位数据，采用 AH、AL 处理 8 位数据。

AX(accumulator)称为累加器，常用于存放算术运算、逻辑运算的运算数(操作数)。输入指令、输出指令通过 AX 与外设传送信息。BX(base)称为基址寄存器，常用于存放内存的基地址。CX(count)称为计数寄存器，在循环指令和串操作指令中用于存放计数值。DX(data)称为数据寄存器，在输入输出指令中，端口地址存于 DX 中。

2) 指针寄存器

指针寄存器包括栈指针寄存器 SP(stack pointer)、基数指针寄存器 BP(base pointer)，主要用于存放栈的地址信息。

3) 变址寄存器

变址寄存器包括源变址寄存器 SI(source index)、目的变址寄存器 DI(destination index)。变址寄存器常用于间接寻址或变址寻址。SI、DI 通常与段寄存器 DS 联用，以确定数据段某单元的实际(物理)地址。在串操作指令或成批数据操作指令中，要求用 SI 存放源操作数的偏移地址，用 DI 存放目标操作数的偏移地址，SI、DI 有自动增值、自动减值的功能。例如，内存的一批数据要从原处移到另一处，首先把第一个数据的旧地址放到 SI 中，目的地址(第一个数据移动后的新地址)放到 DI 中，然后通过指令将 SI 指向的数据移到 DI 指向的单元，移动后自动修改 SI、DI，以便移动下一个数据。

2. 段寄存器

有 4 个 16 位的段地址寄存器(CS、DS、SS、ES)。8086/8088 处理器有 20 根地址线，可寻址(识别)1MB(2^{20}B)的存储空间。8086/8088 采用分段方法管理 1MB 空间，将其分成 4 种段(代码段、数据段、堆栈段、附加段)，各段的位置不受限制，可以连续排列、分隔排列、部分重叠或全部重叠。每个段的基地址存放在相应的段寄存器中。

CS(code segment)是代码段寄存器,代码段用于存放正在执行的指令代码,代码段的基地址存放在 CS 中。DS(data segment)是数据段寄存器,数据段用于存放当前使用的数据,数据段的基地址存放在 DS 中。SS(stack segment)是堆栈段寄存器,堆栈段的基地址存放在 SS 中。ES(extra segment)是附加段寄存器,附加段用来存放辅助数据,与数据段的作用类似,附加段的基地址存放在 ES 中。

3. 控制寄存器

控制寄存器包括指令指针(instruction pointer,IP)寄存器、标志寄存器(FLAGS)。

IP 寄存器用于存放下一条待取指令的偏移地址,由 IP 控制指令的执行顺序。偏移地址与 CS 寄存器中的基地址共同确定待取指令的物理地址(地址计算方法见 2.1.7 节)。微处理器从内存取出指令后修改 IP 的值,使之指向下一条待取指令。

标志寄存器 FLAGS 用于存放系统的一些标志信息,如运算结果特征、系统状态等。FLAGS 中的数据由系统自动控制,程序员不能直接改变。标志寄存器的内容如图 2.3 所示,16 位(b15~b0)标志寄存器已使用 9 位,分别是 6 个状态标志位、3 个控制标志位,其他空位暂时未用。了解标志位对理解微处理器的工作和编写汇编语言的程序十分重要。下面介绍各标志位的含义。

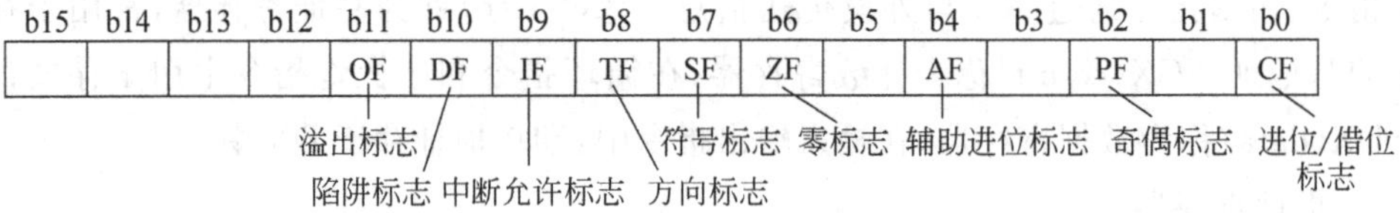

b15	b14	b13	b12	b11	b10	b9	b8	b7	b6	b5	b4	b3	b2	b1	b0
				OF	DF	IF	TF	SF	ZF		AF		PF		CF

OF 溢出标志 / DF 陷阱标志 / IF 中断允许标志 / TF 方向标志 / SF 符号标志 / ZF 零标志 / AF 辅助进位标志 / PF 奇偶标志 / CF 进位/借位标志

图 2.3 标志寄存器的内容

1) 状态标志位

状态标志位用于记录运算结果的特征,6 个状态标志位分别是 CF、ZF、SF、OF、PF、AF。

(1) CF(carry flag),进位/借位标志位。

当运算结果的最高位向前位有进位(加运算)或借位(减运算)时,CF=1,否则 CF=0。移位指令、循环指令也影响 CF。例如,4AH+3CH 的运算结果是 86H,对应二进制数 10000110。从下面的运算竖式可以看出,b7 位未向前位进位,所以 CF=0。

```
二进制各位:            b7  b6  b5  b4  b3  b2  b1  b0
被加数 4AH 用二进制表示:  0   1   0   0   1   0   1   0
加数 3CH 用二进制表示: + 0   0   1   1   1   1   0   0
相加结果(二进制):      1   0   0   0   0   1   1   0
相加结果(十六进制):         8               6
```

计算 AAH+7CH,从下面的运算竖式可以看出,运算结果是(1)26H,(1)表示进位,因为有进位,所以 CF=1。

二进制各位：	b7	b6	b5	b4	b3	b2	b1	b0
被加数 AAH 的二进制表示：	1	0	1	0	1	0	1	0
加数 7CH 的二进制表示：	+ 0	1	1	1	1	1	0	0
加法结果(二进制)：	1 0	0	1	0	0	1	1	0
加法结果(十六进制)：	1	2			6			
	进位							

(2) ZF(zero flag),零结果标志位。

当运算结果是 0 时,ZF=1,否则 ZF=0。例如,4AH+3CH=86H,结果不是零,使 ZF=0。再如 84H+7CH=(1)00H。从下面的运算竖式可以看出,虽然 b7 位向前有进位,但运算结果 b7~b0 是零,使 ZF=1。

二进制各位：	b7	b6	b5	b4	b3	b2	b1	b0
被加数 84H 用二进制表示：	1	0	0	0	0	1	0	0
加数 7CH 用二进制表示：	+ 0	1	1	1	1	1	0	0
加法结果(二进制)：	1 0	0	0	0	0	0	0	0
加法结果(十六进制)：	1	0			0			
	进位							

(3) SF(sign flag),符号标志位。

SF 取值与数据的最高位相同。符号数的最高位是符号位,SF=1 表示是负数,SF=0 表示是正数。例如,4AH+3CH 的结果是 86H,对应二进制数 10000110B,最高位 b7=1,使 SF=1。再如,84H+7CH 结果是(1)00H,最高位 b7=0,使 SF=0。

(4) OF(overflow flag),溢出标志位。

如果符号数的运算结果超出可表示的数据范围(溢出),则 OF=1,否则 OF=0。例如,8 位补码能表示的整数范围是-128~+127,若运算结果超出此范围,就是溢出。例如,58+124=182,182 大于 127,有溢出,使 OF=1。再如,16 位补码能表示-32768~+32767 的整数,运算结果超出此范围,导致溢出。

(5) PF(parity flag),奇偶标志位。

在运算结果的低 8 位中,若 1 的个数是偶数,则 PF=1,否则 PF=0。例如,4AH+3CH=86H,86H 是二进制数 10000110,1 的个数是 3,即 PF=0。

(6) AF(auxiliary carry flag),辅助进位标志位。

加法、减法运算中,b3 位向 b4 位有进位或借位时,AF=1,否则 AF=0。例如,4AH+3CH=86H,b3 向 b4 有进位,则 AF=1。

AF 标志主要由处理器内部使用,用于十进制算术运算的调整指令,用户不必关心。

下面的例子说明算术运算如何影响状态标志位。

例 2.1 用一条加法指令计算 40H+7CH,运算结果是多少?每个状态标志位是何值?

解:从下面的运算竖式可以看出,运算结果是 BCH。被加数、加数都是正数(最高位是 0),计算结果是负数(最高位是 1),使 SF=1。两个正数相加得负数,是溢出所致,使

OF=1。计算结果 BCH 不是 0,使 ZF=0。b7 位未向前进位,使 CF=0。计算结果(b7~b0)中 1 的个数是奇数,使 PF=0。b3 位未向 b4 位有进位,使 AF=0。6 个状态标志位是 SF=1,OF=1,ZF=0,CF=0,PF=0,AF=0。

被加数 40H 的二进制表示:		0	1	0	0	0	0	0	0
加数 7CH 的二进制表示:	+	0	1	1	1	1	1	0	0
加法结果(二进制):		1	0	1	1	1	1	0	0
加法结果(十六进制):		B				C			

2) 控制标志位

有 3 个控制标志位:TF、IF、DF。

(1) TF(trap flag),追踪(陷阱)标志位。

处理器处于单步工作方式时 TF=1,即每执行完一条指令,产生一个内部中断,单步方式便于调试程序。处理器处于连续工作方式时 TF=0。

(2) IF(interrupt flag),中断标志位。

IF=1 是允许处理器响应外部的可屏蔽中断请求,IF=0 时禁止响应。IF 标志位对外部的非屏蔽中断及内部中断不起作用。

(3) DF(direction flag),方向标志位。

字符串操作指令中,DF=0 时变址指针自动增值,DF=1 时变址指针自动减值。

2.1.3 功能结构

处理器按功能分为两部分:总线接口部件(bus interface unit,BIU)、执行部件(execution unit,EU),如图 2.4 所示。两个部件各自独立工作,执行部件负责执行指令,总线接口部件负责传送指令、数据等信息,为执行部件提供执行的指令和处理的数据。

1. 总线接口部件

总线接口部件负责处理器与存储器、外设之间传送指令、数据等信息,包括 4 个段寄存器(CS、DS、SS、ES)、指令指针寄存器(IP)、地址加法器、指令队列缓冲器(简称指令队列)、控制电路等。

地址加法器用于产生 20 位地址,以便访问内存的某个单元。地址加法器根据 16 位寄存器和段寄存器提供的信息算出 20 位的物理地址,具体算法见 2.1.7 节。

简单地说,总线接口部件负责从指定的内存单元取出指令,送到指令队列中排队,等候取出执行。指令队列按照先进先出的管理方式,即指令队列中排在前边的指令先被取出,送到执行部件执行。每执行完一条指令,指令队列出现空白字节,总线接口部件自动到内存取出后续指令,补充队列,保证指令队列总有后续指令,不必到内存取指令,提高处理器执行指令的效率。

当指令需要取操作数时,总线接口部件从内存或外设的指定位置取出数据,送给执行部件。执行部件的操作结果通过总线接口部件传送到指定的内存单元或外设。总线接口部件的输入输出控制电路用于产生读/写存储器或外设的控制信号。

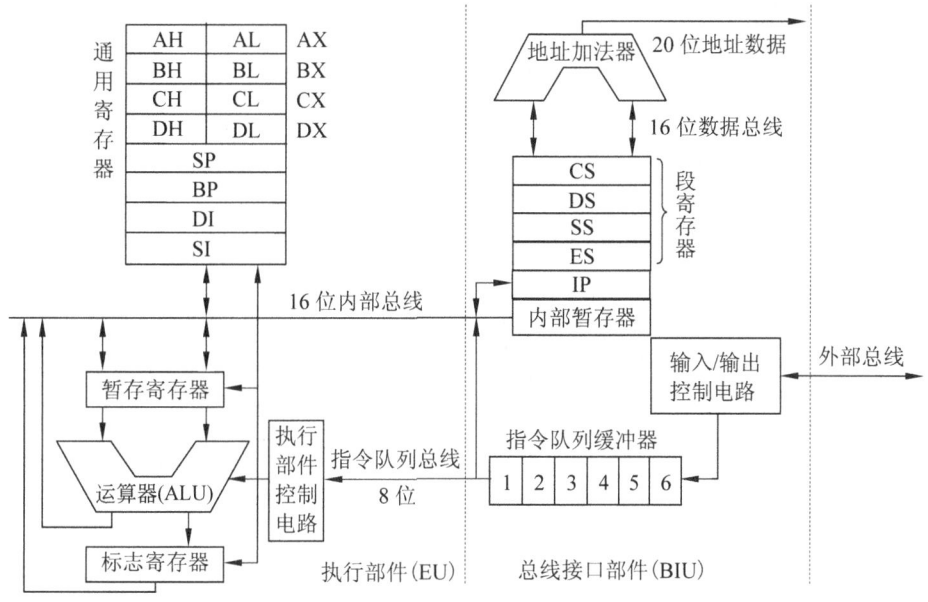

图 2.4 8086/8088 微处理器内部功能结构框图

2. 执行部件

简单地说,执行部件负责执行指令。执行部件包括通用寄存器、标志寄存器、运算器(ALU,也称算术逻辑部件)、控制电路等。

执行部件从指令队列缓冲器中取出指令,当指令要求从存储器或外设读取数据,或者将数据写到存储器或外设,执行部件向总线接口部件发出请求,由总线接口部件完成这些请求。如果遇到转移指令,需要执行的指令不在指令队列中,由总线接口部件到内存取出所需指令,取出的第一条指令直接送到执行部件执行,其他指令放到指令队列中等候执行。执行部件中的运算器负责完成指令指定的算术运算、逻辑运算,运算结果的一些特征反映在标志寄存器中。执行部件中的各种寄存器用于存放指令、地址、操作数、运算结果等。执行部件的控制部件主要用于控制指令的取出。

2.1.4 并行工作方式

8086/8088 以前的处理器采用串行工作方式,即取指令、执行指令不能同时进行,只能分别进行,如图 2.5 所示。取指令占用总线,执行指令时总线空闲,工作效率低。

8086/8088 以后的处理器采用并行流水线工作方式,取指令、执行指令同时进行,如图 2.6 所示,执行指令时可取出后续指令,总线不空闲,避免执行完指令后等待取指令,工作效率高。因为处理器由总线接口部件、执行部件构成,两部件各有职责,分工协作,所以能够按照并行方式工作。总线接口部件负责从存储器取指令,放到执行部件的指令队列中,排队等待执行。执行部件从指令队列中取出指令执行。指令队列有空缺时,总线接口部件自动到存储器中取出后续指令填充，保证指令队列总有待执行的指令，避免等待。

处理器	取指令 1	执行指令 1	取指令 2	执行指令 2	取指令 3	执行指令 3	…
总线状态	忙	闲	忙	闲	忙	闲	…

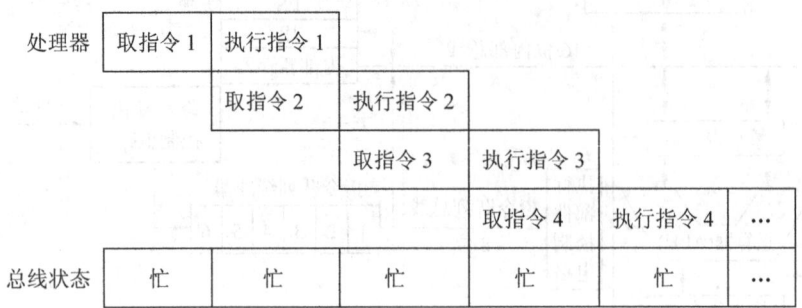

图 2.5　串行工作方式

图 2.6　并行工作方式

2.1.5　引脚说明

8086、8088 微处理器的外部引脚分别如图 2.7 和图 2.8 所示，40 个引脚排成左、右两列。为了适应不同需要，提供两种工作模式：最小模式、最大模式，有设定模式的引脚。图中，括号内的引脚名称适用于最大模式，8088 之后的处理器不再区分最小/最大模式。

为了减少引脚的个数，降低芯片的体积，采用分时复用技术，即部分引脚有双重含义，不同时刻有不同的作用。

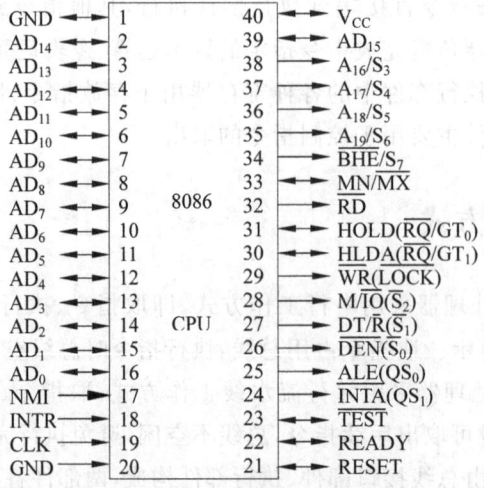

图 2.7　8086 微处理器的引脚

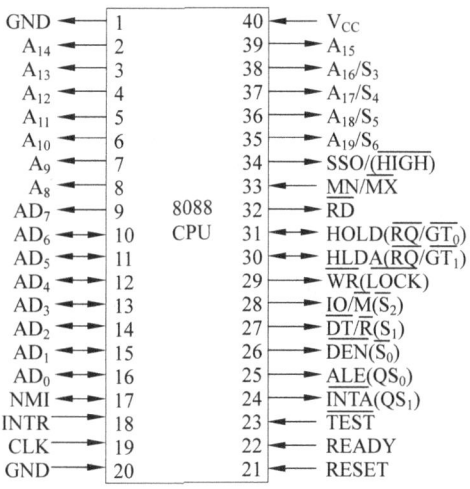

图 2.8　8088 微处理器的引脚

MN/$\overline{\text{MX}}$(min/max)是工作模式控制线，高电位(MN/$\overline{\text{MX}}$=1，接电源 V_{CC})时，处理器处于最小模式；低电位(MN/$\overline{\text{MX}}$=0，接地)时，处理器处于最大模式。

$AD_0 \sim AD_{15}$(address data)是地址、数据的分时复用线，双向三态。ALE=1 时，用于单向传输地址信息。$\overline{\text{DEN}}$=0 时，用于传输数据，可双向传输。

$A_{16}/S_3 \sim A_{19}/S_6$(address/state)输出线是地址、状态的分时复用线，三态。访问存储器时是地址信号 $A_{16} \sim A_{19}$，其他时候时是状态信号 $S_3 \sim S_6$。

NMI(not masked interrupt)输入线是非屏蔽的中断请求信号，高电位有效，不能用指令屏蔽(清除)该信号。

INTR(interrupt request)输入线是可屏蔽的中断请求信号，用于外设向处理器提出可屏蔽的中断请求，高电位有效。每个指令周期，处理器检查该信号线，INTR=1 时表示有外设提出可屏蔽中断申请。如果标志寄存器的中断允许标志位 IF=1，处理器在执行完当前指令后响应(处理)中断。

CLK(clock)输入线是系统的时钟信号，为处理器、总线控制电路提供基本的定时信号，常用 Intel 8284A 时钟发生器提供 CLK 信号。

RESET 输入线是系统的复位信号，高电位有效。高电位时立即结束现行操作，进入内部复位状态，处理器内部的寄存器被设成初始值。

READY 输入线是准备好信号，由存储器或外设发出，高电位有效，用于处理器与慢速的存储器或外设保持同步。

$\overline{\text{TEST}}$输入线是测试信号，低电位有效。低电位时通过 WAIT 指令重复测试该引脚，直到变成低电位，才能继续执行下一条指令。高电位时处理器处于空转的等待状态。此引脚通常连接算术协处理器。

$\overline{\text{INTA}}$(interrupt acknowledge)输出线是中断响应信号，三态，低电位有效。处理器响应外设的可屏蔽中断请求后发出该信号。

ALE(address latch enable)输出线是地址锁存允许信号，高电位有效，表示处理器的地址线存在有效的地址信号。

$\overline{\text{DEN}}$(data enable)输出线是数据允许信号,三态,低电位有效,表示数据总线存在有效数据,允许读或写操作。

$\text{DT}/\overline{\text{R}}$(data transmit/receive)输出线是数据传送或接收信号,三态,用于表示处理器是传送数据,还是接收数据。高电位时向存储器或外设传送数据,低电位时接收来自存储器或外设的数据。系统工作在 DMA(direct memory access,直接存储器存取)方式时,$\text{DT}/\overline{\text{R}}$ 处于高阻状态。

$\text{M}/\overline{\text{IO}}$(memory/input output)输出线是存储器与外设的两用信号,三态,用于区分处理器是访问存储器,还是访问外设。高电位时访问存储器,低电位时访问外设。

$\overline{\text{WR}}$(write)输出线是写允许信号,三态,低电位有效。低电位时表示处理器正把数据写到存储器或外设。例如,$\overline{\text{WR}}=0$、$\text{M}/\overline{\text{IO}}=0$、$\overline{\text{DEN}}=0$ 表示处理器正向外设写数据。$\overline{\text{WR}}=0$、$\text{M}/\overline{\text{IO}}=1$、$\overline{\text{DEN}}=0$ 表示处理器正向存储器写数据。

$\overline{\text{RD}}$(read)输出线是读允许信号,三态,低电位有效。低电位时表示处理器正从存储器或外设读出数据。

HOLD 输入线是总线保持请求信号,高电位有效。处理器以外的其他设备要求获得总线的控制权,以便直接访问存储器时通过此引脚向处理器发出请求。处理器在每个时钟周期检测该引脚,如果发现是高电位,处理器停止执行指令,响应 HOLD 请求,将地址总线、数据总线、控制总线中的所有三态控制线变成高阻态。

HLDA(hold acknowledge)输出线是总线保持响应信号,高电位有效,是处理器对 HOLD 信号的响应信号。当处理器响应总线保持请求信号 HOLD 时,发出高电位的 HLDA 应答信号,将总线控制权让给提出总线保持的设备,直到该设备将 HOLD 信号变成低电位,处理器收回总线控制权,将 HLDA 信号变成低电位。

$\overline{\text{BHE}}/\text{S}_7$(bus high enable/state)是总线高位允许、状态信号分时复用线,三态。状态信号 S_7 未定义功能。$\overline{\text{BHE}}$ 高电位时只能使用低 8 位的数据线 $\text{AD}_0 \sim \text{AD}_7$,不能使用高 8 位数据线。$\overline{\text{BHE}}$ 低电位时可以使用高 8 位数据线,即可以使用 16 位数据线。

最大模式下需要增加一个总线控制器(如 8288 总线控制器)。总线控制器接收处理器的状态信号 $\overline{\text{S}}_0$、$\overline{\text{S}}_1$、$\overline{\text{S}}_2$,经过变换、组合,总线控制器发出读写存储器或外设的信号和针对地址锁存器、数据缓存器的控制信号。

QS_0(queue state)$\sim \text{QS}_1$ 输出线是最大模式下的指令队列信号,表示指令队列当前的状态、是否空等。

$\overline{\text{S}}_0 \sim \overline{\text{S}}_2$(state)输出线是最大模式的总线周期状态信号,三态,连接总线控制器的输入端。最大模式下,处理器不直接产生读、写等控制信号,产生 $\overline{\text{S}}_0 \sim \overline{\text{S}}_2$ 信号,由 $\overline{\text{S}}_0 \overline{\text{S}}_1 \overline{\text{S}}_2$ 组成编码,表示当前传输操作的类型,经总线控制器译码后产生各种控制信号,如读存储器或读外设的信号不再使用 $\overline{\text{RD}}$ 引脚。

$\overline{\text{LOCK}}$ 输出线是最大模式的总线封锁信号,三态,低电位有效,有效时处理器封锁总线,不允许其他设备申请使用总线。

$\overline{\text{RQ}}/\overline{\text{GT}}_1$、$\overline{\text{RQ}}/\overline{\text{GT}}_0$(request/grant)是最大模式的总线请求/总线响应信号线,双向、方向相反,用于协处理器发出使用总线的请求信号,也用于协处理器接收处理器发出的总线请求响应信号。$\overline{\text{RQ}/\text{GT}}_0$优先级较高。

2.1.6 工作时序

1. 时序的基本概念

处理器执行指令时要送出一系列的控制信号,这些控制信号在时间上的关系称为处理器的时序。从时序角度考虑,处理器的工作时序有4类周期:时钟周期、机器周期、总线周期、指令周期。

1) 时钟周期

时钟周期(clock cycle)是处理器时钟脉冲频率的倒数。时钟脉冲是处理器的基本工作脉冲,时钟周期是处理器的最小时间单位。一个时钟周期仅完成一项最基本的操作。时钟周期越短,处理器的工作速度越快。时钟周期也叫振荡周期或T状态。

2) 机器周期

机器周期(machine cycle)是处理器完成一项基本操作所需的时间。通常,一条指令的执行过程被分为若干阶段,每一阶段完成一项基本工作,如取指令、读存储器、写存储器等。

3) 总线周期

总线周期(bus cycle)是处理器通过总线对存储器或外设完成一次读或写操作所需的时间。总线周期由若干个时钟周期组成。一个总线周期一般包含4个时钟周期(T_1、T_2、T_3、T_4)。每个T状态(时钟)操作如下。

(1) T_1状态下处理器由地址线或数据线送出地址。

(2) T_2状态下撤销送出的地址。如果处理器对存储器或外设进行写操作,则$AD_0 \sim AD_{15}$传送要写入的数据。如果处理器读取存储器或外设的数据,则$AD_0 \sim AD_{15}$(地址线/数据线)处于高阻状态。

(3) T_3状态下数据稳定在总线上,T_3与T_4交界处采样数据,进入T_4状态。

(4) T_4是结束状态,即结束读或写操作。

4) 指令周期

指令周期(instruction cycle)是执行一条指令所需的时间。执行不同指令需要不同的时间,即每条指令的指令周期不同,简单指令只需一个机器周期,复杂指令需要多个机器周期。一个指令周期通常由若干机器周期组成。

2. 时序实例

处理器的基本操作是读写存储器或外设,在一个总线周期内(4个T状态$T_1 \sim T_4$)完成,操作过程可用时序表示。图2.9是8086/8088处理器读存储器的简化时序图,经过3步,处理器首先把要访问的存储器单元的地址送到地址总线,然后发出读存储器的$\overline{\text{RD}}$信号,最后通过数据总线接收读出的数据。图2.10是8086/8088处理器写存储器的简化时序图,经过3步,处理器首先把要访问的存储器单元的地址送到地址总线,然后把要写入存储器的数据送到数据总线,最后发出写存储器的 $\overline{\text{WR}}$ 信号。

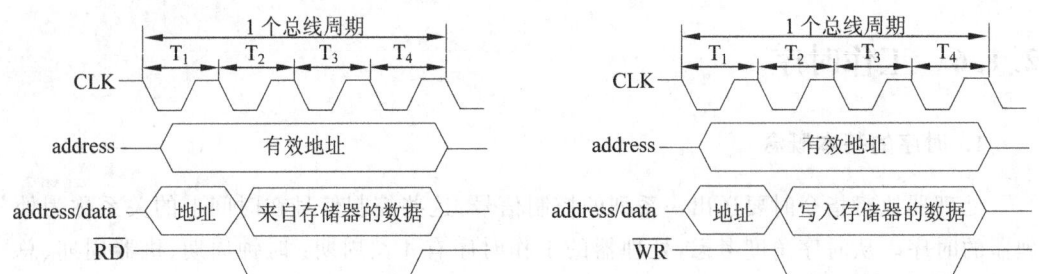

图 2.9　8086/8088 处理器读存储器的简化时序图　　图 2.10　8086/8088 处理器写存储器的简化时序图

2.1.7　存储器的管理方式

1. 存储器的分段与物理地址

由于处理器内部都是 16 位寄存器,运算器(ALU)只能做 16 位计算,所以只能寻址 64KB(2^{16}B)的存储空间。为了产生寻址 1MB 存储空间的 20 位地址,采用分段方式管理存储空间,将存储空间分成若干个逻辑段,每个逻辑段的最大长度是 64KB。逻辑段的类型有代码段、数据段、栈段、附加段,各段可连续或不连续排列,两段可部分重叠或全部重叠。

4 种段中,代码段用于存放当前要执行的指令段,即放到代码段的指令才能执行。数据段或附加段用于存放指令要访问的数据,可以事先把数据放到数据段或附加段。栈段用于临时存放一些数据,如响应中断、调用子程序,将某些数据(如断点地址)存于栈中,以便需要时从栈中取出。存储器的每个字节都有一个编号(地址),称为按字节编号或按字节寻址。每个字节可存放 8 位二进制数。存储器每个字节的实际地址称物理地址(physical address,PA)或绝对地址(absolute address)。

图 2.11 是某段的示意图。段的第 1 个单元(首单元)的地址称为段的首地址。各段的起始位置通常是地址能被 16 整除的单元,即首地址的低 4 位是 0。段首地址的高 16 位称为段的基地址,存放在段寄存器中。段内其他单元与第 1 个单元相差的单元数称为段内的偏移地址或有效地址(effective address,EA),也叫偏移量或相对地址。段内偏移地址可用 16 位二进制数表示,通过段首地址与偏移地址可算出段内某单元的 20 位物理地址,计算公式是:

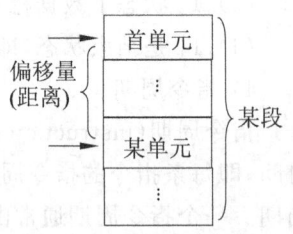

图 2.11　某段的示意图

　　PA(段内某单元的物理地址)=段的首地址+偏移量=段的基地址×10H+偏移量

段的基地址乘以 10H(十进制数 16)相当于在段的基地址后加 4 个 0(二进制),即把段的基地址左移 4 位后加上段内偏移量,得到 20 位物理地址。

段的基地址、段内的偏移地址又称逻辑地址(logical address),通常写成 xxxxH:yyyyH,xxxxH 是段的基地址,yyyyH 是段内的偏移地址(段内偏移量),它们都是 16 位无符号数。某条指令的逻辑地址是 CS:IP,表示 CS 寄存器提供段的基地址,IP 指令指针寄存器提供段内的偏移量。

例 2.2 假设某段的基地址是 800H,求段首单元的物理地址和段内偏移量 9 单元的物理地址。

解:段首单元的物理地址=段的基地址×10H=800×10H=8000H

偏移量 9 单元的物理地址=段的首地址+偏移量=8000H+9H=8009H

因此,8009H 写成十进制数是 32777。

2. 访问存储器各段的规则

访问存储器的默认规则见表 2.1。代码段(code segment,CS)寄存器存放(提供)代码段的基地址,数据段(data segment,DS)寄存器存放数据段的基地址,附加段(Extra Segment,ES)寄存器存放附加段的基地址,堆栈段(stack segment,SS)寄存器存放堆栈段的基地址,系统自动将段的基地址装入段寄存器。需要产生物理地址时,自动选择一个默认的段寄存器,与指令给定的段内偏移量相加,得到物理地址,按照该地址读或写存储器。

表 2.1 访问存储器的默认规则

段的基地址	段内默认的偏移地址	用 于 访 问
CS	IP	代码段中的指令
SS	SP、BP	堆栈段中的数据
DS	BX、DI、SI、8 位数据或 16 位数据	数据段中的数据
ES	DI	附加段中的目标串操作数

执行取指令操作时,由于指令在代码段中,自动选择代码段(CS)寄存器作为段的基地址,选择指令指针(IP)寄存器作为段内的偏移量,代码段的首地址加上偏移量,即计算(CS)×10H+IP,得到指令所在单元的物理地址。假设 CS=FFFFH、IP=0000H,指令所在单元的物理地址是 FFFFH×10H+0000H,即 FFFF0H。取操作数时,自动选择数据段(DS)寄存器或附加段(ES)寄存器作为段的基地址,16 位偏移量取决于指令的寻址方式,两者结合算出操作数所在单元的物理地址。

栈用于临时存放一些数据,图 2.12 是栈的示意图。栈的操作包括数据的进栈(push)、出栈(pop)等,数据进出的原则是先进后出(或后进先出),即先进栈的数据后取出。新进栈的数据依次堆放在原来的数据之上,栈顶总是指向最后进栈的数据,即指向栈顶单元,堆栈段(SS)寄存器存放栈首单元的基地址,堆栈指针(SP)寄存器存放栈顶单元的偏移量(栈顶单元与第 1 个单元相差的单元数)。从栈中取出数据时,自动选择 SS 寄存器作为段的基地址,选择 SP 寄存器作为段内的偏移量,栈首单元的地址加上偏移量,即计算(SS)×10H+SP,得到栈顶单元的物理地址。假设 SS=100H、SP=200H,栈顶单元的物理地址是 100H×10H+200H,即 1200H。向栈中压入数据后,或者从栈中取出数据后,自动修改 SP 的值。

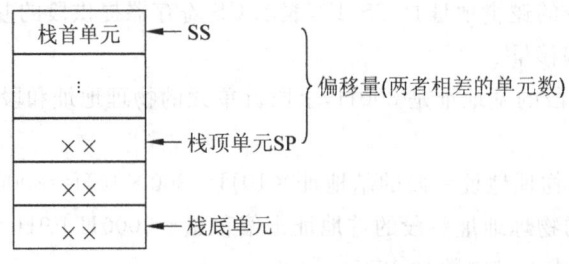

图 2.12 栈的示意图

2.2 现代微处理器技术

处理器技术不断发展,不仅处理器的字长(位数)得到扩展,并且还引入了多核技术。在 16 位微处理器之后,Intel 公司推出了 32 位处理器(X86-32),又采用 EM64T(扩展内存 64 位技术)推出了 64 位处理器,AMD 公司也推出 AMD 64 位处理器(简称 X64),计算机的性能不断提高。图 2.13 是 Intel 公司 64 位处理器商标。

图 2.13 AMD 公司、Intel 公司 64 位处理器商标

2.2.1 32 位与 64 位微处理器简介

32 位、64 位是指数据总线的线数或通用寄存器的数据宽度,也称字长或位数。字长越大,处理器一次能处理的数据位数越多。64 位一次能处理 64 位(8B)的数据。以下是现代计算机的主要特点。

(1) 提供多种工作模式,目的是既能体现计算机的新特性、新功能,又能兼容原来的旧版软件。在兼容模式(compatibility mode)下,可以执行原有程序,无须修改和重新编译,如在 32 位机可以执行 16 位程序,在 64 位机可以执行 16 位、32 位程序,并且允许程序利用更多的内存空间。在本机纯模式(full mode)下,可以充分发挥计算机的能力,这种模式需要相应环境的支持,如 64 位机需要 64 位操作系统和 64 位应用程序。工作模式的详细介绍参见 2.2.4 节。

(2) 扩展了数据总线的线数、通用寄存器的宽度,有更大的整数运算范围,如 64 位可表示的最大无符号整数是 2^{64}。

(3) 增加了浮点部件,用于浮点数运算,从独立部件集成到处理器内部。

(4) 扩展了地址线的线数,支持更大容量的扩展内存。64 位处理器的地址线提高到

64位,理论上,最多可访问2^{64}个存储单元。

（5）引入虚拟内存技术,能用部分外存模拟内存形成虚拟内存,当物理内存不够用时发挥作用。有了虚拟内存,当运行程序所需的内存容量大于剩余容量时也能运行,便于运行更多的程序。

（6）高速缓冲存储器(简称高速缓存或缓存)的制作技术不断成熟,从单级发展到多级(1级缓存、2级缓存等),容量逐步提高,置于处理器内部的缓存容量也不断提高。

（7）在原有指令基础上增加了32位、64位的新指令,可以编写充分发挥系统能力的程序。

（8）引入多核(multi core cpu)处理器技术。如4核处理器是在一个处理器芯片里封装了4个计算引擎(内核),即4个核心,在频率不变、内存足够的情况下,核数越多越好,便于同时运行多个程序,处理多个任务,避免出现卡顿现象。

（9）推出适合新型处理器的插槽接口。处理器需要插入主板上的处理器插槽中。不同类型的处理器对应不同类型的插槽,经过多年的发展,处理器插槽的接口方式有引脚式、卡式、触点式、针脚式等,目前都是针脚式接口,主流是 Socket 类型的插槽,如 Socket 775、Socket 940 等。为了适应处理器的发展,不断推出新型的处理器插槽。

2.2.2 主要组成部件

新一代的微处理器内部除了包括总线接口部件(bus interface unit,BIU)、执行部件(execution unit,EU)、指令预取部件(instruction prefetch unit,IPU)、指令译码部件(instruction decode unit,IDU)外,还增加了浮点部件(floating point unit,FPU)、分段部件(segment unit,SU)、分页部件(paging unit,PU)等。

1. 总线接口部件

总线接口部件与8086/8088的总线接口部件类似,仍然负责处理器与存储器或外设之间的数据传送,由总线接口部件产生访问外设的各种信号(地址信号、数据信号、控制信号)。

2. 执行部件

执行部件与8086/8088处理器的执行部件类似,负责执行指令,主要包括算术逻辑运算单元(ALU)、通用寄存器、圆桶形移位寄存器、乘法器或除法器、控制与保护测试部件。

圆桶形移位寄存器能有效地实现数据的移位操作,任何类型的数据都可以移动任意位,广泛用于乘法及其他操作。圆桶形移位寄存器与算术逻辑运算单元并行操作,可加速乘法、除法、位操作、移位、循环移位等操作。控制与保护测试部件用于加快形成有效地址,并能快速检查指令代码是否违反分段规则,这些工作与当前指令重叠(同时)执行。

3. 指令预取部件

指令预取部件也称指令队列缓冲器,简称指令队列,负责从高速缓存或内存取出指令,按顺序放到指令队列中排队等待执行。指令队列的长度不断提高,能预存更多的指令,避免处理器等待取出指令,提高指令的执行速度。

4. 指令译码部件

指令译码部件从指令队列中取出指令进行译码,将译码后的可执行指令放到已译码指令队列中,等待执行部件处理。译码指令队列的长度不断提高,以便容纳更多的已译码指令。一旦译码指令队列有空闲,指令译码部件就从指令队列中取出后续指令进行译码,补充到译码指令队列中。

5. 分段部件和分页部件

分段部件和分页部件用于管理存储器,两者构成存储器管理部件(memory management unit,MMU)。

1) 分段部件

分段是管理存储器的一种方式。分段部件用于将存储空间分成若干个区域,每个区域称作一个段。每个段独立、被保护。分段可让一个程序使用若干个段,把指令、数据等分别放到不同的段中,有效隔离。分段也让不同程序或任务使用各自的段,运行于同一个处理器,互不干扰。

2) 分页部件

分页是管理存储器的另一种方式,用于管理虚拟存储系统。虚拟的含义是,采用部分磁盘空间作为虚拟内存,系统的实际内存加上虚拟内存构成大容量的虚拟存储空间。分页是将虚拟存储空间分成若干个页,存取操作以页为单位。当程序所需的内存容量大于实际内存容量,程序也能运行,运行机制是,将暂时不执行的程序段先放到虚拟内存(如硬盘)中,执行时再转入实际内存。分页也用于隔离多个任务或程序。

6. 浮点部件

浮点部件用于完成浮点数运算、二进制整数运算、十进制数串运算等。80486以后的微处理器把浮点部件集成到处理器内部,使引线缩短,运算速度加快。

2.2.3 外部引脚与内部寄存器

处理器的外部引脚采用新的封装技术,内部增加了新的寄存器。

1. 外部引脚

为了适应芯片引脚数的急剧增加,采用新的封装技术,如网格阵列封装(简称 PGA 封装)、球栅阵列封装(简称 BGA 封装)、栅格阵列封装(简称 LGA 封装),缩小了单根引脚占用的面积,可制作更多的引脚,原来有些复用的引脚分开设置,如数据线、地址线不再复用,它们各自有独立的引脚。

增加了数据线引脚的数量,64 位处理器有 64 个数据线引脚,一次最多可传送 64 位数据。同时增加了地址线引脚的数量,64 位处理器有 64 个地址线引脚,最多可访问 2^{64}

个存储单元。

原来的有些引脚被保留下来，如 M/$\overline{\text{IO}}$ 存储器/外设两用线、READY 准备好线、HOLD 总线保持请求线、HLDA 总线保持响应线、NMI 不可屏蔽中断请求线、INTR 可屏蔽中断请求线、RESET 复位线等。

有些引脚发生变化。如用 W/R 读写引脚替代 $\overline{\text{WR}}$、$\overline{\text{RD}}$ 两个引脚。W/R＝1 时表示写操作，W/R＝0 时表示读操作。用 $\overline{\text{ADS}}$ 地址状态引脚替代 ALE 引脚，当处理器发出存储器或外设的有效地址时，该信号有效，表示地址线存在有效的地址信号。

为了扩展功能和提高性能，还预留了一些引脚，以便今后使用。

2. 内部寄存器

除了具有通用寄存器、段寄存器、指令指针寄存器、标志寄存器之外，还增加了控制寄存器、系统表寄存器、调试寄存器、测试寄存器、浮点寄存器。

1) 通用寄存器

64 位处理器的主要通用寄存器是 RAX、RBX、RCX、RDX、RDI、RSI、RBP、RSP，8 个辅助通用寄存器是 R8～R15，可以继续使用 32 位处理器的 8 个通用寄存器 EAX(extend AX)、EBX、ECX、EDX、ESI、EDI、EBP、ESP。每个寄存器的低 16 位可单独使用，名称是 AX、BX、CX、DX、SI、DI、BP、SP。低 16 位还可以分别使用高 8 位、低 8 位，如使用 AX 的高 8 位 AH、低 8 位 AL。

2) 段寄存器

32 位、64 位处理器的段寄存器包括 CS、DS、SS、ES、FS、GS，新增的 FS、GS 作为附加数据段寄存器，减轻 DS 段、ES 段的压力。在兼容(实)模式下，CS、DS、SS、ES 的使用方式与 8086/8088 处理器相同。

在保护模式下，还有多个隐含(编程不可见)的段描述符高速缓冲寄存器，分别对应相关的段寄存器。

3) 指令指针寄存器

32 位指令指针寄存器 EIP(extend instruction pointer)是 16 位指令指针寄存器 IP 的扩展，64 位指令指针寄存器 RIP 是 EIP 的扩展。

指令指针寄存器用于存放下一条待取指令在内存的地址。程序开始运行时将指令指针寄存器清零，每取入一条指令，指令指针寄存器的值自动增加(指令指针寄存器＋取入的字节数→指令指针寄存器)。

4) 标志寄存器

32 位标志寄存器 EFLAGS(extend flags)是 16 位标志寄存器 FLAGS 的扩展，64 位标志寄存器 RFLAGS 是 EFLAGS 的扩展。

除了原有的标志位外(溢出标志 OF、符号标志 SF、零标志 ZF、辅助标志 AF、奇偶标志 PF、进位或借位标志 CF、方向标志 DF、中断标志 IF、追踪标志 TF)，还增加了新的标志位，下面简要介绍。

(1) 输入输出特权级别标志位(IOPL)。

IOPL(input/output privilege level)标志用于定义允许执行输入输出指令的输入输

出特权级别,有 0～3 共 4 个级别,数字越小,级别越高。该标志用于控制各任务的输入输出操作,避免冲突,保护输入输出操作。CPL(current privilege level)标志表示当前运行任务的 IO 特权级别。如果 CPL≤IOPL,即当前特权级小于或等于规定的 IO 特权级,可以执行输入输出指令,即可以访问输入输出设备,否则拒绝访问。只有 CPL=0(最高级)时,才能通过指令修改 IOPL,包括 POPF 指令(标志寄存器内容出栈)和 IRET 指令(中断返回或任务返回)。

(2) 嵌套任务标志位(NT)。

NT(nested task)标志用于指示当前任务是否嵌套在另一个任务中。NT=1 时表示当前执行的任务嵌套在另一个任务中,也就是说,存在一个链,正在连接当前任务与前一个任务。当执行子程序的调用指令 CALL,或者发生中断(或异常)时,导致执行另一个任务,使 NT=1。结束当前任务、返回到前一个任务,使 NT=0。

(3) 恢复标志位(RF)。

RF(resume flag)标志用于控制在 Debug 调试模式(设置单步执行指令或断点)下如何响应异常。若 RF=1,遇到断点或调试故障时不产生异常中断;若 RF=0,遇到调试故障,会产生异常中断。每执行完一条指令,RF 自动变成 0。

(4) 虚拟模式标志位(VM)(virtual mode)。

VM 标志用于设置处理器是否处于 8086/8088 系统的兼容模式。VM=0 时,处理器工作于本机纯(保护)模式,能发挥机器的所有特性和作用;若设置 VM=1,处于 8086/8088 系统的兼容模式,可运行 8086/8088 系统的程序。

(5) 虚拟中断标志位 VIF(virtual interrupt)。

处理器处于虚拟模式时,该标志与中断标志 IF 的作用相同,是 IF 标志的虚拟映像。该标志和 VIP 标志联合使用。

(6) 虚拟中断挂起标志位 VIP(virtual interrupt pending)。

VIP 与 VIF 两个标志位联合使用。处理器处于虚拟模式时,VIP 标志用于表示中断是否被挂起(待执行)。VIP=1 表示中断被挂起,VIP=0 表示中断未被挂起。处理器能读取该标志位,不能修改,由指令设定该标志。

5) 控制寄存器

增加了控制寄存器,Pentium 处理器有 5 个控制寄存器(CR0～CR4),64 位处理器有更多的控制寄存器(CR0～CR8)。控制寄存器用于保存机器的各种全局性状态信息,如工作模式、虚拟内存使用状态、是否使用高速缓存等。这些状态信息主要供操作系统使用,大部分系统阻止应用程序修改控制寄存器,只允许读出其中的数据。

6) 系统表寄存器

系统表寄存器包括 GDTR、LDTR、IDTR、TR,分别是全局描述符表寄存器、局部描述符表寄存器、中断描述符表寄存器、任务表寄存器,只能在本机纯(保护)模式下使用,用于存放系统表的地址。

每个段的参数都包括段的首地址、段的长度、段的类型(代码段、堆栈段、数据段或其他段)、保护级别等,这些参数称为段的描述符。系统将若干个段的描述符组成线性表,存于内存,每个线性表称为段描述符表(简称描述符表),内存中有多个描述符表,如全局描述符表(global descriptor table,GDT)、中断描述符表(interrupt descriptor table,IDT)、局部描述符表(local descriptor table,LDT)、任务状态表(task state segment,TSS)。

(1) 全局描述符表与全局描述符表寄存器。

每个任务都可以访问的描述符称为全局描述符,通常是操作系统使用的代码段、数据段、栈段的描述符,存储在 GDT 中。整个系统只有一个 GDT,通过 GDT 使各个任务可以共享共同使用的段,切换任务时不切换 GDT。

GDTR 寄存器存放全局描述符表的地址信息。

(2) 局部描述符表与局部描述符表寄存器。

每个任务都有一个自己的 LDT,用于存储该任务涉及的代码段、数据段、堆栈段的描述符,这些非共享的描述符称为局部描述符。有多个任务,就有多个局部描述符表。切换任务时随之切换局部描述符表,即切换到当前任务的局部描述符表。每个任务只能访问自己的局部描述符表,确保各个任务的私有段与其他任务隔离,达到保护目的。

LDTR 寄存器存放要取出的局部描述符在局部描述符表的位置信息(索引值),以便从表中取出 LDTR 指向的局部描述符,得到段的首地址、段长度、属性等数据。

(3) 中断描述符表与中断描述符表寄存器。

IDT 用于存放中断描述符,中断描述符是中断(异常)的描述符。IDTR 寄存器用于存放中断描述符表的地址信息。

(4) 任务状态表与任务表寄存器。

任务状态表(TSS)用于存放各个任务的环境参数,以便切换任务。任务表寄存器(task register,TR)存放要取出的任务描述符在任务状态表的位置信息,以便从表中取出 TR 指向的任务描述符,得到所需信息。

7) 调试寄存器

8 个调试寄存器 $DR_0 \sim DR_7$ 用于断点的设置、调试。$DR_0 \sim DR_3$ 是保存线性断点地址的寄存器,用于设置 4 个调试断点。DR_4、DR_5 是备用调试寄存器。DR_6 是调试状态寄存器,用于存放断点的状态,通过 DR_6 的值可以发现异常,允许或禁止进入异常处理程序。DR_7 是调试控制寄存器,用于设置断点的调试条件,如断点字段的长度、断点的访问类型、允许断点、允许选择调试条件等。

8) 测试寄存器

8 个测试寄存器 $TR_0 \sim TR_7$ 用于存放测试控制命令、测试状态等信息。

9) 浮点寄存器

8 个浮点寄存器 $ST_0 \sim ST_7$ 用于存放与浮点运算相关的控制、状态等信息。

2.2.4 工作模式

为了既能体现计算机的新特质、新功能,又能兼容运行旧软件,现今的微机提供多种工作模式,如实(兼容)模式、纯(保护)模式。开机或复位后,首先进入实模式,完成初始化后切换到纯模式。只有在纯模式下,才能使用所有指令,充分发挥计算机的能力。

1．兼容模式

兼容模式也称实地址模式或实模式，提供该模式的目的是为了运行旧软件，在该模式下运行 8086/8088 程序类似在 8086/8088 系统中运行。兼容模式具有以下主要特征。

（1）分段管理内存。只使用分段部件，不使用分页部件。整个寻址空间只能是 1MB，每段的大小是 64KB。

（2）内存单元物理地址的形成方法同 8086/8088 系统。确定某个存储单元的地址，需要知道该单元所在段的起始地址和偏移地址（该单元与段首单元的距离）。段寄存器存放段的基地址，分段部件把基地址左移 4 位，得到段的起始地址，加上指令给出的偏移地址，得到存储单元的实际（物理）地址。

（3）系统保留两个固定存储区：一个是中断向量区；另一个是系统初始化程序区。中断向量区占用 1KB 的存储空间，地址范围是 0H～3FFH，用于存放 256 个中断服务程序的起始地址。系统初始化程序区的地址范围是 FFFFFFF0H～FFFFFFFFH，用于存放 ROM 引导程序。

2．本机模式

本机模式也称纯模式或保护模式，处于该模式下，才能充分实现机器的新功能、新作用。

1）主要特征

（1）完全适应多用户、多任务环境对存储管理的要求。

（2）使用分段部件、分页部件管理存储空间。分段部件把存储空间分成若干个段，各段长度可以不同。使用分页部件，利用部分外存模拟内存，构成虚拟内存。

（3）存储单元的地址仍是段首单元的地址与偏移量之和，地址的计算过程与兼容模式不同。

2）获得存储单元地址的过程

段内某单元与段首单元的距离叫偏移地址（偏移量）。段首单元的地址与偏移地址之和叫线性地址，存储单元的实际地址叫物理地址。本机模式下获得线性地址、物理地址的过程如下。

（1）根据要访问的段，从对应的段寄存器中取出所需描述符在描述符表的偏移地址，加上描述符表寄存器提供的描述符表的起始地址，得到所需描述符在描述符表的地址。

（2）根据上一步得到的地址从描述符表取出描述符，得到段的首地址、段的长度、段的属性等数据，送到描述符高速缓冲寄存器中。

（3）从描述符高速缓冲寄存器中取出上一步存入的段首地址，与指令指定的偏移地址相加，得到存储单元的线性地址。若不分页（不使用分页部件），线性地址即物理地址。若分页（使用分页部件），还要经过分页部件将线性地址转换为物理地址。

（4）再次访问同一个段时，直接用描述符寄存器的数据作为段的首地址，不必查寻描述符表，加快了存储器的访问速度。

2.2.5 多核处理器简介

单纯依靠提高处理器的速度,会产生过多热量,性能难有更多改善。多内核(multicore chips)是指在一片处理器内部集成两个或多个完整的计算引擎(内核),每个内核作为分立的逻辑处理器,为各内核划分任务,可在特定的时间内执行更多任务。

2006年,Intel公司推出第1代双核微处理器(dual core processor),取名Core Duo(酷睿),Core 2 Duo(酷睿2)是第2代双核微处理器,CORE i5(酷睿5)是第5代双核微处理器。图2.14是几种双核微处理器商标。Core Duo改变了以往用Pentium命名处理器的传统,Pentium 4之后不再采用Pentium 5、Pentium 6等命名。

图2.14 几种双核微处理器商标

双核微处理器是在一块处理器内部集成两个内核,并配置多级缓存。目前的双核微处理器配置了3级缓存,结构如图2.15所示,两个核心之间互相隔绝,每个核心都有独立的1级缓存、2级缓存、共享3级缓存和前端总线(first side bus,也叫处理器总线),依靠前端总线在两个核心之间传输缓存同步数据,并连接CPU之外的内存部件。

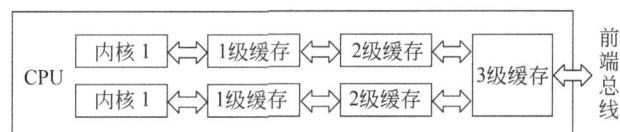

图2.15 双核微处理器结构示意图

处理器内部增加一个内核,每个时钟周期执行指令的数量增加一倍,可以在特定的时钟周期内执行双倍任务。处理器内部集成多个内核就是多核处理器,可以并行执行更多任务。程序运行时,最小的调度单位是线程,多核技术可以在多个执行内核之间划分任务,使线程充分利用多个执行内核,具有较高的线程级并行性,达到在特定时间内执行更多任务的目的。

由于半导体工艺技术成熟,虽然处理器内增加了构成内核的元件,但处理器的外形面积、功耗、热量并没有增加,极大地提高了执行多任务的能力,多核处理器是处理器应用需求的必然产物。

多核处理器的主要特点如下。

(1) 多核处理器能直接插入单一的处理器插槽,操作系统利用所有相关资源,将多核处理器的每个内核作为分立的逻辑处理器,每个内核有各自的任务,并行工作,可以完成更多任务,极大地提高了处理器的性能和效率。

(2) 多核处理器推动虚拟技术的发展。虚拟技术是用一台物理计算机虚拟出若干个虚拟系统,虽然共享同一台机器资源,但它们各自独立工作。也就是说,允许用户在一台物理计算机运行多个操作系统,每个操作系统做不同的任务,如一个虚拟系统玩游戏,另一个虚拟系统做文字处理或其他工作。

(3) 可配置多级高速缓存。如在多核处理器内配置 3 级缓存,由于数据传送常在芯片内完成,芯片内采用高速总线技术,能更充分地发挥作用,实现缓存与运算部件之间高效传送数据。

习　题

一、选择题

1. ＿＿＿＿＿＿的说法错误。
   (A) 处理器是计算机的核心部件
   (B) 处理器的发展促进计算机的发展
   (C) AMD 64 是 32 位处理器
   (D) 处理器一次能处理的数据位数不断提高

2. ＿＿＿＿＿＿的说法错误。
   (A) 代码段存放正在运行的指令段
   (B) 数据段的地址信息与代码段寄存器有关
   (C) 数据段存放当前使用的数据
   (D) 堆栈段的数据是先进后出

3. ＿＿＿＿＿＿的说法错误。
   (A) 栈指针寄存器用于存放栈顶单元的地址
   (B) 运算结果的特征反映在标志寄存器中
   (C) 程序员不能直接修改标志寄存器
   (D) 程序员可以直接修改标志寄存器

4. 处理器内的指令队列缓冲器的作用、特点是＿＿＿＿＿＿。
   (A) 预存待执行的指令,方便取出执行,提高效率
   (B) 每执行完一条指令,队列出现空白,自动从内存取出新指令补充队列
   (C) 指令队列的长度越长,能预存的指令越多
   (D) A、B、C

5. ＿＿＿＿＿＿的说法错误。
   (A) 时钟周期、总线周期、指令周期是相同的概念
   (B) 时钟周期是处理器操作的最小时间单位,由系统的时钟频率确定
   (C) 总线周期是通过总线对存储器或外设完成一次读或写操作所需的时间
   (D) 指令周期是执行一条指令所需的时间,执行不同指令需要的时间不同

6. ＿＿＿＿＿＿的说法错误。

(A) 处理器的 M/$\overline{IO}$信号线用于区分是访问存储器,还是访问外设
(B) CLK(clock)是系统的时钟信号线,为处理器和总线控制电路提供基本的定时信号
(C) 浮点运算部件不能置于处理器内部
(D) 为了适应处理器引脚数目的增加,采用阵列封装

7. _____的说法错误。
(A) INTR、NMI 都是可屏蔽的中断请求信号线
(B) 外设通过 INTR 信号线向处理器提出可屏蔽的中断请求
(C) $\overline{INTA}$是中断响应信号线
(D) 处理器响应外设的可屏蔽中断请求后发出中断响应信号

8. _____的说法错误。
(A) 现今的微机提供多种工作模式
(B) 本机(保护)模式下,可以发挥计算机的所有特性和功能
(C) 兼容模式下可以运行旧软件
(D) 不同的工作模式下,获取存储单元地址的过程相同

9. _____的说法错误。
(A) 全局描述符表存储每个任务都能访问的全局描述符
(B) 系统有多个全局描述符表、一个局部描述符表
(C) 系统有一个全局描述符表,多个局部描述符表
(D) 中断描述符提供中断服务程序的起始地址等信息,存放在中断描述符表中

10. _____的说法错误。
(A) 一个任务有一个局部描述符表,用于存储该任务用到的局部描述符
(B) 切换任务时,随之切换系统当前的局部描述符表
(C) 可以访问自己的局部描述符表和其他任务的局部描述符表
(D) 通过局部描述符表隔离各个任务的私有段,达到保护目的

二、填空题

1. 处理器一次能同时处理多少位的二进制数取决于_____或_____,该数据也称为_____。64 位处理器的字长是_____。处理器能识别(寻址)的存储单元的个数取决于_____,若处理器的地址引脚数分别是 16、20、32,则能识别的存储单元的个数分别为_____、_____、_____。

2. AX 是_____位寄存器,EAX、RAX 分别是_____位、_____位寄存器。CS、DS、SS、ES 分别是_____寄存器、_____、_____、_____。

3. 处理器中的执行部件负责_____,总线接口部件负责_____。ALU (arithmetic logical unit)称为_____,用于_____、_____。浮点运算部件用于_____,可置于_____内部。

4. CF 是_____标志位,OF 是_____,ZF 是_____,SF 是_____。运算结果是零,ZF=_____,运算结果不是零,ZF=_____。

5. 段内某单元与段首单元的距离称为_____或_____,该数据加上_____是这个单元的_____。

6. 兼容模式也称为_____或_____。本机模式也称为_____或_____。不同模式下,获取存储单元地址的过程_____。

7. 保护模式下,各段的长度、保护级别可以_____,段的参数包括_____、_____、_____、_____,这些参数称为_____,存放在_____中。

8. 利用_____模拟内存,构成_____。当_____不够用时,_____发挥作用,利于_____更多的程序。

9. 分段部件用于_____,段的类型有_____、_____、_____、_____。分页部件用于_____,如果不支持虚拟内存,则不使用_____,即不需要_____。

10. 多核处理器是在一片处理器内部_____,更支持_____任务,同时运行_____。

三、问答题

1. 处理器的类型经历了哪些重要更新?在哪些方面存在差异?
2. 目前流行的32位、64位有哪些特点?什么是双核、多核处理器?它们的好处分别是什么?
3. 处理器由哪些主要部件组成?每个部件的作用是什么?
4. 写出标志位 CF、ZF、SF、OF、VM 各自的含义和如何取值。
5. 计算 54H+4AH 后,CF、ZF、SF、OF 各是何值?
6. 写出栈的用途、基本操作、操作原则、栈顶与栈首的特点。
7. 为什么提供多种工作模式?说明实模式、保护模式的作用。
8. 分段部件、分页部件的作用分别是什么?

第 3 章 指令系统

本章介绍 X86-CPU 架构计算机的指令系统,以汇编语言形式给出指令的格式,并通过程序实例说明指令的用法。

3.1 指令系统概述

每种计算机都提供一组指令(指令集),称为指令系统(instruction system),供用户编程使用。一条指令对应计算机的一种基本操作。用户使用指令编写程序(program),执行程序时一般按指令先后顺序逐条执行,遇到转移指令,改变指令的执行次序。以二进制数表示的指令称为机器指令(机器代码)。汇编语言(assembly language)用助记符(mnemonic)表示指令,一个助记符对应一个机器指令。表 3.1 列出 3 条数据传送指令的机器代码和对应的助记符(MOV 是 MOVE 的缩写)。其中,B034 是 2 字节的机器指令,对应的助记符是"MOV AL,34H",表示将 34H 传送给 AL 寄存器;B83412 是 3 字节的机器指令,对应助记符"MOV AX,1234H",表示将 1234H 传送给 AX 寄存器。

表 3.1 数据传送指令的机器代码和助记符

机器代码	指令字长	对应的助记符	功　　能
B034	2 字节	MOV　AL,34H	将数据 34H 传送给 AL 寄存器
B83412	3 字节	MOV　AX,1234H	将数据 1234H 传送给 AX 寄存器
8AD8	2 字节	MOV　BL,AL	将 AL 寄存器中的数据传送给 BL 寄存器

3.1.1 指令的格式

指令由操作码、操作数组成。操作数分为目标操作数(destination)、源操作数(source)。

指令格式:

操作码 [目标操作数] [,源操作数] [;注释]

例如,"MOV BL,AL"指令的操作码是 MOV,BL 是目标操作数,AL 是源操作数,指令的功能是源操作数送入目标操作数,即 AL→BL,或 BL←AL。

[ ]表示可省略部分。指令必须有操作码,用于指示计算机做何种操作,如传送、运算、移位、跳转等操作。指令的操作数是操作对象,即指令的参与者。源操作数表明操作数的来源,即操作数来自何处。目标操作数是操作结果的去向,即操作结果存到何处。操作数有 3 种形式:具体数值(常数,也称立即数)、寄存器名称(数据在寄存器中)、存储单元的有效地址(数据在存储器中),见下面的例子。

```
MOV    AX,25      ;源操作数是常数 25
MOV    BX,AX      ;操作数在寄存器 AX 中
MOV    CX,X       ;源操作数在 X 存储单元中
```

指令一般包括一个或两个操作数,如 INC AX 指令只有 AX 一个操作数,表示 AX+1→AX。"MOV AX,BX"指令有两个操作数。个别指令有 3~4 个操作数。个别指令没有操作数,如暂停指令 HLT。

编写指令应注意以下问题。

(1) 操作码、操作数之间至少用一个空格或制表符分隔。

(2) 各个操作数之间用逗号","分隔,目标操作数在前,源操作数在后。

(3) 操作数可以是具体数值、寄存器或存储单元的有效地址。

3.1.2　指令字长与指令的执行时间

指令字长是指一条指令包含的二进制位数。表 3.1 列出了几条指令的字长。如"MOV AL,34H"的机器代码是 B034,字长是 2 字节,存放该指令占用 2 个存储单元。

指令字长有等字长结构、变字长结构两种。等字长指令结构是各种指令的字长相等。变字长指令结构是指令的字长不同。微型计算机采用变字长结构。变字长结构的指令字长取决于指令操作码的类型、操作数个数、操作数的地址长度。不同操作码的字长不同,指令的操作数越多,字长越大。

指令的字长影响指令的执行速度,指令的字长越大,访问存储器的次数越多,需要的时间越多,执行速度越慢。例如,"MOV AX,1234H"指令占用 3 个存储单元,取出该指令需访问 3 个存储单元。

通常,执行一条指令涉及的操作有取指令、取操作数、执行指令、存操作数,这些操作所需的时间之和构成指令的执行时间。了解每条指令的执行时间,可估算一段程序的运行时间。对于一般问题,编程时不必考虑程序的运行时间,只需完成功能。若对时间有要求,如实时控制,编程时不仅需要推敲程序的算法,还要考虑指令的运行时间,选择合适的指令,满足运行时间的要求。

3.2 操作数的寻址方式

操作数是指令或程序的处理对象。除 NOP(no operation,空操作)、HLT(halt,暂停)等少数指令外,都涉及操作数和地址。地址是数据或指令的存放位置,寻址方式是寻找存放位置的方式。指令系统给出一些寻址方式,供编程选用。

本节介绍操作数的寻址方式,即确定操作数位置的方法,操作数的表示形式决定了操作数的寻址方式,影响指令的执行速度和效率。操作数寻址方式有 3 类:立即寻址、寄存器寻址、存储器寻址。

立即寻址也叫立即数寻址,是源操作数直接写在指令中,如"MOV AX,1234H"的源操作数是常数 1234H,是立即寻址,指令的功能是 1234H 送入(move)AX 寄存器。

寄存器寻址是指令的操作数放在寄存器中,执行指令时从寄存器读出数据或向寄存器写入数据。如"MOV AX,BX"的两个操作数都是寄存器,表示从 BX 寄存器取出数据,送给 AX 寄存器。

存储器寻址是操作数在存储器中,执行指令时依照给定存储单元的有效地址读出或写入数据。如"MOV AL,[1234H]"的源操作数采用存储器寻址,[1234H]表示存储单元的有效地址,功能是将 1234H 单元内的数据传送至 AL 寄存器。

各种寻址方式比较见表 3.2。下面详细介绍各种寻址方式。

表 3.2 各种寻址方式比较

指 令	源 操 作 数	源操作数的寻址方式
MOV AX,100H	立即数:100H	立即寻址
MOV AX,[100H]	偏移量:[100H]	直接寻址
MOV AX,[BX]	寄存器:[BX]	寄存器间接寻址
MOV AX,[BX+100H]	寄存器+相对值:[BX+100H]	寄存器相对寻址
MOV AX,[BX+SI]	基址+变址:[BX+SI]	基址-变址寻址
MOV AX,[BX+SI+100H]	基址+变址+相对值:[BX+SI+100H]	基址-变址-相对寻址

3.2.1 立即寻址

立即寻址(immediate addressing)是以固定值(常数)直接给出指令的源操作数,该固定值也叫立即数。立即数只能用于源操作数,目标操作数不能是立即数,类似高级语言的赋值语句的左边不能是常量。

执行立即寻址指令时,指令的操作码、立即数都在代码段中,立即数存储在操作码之后,见下面的例子。

例 3.1 立即寻址的几种写法。

```
MOV    AX,2+3           ;将数据 5 传送给(move)AX 寄存器
MOV    BX,5678H         ;5678H→BX
MOV    CL,56H           ;56H→CL
ADD    CL,23            ;CL+23→CL
MOV    N,12H            ;12H→N 存储单元,用符号 N 表示存储单元的地址
MOV    X,3456H          ;56H→X 单元,34H→X+1 单元
MOV    EAX,12345678H    ;12345678H→32 位寄存器 EAX
```

例 3.2 "MOV AX,1234H"指令的机器代码是 B83412H,画出该指令在代码段的存储示意图。

解:存储该指令占用 3 个单元,图 3.1 是立即寻址指令的存储示意图,常数(立即数) 1234H 存储在操作码 B8 之后,占两个单元。指令功能是 1234H 送入 AX 寄存器,12H 送入 AH 寄存器,34H 送入 AL 寄存器,即(AX)=1234H、(AH)=12H、(AL)=34H。

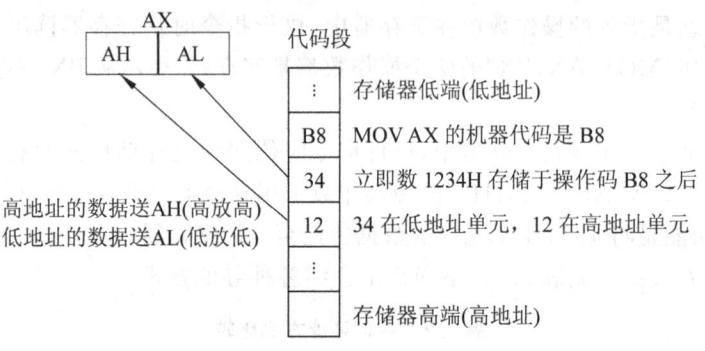

图 3.1 立即寻址指令的存储示意图

3.2.2 寄存器寻址

寄存器寻址(register addressing)表示操作数在处理器的内部寄存器中,该寻址方式适用源操作数、目标操作数。例如,"MOV CX,BX"指令的两个操作数都是寄存器名称,属于寄存器寻址,该指令的功能是 BX 寄存器的数据传给 CX 寄存器,改变目标操作数 CX,源操作数 BX 不变。

寄存器寻址中,无论操作数在寄存器中,还是操作结果存入寄存器,都是直接读写寄存器,不是读写存储器,指令的执行速度较快。

例 3.3 寄存器寻址的几种写法。

```
MOV    BL,AL            ;AL→BL,8 位寄存器之间传送数据
MOV    CX,BX            ;BX→CX,16 位寄存器之间传送数据
MOV    EAX,EBX          ;EBX→EAX,32 位寄存器之间传送数据
MOV    X,AL             ;AL→X 存储单元
MOV    Y,AX             ;AL→Y 存储单元,AH→Y+1 存储单元
```

3.2.3 存储器寻址

存储器寻址(memory addressing)表示从存储器读出操作数,或者操作数写入存储器,指令须指明操作数在存储器的什么位置,即给出操作数的存储地址。存储器寻址就是如何确定存储单元的地址。

第 2 章介绍过分段管理存储器,即一个存储器分成若干个逻辑段。操作数通常存于某段,如数据段、附加段。段中某个存储单元的地址由段首单元的地址、该单元与段首单元的距离(偏移量)决定。偏移量也叫偏移地址或有效地址。操作数的偏移地址由指令给出,处理器根据有关约定选用某个段寄存器,确定段的首地址,通过段的首地址和偏移量算出存储单元的物理地址。若指令没有指明数据在哪个段,一般默认在数据段。存储器寻址就是如何形成有效地址(effective address,EA)。存储器寻址有多种形式,如直接寻址、寄存器间接寻址、寄存器相对寻址、基址-变址寻址、基址-变址-相对寻址,下面分别进行介绍。

1. 直接寻址

直接寻址(direct addressing)表示指令中直接给出操作数的偏移地址,如"MOV AX,[1234H]"的源操作数采用直接寻址,[ ]内的 1234H 是存储单元的偏移地址,由数据段 DS 的首地址、偏移地址可以算出源操作数的物理地址。由于 AX 是 16 位寄存器,所以要访问数据段的两个连续存储单元,1234H 单元的数据送给 AL 寄存器,1235H 单元的数据送给 AH 寄存器。

注意,"MOV AX,1234H"和"MOV AX,[1234H]"不同,前者是立即寻址,后者是直接寻址。

操作数物理地址(physical address,PA)的计算公式是:数据所在段的首地址+偏移量。

对于 16 位 8086/8088 处理器或 32 位、64 位处理器中的兼容模式,段的首地址的计算公式是:段的基地址×10H。为了简化问题,下面的其他寻址方式均采用该公式计算段的首地址。

段的基地址乘以 10H(十进制 16)相当于在段的基地址后加 4 个 0(二进制),即段的基地址左移 4 位,再加上偏移量,得到物理地址。关于操作数物理地址的计算方法,详见 2.1.7 节。

例 3.4 直接寻址。

(1) 假设数据段 DS 的基地址是 3000H,1234H 单元存储数据 A5H,1235H 单元存储数据 8FH,写出 1234H 单元物理地址的计算公式,执行下面的第 1 条指令后 AX 是何值?

(2) 第 2 条指令需要访问数据段的几个存储单元?偏移地址各是多少?

(3) 第 3 条指令的源操作数在哪个段?如果不写 ES:,源操作数在哪个段?

(4) 第 4 条指令的 X 是用符号表示的地址(符号地址),假设 X 单元存储数据 E6H,

BL 是何值？

```
MOV    AX,[1234H]        ;源数据在数据段中
MOV    EAX,[1234H]
MOV    CX,ES:[1200H]
MOV    BL,X              ;源数据在数据段的 X 单元中
```

解：

(1) 1234H 单元的物理地址=数据段 DS 的首地址+偏移量

=数据段 DS 的基地址×10H+偏移量

=3000H×10H+1234H

=30000H+1234H

=31234H

执行第 1 条指令后，AX 寄存器的数据是 8FA5H，即 AH 是 8FH，AL 是 A5H。

(2) EAX 是 32 位寄存器，需要访问数据段的 4 个连续单元，偏移地址依次是 1234H、1235H、1236H、1237H。

(3) 第 3 条指令的源操作数在附加段 ES 中。不写 ES：，源操作数默认在数据段。

(4) BL 寄存器的数据是 E6H。

2. 寄存器间接寻址

寄存器间接寻址（register indirect addressing）是操作数的偏移地址由寄存器（SI、DI、BX 或 BP）提供。例如，"MOV AX,[SI]"由 SI 寄存器提供操作数的偏移地址，书写时用[ ]括住寄存器名称。寄存器间接寻址的优点是：可随时修改间址寄存器的数据，以便指向不同的存储单元。存放偏移地址的寄存器称为间址寄存器。

注意"MOV AX,SI"和"MOV AX,[SI]"的区别，前者是寄存器寻址（SI 就是源操作数），后者是寄存器间接寻址（SI 提供源操作数的偏移地址）。

在寄存器间接寻址中，需要确定操作数在哪个段，这取决于选择哪个间址寄存器，若指令中没有指明哪个段，可按下列规定操作。

(1) 若间址寄存器是 BX、SI、DI，操作数在数据段，如"MOV AX,[BX]"的源操作数在数据段 DS 中。

(2) 若间址寄存器是 BP，操作数在堆栈段，如"MOV AX,[BP]"的源操作数在堆栈段 SS 中。

可以通过段超越前缀重新指定操作数的所在段，如"MOV AX,DS:[SI]"通过"DS:"指明操作数在数据段 DS，下面是等价写法。

```
MOV    BX,[SI]           ;等价写法 MOV BX,DS:[SI]
MOV    AL,[BX]           ;等价写法 MOV AL,DS:[BX]
MOV    BH,[BP]           ;等价写法 MOV BH,SS:[BP]
```

根据选择哪个寄存器提供偏移地址，寄存器间接寻址有不同名称。因为 BX（base）、BP（base point）称为基址寄存器，采用 BX 或 BP 作间址寄存器，称为基址寻址，如"MOV

AX,[BX]"、"MOV AX,[BP]"。因为 SI(源变址寄存器)、DI(目的变址寄存器)是变址寄存器,采用变址寄存器 SI 或 DI 作间接寻址寄存器,称为变址寻址,如"MOV AX,[SI]"、"MOV AX,[DI]"。

采用寄存器间接寻址,操作数物理地址(PA)的计算公式如下。

$$PA = 段的首地址 + 偏移量$$
$$= 段的基地址 \times 10H + 间址寄存器的数据$$

例 3.5 假设(DS)=1000H、(DI)=2345H,"MOV BX,[DI]"指令将哪两个单元的数据传送给 BX?

解:根据寄存器间接寻址的规则,DI 是偏移地址,物理地址 PA 由 DS、DI 构成。

$$PA = 段的首地址 + 偏移量$$
$$= 段的基地址 \times 10H + DI 寄存器的数据$$
$$= (DS) \times 10H + (DI)$$
$$= 1000H \times 10H + 2345H$$
$$= 10000H + 2345H$$
$$= 12345H$$

"MOV BX,[DI]"指令是将 12345H 单元的数据传送给 BL,12346H 单元的数据送给 BH。

3. 寄存器相对寻址

寄存器相对寻址是指操作数的偏移地址由寄存器数据与相对值之和构成。例如,"MOV BX,[SI+100H]"的源操作数采用寄存器相对寻址,偏移地址是寄存器 SI 的值与相对值 100H 之和。寄存器可以采用 BX、BP、SI 或 DI,当使用 BX、SI、DI 时,数据默认在数据段 DS 中。当使用 BP 时,数据默认在栈 SS 中。可通过段超越前缀重新指定数据段。寄存器相对寻址有两个地址自由度,可修改寄存器数据和相对值,便于数组操作。

对于寄存器相对寻址,操作数物理地址 PA 的计算公式如下。

$$PA = 段的首地址 + 寄存器数据 + 相对值$$
$$= 段的基地址 \times 10H + 寄存器的数据 + 相对值$$

例 3.6 假设(DS)=1000H、(SI)=2345H,"MOV BX,[SI+100H]"或"MOV BX,DS:100H[SI]"指令是哪两个单元的数据送给 BX?

解:源操作数的物理地址 = 段的首地址 + 寄存器的数据 + 相对值
$$= 段的基地址 \times 10H + 寄存器的数据 + 相对值$$
$$= (DS) \times 10H + (SI) + 100H$$
$$= 1000H \times 10H + 2345H + 100H$$
$$= 10000H + 2345H + 100H$$
$$= 12445H$$

上面指令是 12445H 单元的数据传送给 BL,12446H 单元的数据传送给 BH。

下面都是寄存器相对寻址。

```
MOV   AX,ARRAY[BX]    ;或写成 MOV AX,DS:ARRAY[BX],数据在数据段
```

```
MOV  AX,DATA[SI]       ;数据在数据段
MOV  AX,DATA[BP]       ;数据在堆栈段
MOV  AX,[BX+DATA]      ;数据在数据段
MOV  TABLE[DI],AL      ;或写成 MOV DS:TABLE[DI],AL,是寄存器相对寻址
MOV  TABZ[BP],BL       ;或写成 MOV SS:TABZ[BP],BL
```

4. 基址-变址寻址

基址-变址寻址表示操作数的偏移地址由基址寄存器、变址寄存器 2 值之和构成。例如,"MOV AX,[BX+SI]",或写成"MOV AX,[BX][SI]",源操作数采用基址-变址寻址,源操作数在 BX 基址寄存器指定的段中,由 SI 变址寄存器提供偏移地址。当源操作数在数据段时,其有效地址是(DS)×10H+BX+SI。

基址-变址寻址方式的优点是:可以通过基址、变址两个寄存器修改偏移地址(有两个地址自由度)。对于基址-变址寻址,操作数物理地址 PA 的计算公式为

$$PA = 段的首地址 + 基址寄存器的数据 + 变址寄存器的数据$$
$$= 段的基地址 \times 10H + 基址寄存器的数据 + 变址寄存器的数据$$

基址-变址寻址规定:一条指令中,BX、BP 两个基址寄存器只能选一个,SI、DI 两个变址寄存器也只能选一个,下面是错误写法。

```
MOV  AX,[BX][BP]       ;错误写法,BX、BP 只能选一个
MOV  AX,[SI][DI]       ;错误写法,SI、DI 只能选一个
```

下面是正确写法。

```
MOV  AX,[BX][SI]       ;或写成 MOV AX,DS:[BX+SI]
MOV  AX,[BP][DI]       ;或写成 MOV AX,SS:[BP+DI]
MOV  AX,DS:[BP][DI]    ;或写成 MOV AX,DS:[BP+DI]
```

例 3.7 假设(DS)=1000H、(BX)=2100H、(SI)=0011H,"MOV BX,[BX+SI]"指令将哪两个单元的数据传送给 BX?

解:源操作数的偏移地址 EA = 基址寄存器的数据 + 变址寄存器的数据
$$= (BX)+(SI)$$
$$= 2100H+0011H$$
$$= 2111H$$

源操作数的物理地址 PA = 段的首地址 + EA
$$= (DS) \times 10H + EA$$
$$= 1000H \times 10H + 2111H$$
$$= 10000 + 2111H$$
$$= 12111H$$

上面指令是 12111H 单元的数据传送给 BL,12112H 单元的数据传送给 BH。

5. 基址-变址-相对寻址

基址-变址-相对寻址表示操作数的偏移地址由基址寄存器、变址寄存器、相对值 3 值

之和构成。例如,"MOV AX,[BX+SI+06H]",或写成"MOV AX,06H[BX+SI]",源操作数采用基址-变址-相对寻址。基址-变址-相对寻址规定:一条指令中BX、BP基址寄存器只能选一个,SI、DI变址寄存器只能选一个,若以BX作基址寄存器,操作数默认在数据段DS中;若以BP作基址寄存器,操作数默认在堆栈段SS中,可以通过段超越前缀重新指定默认段。基址-变址-相对寻址有3个地址自由度,可修改基址寄存器、变址寄存器和相对值。

基址-变址-相对寻址有多种等价写法,下面4种写法的寻址含义相同。

```
MOV  AX,[BX+SI+1000H]
MOV  AX,1000H[BX+SI]
MOV  AX,1000H[BX][SI]
MOV  AX,1000H[SI][BX]
```

注意,"MOV AX,BX[1000+SI]"、"MOV AX,SI[1000H+BX]"是错误写法,基址、变址寄存器(BX、SI)不能放在[ ]之外,该限制也适用于寄存器相对寻址。

例 3.8 根据"基址-变址-相对寻址"原理,写出"MOV AX,[BX+SI+06H]"指令源操作数物理地址 PA 的计算公式。

解:PA = 数据所在段的首地址 + 偏移量
     = 段的基地址×10H + 基址寄存器的数据 + 变址寄存器的数据 + 相对值
     = (DS)×10H + (BX) + (SI) + 06H

3.3 指 令 系 统

指令系统是指令的集合,按功能分为8类:数据传送指令、算术运算指令、逻辑运算指令、移位指令、字符串操作指令、程序控制指令、系统功能调用指令、处理器控制指令。本节介绍一些常用指令,以实例说明指令的功能和用法。

3.3.1 数据传送指令

数据传送指令包括传送指令、传送填充指令、交换指令、有效地址传送指令、堆栈指令、转换指令、输入输出指令等。除了标志位操作指令 SAHF、POPF 外,其他指令不影响标志寄存器的标志位。

1. 传送指令 MOV

传送指令是最常用的指令,相当于高级语言的赋值语句。
指令格式:

MOV 目标操作数,源操作数

传送指令的功能是源操作数传送给目标操作数。目标操作数和源操作数可以是寄存器(register,缩写为 reg)、存储器的有效地址(memery,缩写为 mem),源操作数还可以是立即数(immediate,缩写为 imm),操作数可以是 8 位、16 位或 32 位。可用下面的写法表示 MOV 指令对操作数的限制。

```
MOV register/memery, register/memery/immediate
```

执行 MOV 指令后,改变目标操作数,不改变源操作数。MOV 的操作数可以采用任意寻址方式。

下面 2 条指令的源操作数都是立即数。

```
MOV     AL,8              ;立即数 8→AL 寄存器
MOV     X,15              ;立即数 15→X 单元
```

下面 2 条指令的源操作数都是寄存器。

```
MOV     CH,AL             ;源操作数是 AL 寄存器
MOV     CX,BX
```

下面 3 条指令的源操作数在存储单元中。

```
MOV     AL,DS:[100H]      ;DS:[100H]单元的数据→AL
MOV     BL,ES:[DI]        ;ES:[DI]单元的数据→BL
MOV     CL,X              ;X 单元的数据→CL
```

对 MOV 指令有以下规定,有些规定也适用于其他指令。

(1) 要求两个操作数的字长必须相同,同为 8 位、16 位、32 位或 64 位。例如,"MOV BL,AX"是错误写法,BL 是 8 位,AX 是 16 位,两者字长不同,可改成"MOV BL,AL"或"MOV BX,AX"。

(2) 不能在存储器之间直接传送数据,即两个操作数不能同时是地址。例如,"MOV [1200],[SI]"是错误写法,可通过寄存器中转,如"MOV AX,[SI]"、"MOV [1200],AX"采用 AX 中转,在[1200]、[SI]两个单元之间传送数据。

(3) 目标操作数不能是寄存器 IP、CS,即不能修改 IP、CS。例如,"MOV CS,AX"是错误写法,"MOV AX,CS"是正确指令。

(4) 立即数不能直接传给段寄存器。例如,把常数 100H 传送给 DS,不能写成"MOV DS,100H",可使用两条指令"MOV AX,100H"、"MOV DS,AX"。

(5) 目标操作数不能是立即数。例如,"MOV 100H,AX"是错误写法。

(6) 两个操作数不能同时是段寄存器,即不能直接在两个段寄存器之间传送数据。例如,指令"MOV ES,DS"是错误的,通过通用寄存器中转,用"MOV AX,DS"、"MOV ES,AX"两条指令把 DS 数据传给 ES。

2. 交换指令 XCHG

指令格式:

```
XCHG 目标操作数,源操作数
```

XCHG 指令的功能是互换两个操作数,即目标操作数变成源操作数,源操作数变成目标操作数。该指令的目标操作数可以是通用寄存器,源操作数可以是通用寄存器或存储器的有效地址,可以在两个寄存器之间或寄存器和存储器之间交换数据,要求被交换的两个操作数的数据类型一致。例如,执行"XCHG AX,BX"指令后,互换 AX、BX 数据。

例 3.9 假设(AX)=5678H、(BX)=1234H,执行"XCHG AX,BX"指令后,AX、BX 各是何值?

解:该指令是交换两个寄存器的数据,即(AX)←→(BX)。执行指令后,(AX)=1234H、(BX)=5678H。

3. 有效地址传送指令 LEA

指令格式:

LEA 寄存器,存储器的有效地址

有效地址传送指令的功能是将存储器的有效地址(偏移地址)送入寄存器(通常是 BX、DX、DI 或 SI)。例如,"LEA BX,BUFFER"把符号 BUFFER 表示的偏移地址送给 BX。

LEA 指令的等价写法是"MOV 寄存器名称,OFFSET 存储器的有效地址",如指令 "LEA BX, BUFFER"和"MOV BX, OFFSET BUFFER"的功能相同。指令"LEA BX,BX+15"和"MOV BX,OFFSET [BX+15]"的功能相同。

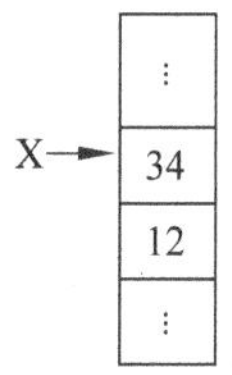

例 3.10 数据段的状态示意图如图 3.2 所示,X 表示偏移地址 6,执行"LEA DX,X"指令后,DX 是何值? 执行"MOV DX,X"指令后,DX 是何值?

解:执行"LEA DX,X"指令后,DX 值是 0006H。执行"MOV DX,X"指令后,DX 值是 1234H。

图 3.2 数据段的状态示意图

4. 栈的操作指令

栈是内存的一种逻辑段,通常用于存储一些临时数据,如存储执行中断程序或调用子程序产生的断点地址等数据。栈的操作主要有进栈、出栈,栈数据的进出原则是先进后出(或后进先出)。

1) 数据进栈指令 PUSH

指令格式:

PUSH 寄存器/存储器的有效地址
PUSH 寄存器/存储器的有效地址/常数   ;80286 及以后处理器新增的指令

PUSH 指令的功能是将数据存入栈。如 PUSH 1234H 将常数 1234H 存入栈,PUSH AX 将寄存器 AX 的值存入栈。

例 3.11 执行指令前的栈如图 3.3(a)所示,假设(AX)=1234H,请画出执行 PUSH AX 指令之后栈的状态,栈顶位于何处?

解：栈的一个单元能存放 8 位数据，16 位数据 1234H 进栈需占两个单元，执行 PUSH AX 后的栈如图 3.3(b)所示。栈顶指针寄存器存放栈顶的地址，执行 PUSH AX 指令后，栈顶指针寄存器自动减 2。

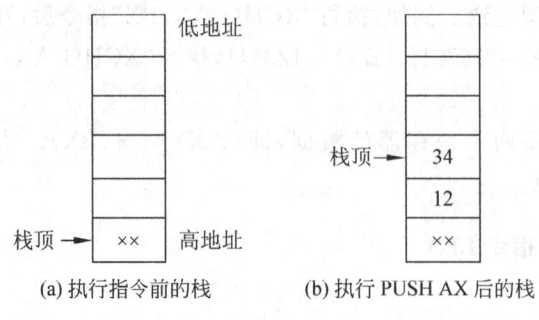

图 3.3　PUSH 指令影响栈的示意图

2）数据出栈指令 POP
指令格式：

```
POP 寄存器/存储器的有效地址
```

POP 指令的功能是将栈顶数据送入寄存器或存储器，并修改栈顶指针，如果是 16 位数据出栈，栈顶指针寄存器的值就减 2。

5．输入输出指令

8086 及以后的处理器通过输入输出指令实现外设与处理器的数据传送。输入指令 IN 可从 I/O 端口读出信息送入处理器，输出指令 OUT 可将处理器的信息输出到 I/O 端口。

1）输入指令
输入指令可把某个输入端口数据送到指定累加器，指令格式如下。

```
IN   AL 寄存器,端口地址      ;字节输入指令
IN   AX 寄存器,端口地址      ;字输入指令
IN   EAX 寄存器,端口地址     ;双字输入指令,80386 及以后处理器新增的指令
```

字节输入指令是从端口地址读出 1 字节数据，传送入 AL 寄存器。例如，"IN AL,80H"是从端口地址 80H 的输入设备读出 1 字节数据，送入 AL 寄存器。字输入指令是从端口地址读出 2 字节数据，送入 AX 寄存器，如"IN AX,80H"指令。双字输入指令是从端口地址读出 4 字节数据，送入 EAX 寄存器。

微机最多给外设分配了 64K 个端口，前 256 个端口（0～FFH）称为固定端口，可直接在 IN 或 OUT 指令中给出，称为端口直接寻址。大于 255 的端口地址（超过 8 位）称为可变端口，首先把端口地址送 DX 寄存器，即采用端口间接寻址，然后用 IN、OUT 指令传送信息，见下面的例子。

```
IN        AX,128       ;直接给出小于 255 的端口地址
```

```
MOV      DX,3FFH       ;大于255的端口地址需存入DX
IN       AL,DX         ;端口间接寻址
```

2) 输出指令

输出指令可把累加器数据传送到某个输出端口,指令格式如下。

```
OUT 端口地址,AL 寄存器     ;字节输出指令
OUT 端口地址,AX 寄存器     ;字输出指令
OUT 端口地址,EAX 寄存器    ;双字输出指令,80386及以后处理器新增的指令
```

字节输出指令是AL(字节)寄存器的数据传送至端口地址,如"OUT 43H,AL"是将AL的数据传送至43H端口的输出设备。字输出指令是AX(字)寄存器的数据传送至端口地址。双字输出指令是EAX(双字)寄存器的数据传送至端口地址。与IN指令一样,OUT指令的端口地址可采用直接寻址、间接寻址方式。

3.3.2 算术运算指令

算术运算指令包括加法、减法、乘法、除法及辅助指令,通常影响标志位。

1. 加法指令

有不带进位的加法指令ADD、带进位的加法指令ADC、加1指令INC等。

1) 不带进位的加法指令ADD

指令格式:

ADD 被加数,加数

ADD指令的功能是两个操作数相加,结果在被加数中,即"被加数+加数→被加数"。加数可以是通用寄存器、存储器的有效地址或立即数(常数),被加数可以是通用寄存器或存储器的有效地址。两个操作数不能都是地址。ADD指令影响标志位AF、CF、OF、PF、SF、ZF。

例3.12 写出每个ADD的计算结果以及第2个ADD对标志位ZF、CF、SF、OF的影响。

```
MOV      AX,12
ADD      AX,15
MOV      AL,90H
ADD      AL,90H
```

解: 第1个ADD指令计算12+15,结果27存入AX。第2个ADD指令计算90H+90H,结果存入AL,从下面的运算竖式可以看出,计算结果是00100000,因为结果不是0,使零标志位ZF=0。因为b7位向前有进位,使进位标志位CF=1。因为结果的b7位(符号位)是0,使符号标志位SF=0。90H的高位都是1,即两个负数相加,运算结果得正数,不合理,使OF=1,即ZF=0、CF=1、SF=0、OF=1。

```
                b7  b6  b5  b4  b3  b2  b1  b0
                 1   0   0   1   0   0   0   0    (90H)
              +  1   0   0   1   0   0   0   0    (90H)
              ─────────────────────────────────
    (1 是进位)    1   0   0   1   0   0   0   0    →AL
```

2) 带进位的加法指令 ADC

指令格式：

ADC 被加数,加数

ADC 指令的功能是 3 个数相加,结果在被加数中,即"被加数＋加数＋CF→被加数"。

CF 是进位标志。ADC 指令主要用于多字节数据相加。16 位微处理器中,若两个操作数的宽度多于 16 位,则需用该指令做加法运算。32 位微处理器中,若两个操作数的宽度多于 32 位,则需用该指令做加法运算。

加数可以是通用寄存器、存储器的有效地址或立即数,被加数可以是通用寄存器或存储器的有效地址。被加数、加数不能都是地址。ADC 指令影响标志位 AF、CF、OF、PF、SF、ZF。

例 3.13 根据 ADC 指令的含义,写出下面指令执行后 AH、AL 是何值？

```
MOV   AX,000FH          ;AX=000FH
ADD   AL,0F1H           ;AL+F1H=0FH+F1H=100H,00→AL,1→CF
ADC   AH,0              ;AH+0+CF=00H+0+1=01H→AH
```

解：最后结果是(AH)=01H、(AL)=00H,即(AX)=0100H。

例 3.14 采用 ADD、ADC 指令,计算两个 32 位数之和,如 12345678H＋01234567H。

解：使用 32 位寄存器,指令如下。

```
MOV   EAX,12345678H
ADD   EAX,01234567H     ;EAX+01234567H→EAX
```

如果使用 16 位寄存器处理 32 位数据,指令如下。

```
MOV   AX,5678H          ;12345678H 的低 16 位→AX
MOV   DX,1234H          ;DX、AX 构成 32 位数据 12345678H
ADD   AX,4567H          ;两数低 16 位相加,即 5678H+4567H→AX
ADC   DX,123H           ;1234H+123H+CF→DX
```

低字相加时可能有进位。12345678H＋1234567H 的结果存入 DX、AX,和值的高 16 位存入 DX,和值的低 16 位存入 AX。

3) 加 1 指令 INC

指令格式：

INC 被加数

INC 指令的功能是被加数加 1,即"被加数+1→被加数"。

被加数可以是通用寄存器或存储器的有效地址。该指令影响标志位 AF、OF、PF、SF、ZF,不影响标志位 CF。INC 指令常用于修改地址指针寄存器(BX、BP、SI、DI),使之指向下一个单元。INC 指令也可用于循环计数,每循环一次,采用 INC 指令使循环次数加 1。

例 3.15 使用 INC 指令。

```
MOV    CX,1
INC    CX                      ;CX+1→CX
```

2. 减法指令

1) 减法指令 SUB

指令格式:

SUB 被减数,减数

SUB 指令的功能是两个操作数相减,结果在被减数中,即"被减数−减数→被减数"。减数可以是通用寄存器、存储器的有效地址或立即数,被减数可以是通用寄存器或存储器的有效地址。两个操作数不能都是地址。该指令影响标志位 AF、CF、OF、PF、SF、ZF。

例 3.16 执行下面的减法指令后,AL、CF、ZF、OF、SF 各是何值?

```
MOV    AL,55
SUB    AL,41                   ;AL-41=55-41=14→AL
```

解:55−41 存入 AL,结果是 14,即 00001110B 或 0EH。

因 55−41>0,无须借位,使借位标志 CF=0。因 55−41≠0,使零结果标志位 ZF=0。因为相减结果 00001110B 的最高位是 0,使符号标志位 SF=0。因相减结果是合理数据,使溢出标志位 OF=0,即 ZF=0、CF=0、SF=0、OF=0。

2) 借位标志参加运算的减法指令 SBB

指令格式:

SBB 被减数,减数

SBB 指令的功能是"被减数−减数−CF→被减数"。

CF 是借位标志,主要用于多字节数相减运算。减数可以是通用寄存器、存储器的有效地址或立即数,被减数可以是通用寄存器或存储器的有效地址。被减数、减数不能都是地址。该指令影响标志位 AF、CF、OF、PF、SF、ZF。

例 3.17 采用减法指令,计算两个 32 位数的差值,如 12345678H−01234567H。

解:使用 32 位寄存器,程序如下。

```
MOV    EAX,12345678H
SUB    EAX,01234567H    ; EAX-01234567H→EAX
```

使用 16 位寄存器,程序如下。

```
    MOV     AX,5678H        ;12345678H 的低 16 位→AX
    MOV     DX,1234H        ;DX、AX 构成 32 位数据 12345678H
    SUB     AX,4567H        ;两数低 16 位相减,5678H-4567H→AX,若有借位,则 CF=1
    SBB     DX,0123H        ;1234H-0123H-CF→DX
```

后两条指令计算 12345678H－01234567H,差值的高 16 位送入 DX,低 16 位送入 AX。

3) 减 1 指令 DEC

指令格式:

DEC 被减数

DEC 指令的功能是被减数减 1,即"被减数－1→被减数",用于修改计数值,控制循环次数。该指令影响标志位 AF、OF、PF、SF、ZF,不影响 CF。被减数可以是通用寄存器或存储器的有效地址。

例 3.18 使用 DEC 指令控制循环次数。执行下面的指令后,AX 是何值?

```
        MOV     AX,0        ;初值 0→AX
        MOV     CX,3        ;循环次数 3→CX
NEXT:   ADD     AX,1        ;AX+1→AX
        DEC     CX          ;CX-1→CX
        JNZ     NEXT        ;若 CX≠0,则跳到 NEXT 行,继续执行
```

解:"ADD AX,1"执行了 3 次,通过 DEC CX 指令控制循环次数,AX 最后的结果是 3。

4) 求补指令 NEG

指令格式:

NEG 操作数

NEG 指令的功能是对数据的每位取反值,末位再加 1,操作数可以是通用寄存器或存储器的有效地址,影响标志位 AF、CF、OF、PF、SF、ZF。假设(AL)=01111111B,执行 NEG AL 指令后,AL 变为 10000001B。NEG 可用于改变操作数的正负号,见下面的例子。

例 3.19 下面的 NEG 指令使－7 变成＋7。

```
    MOV     AL,-7       ;-7→AL
    NEG     AL          ;改变 AL 的符号,+7→AL
```

5) 比较指令

用于比较两数大小,比较结果影响标志位。

比较指令 CMP

指令格式:

CMP 被减数,减数

CMP 指令用于比较两数的大小,CMP 执行减法操作,即"被减数－减数",不保存差值,只影响标志位 AF、CF、OF、PF、SF、ZF,通过标志位获知比较结果,为条件转移指令提供转移条件。对操作数的要求以及对标志位的影响等同 SUB 指令。

执行 CMP 指令后,判别两数比较结果的法则如下。

(1) 两个无符号数的比较结果由标志位 CF 或 ZF 决定。如执行"CMP AX,BX"指令,若 AX－BX 没有借位(CF=0),则表示 AX>BX;若 AX－BX 有借位(CF=1),则表示 AX<BX;若 ZF=1(AX－BX=0),则表示 AX=BX。

(2) 两个有符号数的比较结果由 OF、SF 共同决定。如执行"CMP AX,BX"指令,若 OF、SF 相同,则表示 AX>BX;若 OF、SF 不同,则表示 AX<BX。

例 3.20 CMP 指令用于比较无符号数。

假设(AL)='C'、(BL)='A',执行"CMP AL,BL"指令后,CF、ZF 各是何值?

解:"CMP AL,BL"指令是比较字母 C 与 A 的大小,计算 AL－BL,即字母 C 的编码减字母 A 的编码,差值是 2,使 CF=0、ZF=0,可知 AL>BL,即'C'>'A'。

例 3.21 CMP 指令用于比较有符号数。

假设(AL)=+126、(BL)=+127,执行"CMP AL,BL"指令后,SF、OF 各是何值?

解:(+126)－(+127)=－1<0,差值是负数,且未溢出,使 SF=1、OF=0。因 OF、SF 不同,可知 AL<BL,即+126<+127。

3. 乘法指令

乘法指令有两种:无符号数的乘法指令 MUL(unsigned multiply)、有符号数的乘法指令 IMUL(signed Integer multiply)。

1) 无符号数的乘法指令 MUL

指令格式:

MUL 无符号乘数

指令中只写乘数,被乘数必须根据乘数的位数预先存入规定的寄存器中,见表 3.3,具体说明如下。

表 3.3　无符号数乘法的规定

乘 数 位 数	操　　作	乘　　积
MUL 8 位乘数	AL×8 位乘数→AX	乘积送入 AX 寄存器
MUL 16 位乘数	AX×16 位乘数→DX AX	乘积的高 16 位送入 DX,乘积的低 16 位送入 AX
MUL 32 位乘数	EAX×32 位乘数→EDX EAX	乘积的高 32 位送入 EDX,乘积的低 32 位送入 EAX

(1) 乘数存储在寄存器或存储单元中,不能是立即数。乘数、被乘数的位数必须相同。

(2) 乘数、被乘数都是字节数(8 位二进制数)时称为字节乘法。8 位被乘数预先送入 AL 寄存器,16 位乘积送入 AX 寄存器,即 AL×乘数→AX,乘积最大值是 65535。假设 (AL)=7、(BL)=5,MUL BL 表示 AL×BL,即 5×7,乘积 35→AX。

(3) 乘数、被乘数都是字类型数据(16位二进制数)时称为字乘法。16位被乘数预先送入 AX 寄存器,32位乘积的高16位送入 DX 寄存器,低16位送入 AX 寄存器,即 AX×乘数→DX:AX。假设(AX)=1234H、(BX)=2H,MUL BX 表示 AX×BX,即 1234H×2H,乘积 00002468H→DX:AX,DX 是 0000H,AX 是 2468H。

(4) 乘数、被乘数都是双字类型数据(32位二进制数)时称为双字乘法。32位被乘数预先送入 EAX 寄存器,64位乘积的高32位送入 EDX 寄存器,低32位送入 EAX 寄存器,即 EAX×乘数→EDX:EAX。

(5) 操作数必须有确定类型,当存储器寻址方式不能确定类型时,必须用伪指令 BYTE PTR 或 WORD PTR 说明类型。例如,"MUL BYTE PTR[SI]"用 BYTE 表示字节乘法,"MUL WORD PTR[SI]"用 WORD 表示字乘法。

(6) MUL 指令影响标志位 CF、OF。若乘积的高位部分(字节乘法是 AH,字乘法是 DX,双字乘法是 EDX)不是0,即 AH、DX 或 EDX 包含乘积数据,则有 CF=OF=1,否则 CF=OF=0。其他标志位不确定。

例 3.22 使用 MUL 指令计算 4000×20,乘积 80000(00013880H)存入 DX、AX 两个寄存器。

解:

```
MOV     BX,4000        ;BX=4000=FA0H
MOV     AX,20          ;AX=20=14H
MUL     BX             ;AX×BX=80000=00013880H→DX:AX,DX=0001H,AX=3880H
```

例 3.23 假设 A、B 存储单元存放字节数据,编写指令,计算(A−3)×(B+1),结果送入 Y 单元。

解:

```
MOV     AL,A           ;A 单元中的数据→AL
SUB     AL,3           ;AL-3→AL
MOV     BL,B           ;B 单元中的数据→BL
ADD     BL,1           ;BL+1→BL
MUL     BL             ;AL×BL=AX,即(A-3)×(B+1)→AX
MOV     Y,AX           ;AL→Y,AH→Y+1
```

2) 有符号数的乘法指令 IMUL

指令格式:

IMUL 带符号的乘数

IMUL 指令用于符号数的乘法。执行指令后,若乘积的高一半是低一半的符号扩展,则 OF=CF=0,否则 OF=CF=1。由于符号数用补码表示,所以有符号数乘法必须先把补码变成原码,然后相乘,再将乘积变成补码,这些转换由处理器自动完成。

例 3.24 使用 IMUL 指令编写程序,计算 FEH×11H 的乘积是多少?

解:

```
MOV     AL,0FEH
MOV     BL,11H
IMUL    BL              ;AL×BL=FEH×11H→AX
```

IMUL 指令用于符号数的乘法,乘数、被乘数都是符号数。被乘数 FEH(11111110B)的最高位是 1,表示是负数,其原码是 82H(10000010B),即十进制数－2。乘数 11H(00010001B)的最高位是 0,表示是正数,11H 对应十进制数＋17。FEH×11H 就是－2×17,乘积是－34,乘积的补码是 FFDEH,原码是 1000000000100010B。

若 IMUL 指令改成 MUL,FEH、11H 当作无符号数(不考虑符号),FEH(11111110B)对应十进制数 254,11H(00010001B)对应十进制数 17,FEH×11H 即 254×17,乘积是 4318 或 10DEH。

4. 除法指令

除法指令有两种:无符号数除法指令 DIV(unsigned divide)、有符号数除法指令 IDIV(signed integer divide)。

无符号数除法指令格式:

```
DIV 无符号除数
```

有符号数除法指令格式:

```
IDIV 有符号除数
```

除法指令只写除数,被除数必须根据除数的位数预先存入规定的寄存器中,见表 3.4,具体说明如下。

表 3.4　除法指令的规定

除 数 位 数	操　　作	结　　果
8 位除数	AX÷8 位除数	8 位商→AL 寄存器,8 位余数→AH 寄存器
16 位除数	DX AX÷16 位除数	16 位商→AX,16 位余数→DX
32 位除数	EDX EAX÷32 位除数	32 位商→EAX,32 位余数→EDX

(1) 除数在寄存器或存储单元中,不能是立即数。被除数应是除数的双倍字长,如除数是 8 位,被除数应是 16 位。

(2) 8 位除数是字节除法。8 位除数由除法指令给出,16 位被除数预先送入 AX 寄存器,8 位商送入 AL 寄存器,8 位余数送入 AH 寄存器。

(3) 16 位除数是字除法。16 位除数由除法指令给出,32 位被除数的高 16 位预先送 DX,低 16 位送入 AX,16 位商存入 AX,16 位余数存入 DX。

(4) 32 位除数是双字除法。要求被除数是 64 位数据,除法指令中给出 32 位除数,64 位被除数的高 32 位预先送入 EDX 寄存器,低 32 位送入 EAX 寄存器,32 位商存入 EAX,32 位余数存入 EDX。

(5) 操作数必须有确定的类型,当存储器寻址方式不能确定类型时,须用 BYTE

PTR 或 WORD PTR 说明类型,如 DIV BYTE PTR[SI]表示字节除法,DIV WORD PTR[SI]表示字除法。

(6) 除法指令不影响标志位。若被除数远远大于除数,则导致商超出 AL、AX 或 EAX 的范围,即不能容纳商,称为除法溢出,产生除法错误中断,屏幕显示 divide overflow,停止执行除法指令所在程序。

例 3.25 采用除法指令 DIV 计算 26÷4,商、余数分别存入哪个寄存器?

```
MOV     AX,26         ;或写成 MOV AX,1AH
MOV     BL,4
DIV     BL            ;AX÷BL=26÷4
```

解:商 6→AL,余数 2→AH。

例 3.26 采用 DIV 指令计算 9321÷4660,商、余数分别存入哪个寄存器?

```
MOV     DX,0
MOV     AX,9321       ;或写成 MOV AX,2469H
MOV     CX,4660       ;或写成 MOV CX,1234H
DIV     CX            ;(DX AX)÷CX=9321÷4660
```

解:商 2→AX,余数 1→DX。

例 3.27 下面的除法指令是否出现溢出?

解:2048÷2 的结果应是 1024,由于存放除法结果的 AL 寄存器只有 8 位,可存放的最大无符号数是 255,1024>255,所以 DIV BL 指令出现溢出。

```
MOV     AX,2048
MOV     BL,2
DIV     BL            ;2048÷2
```

3.3.3 逻辑运算指令

逻辑运算指令以二进制位作为运算单位,包括逻辑与(AND)、逻辑或(OR)、逻辑非(NOT)、逻辑异或(XOR)、测试(TEST)等指令。

1. 逻辑与(AND)指令

指令格式:

AND 目标操作数,源操作数

逻辑与也叫逻辑乘。其功能是两个操作数按二进制位做逻辑与运算,运算结果送入目标操作数。该指令可用于使二进制数的某些位是 0,其他位不变。

例 3.28 使用一条逻辑与指令处理 AL 寄存器的数据,将前 4 位数据变成 0(屏蔽前 4 位),后 4 位数据不变。

解:任何数与 0 相与,结果都是 0,二进制数 00001111 的前 4 位是 0,执行"AND AL,

0FH"指令,可达目的。

例3.29 使用一条逻辑与指令处理AL寄存器的数据,将第0位、第2位的数据变成0,其他位不变。

解:二进制数11111010的第0位、第2位是0,该数与AL数据相与,即执行"AND AL,0FAH"指令,可达目的。

例3.30 使用一条逻辑与指令,将'0'~'9'的某个字符转换成对应数字,如'9'转换成9。

解:字符'0'~'9'的ASCII是30H~39H。下面的指令通过字符'9'得到数字9,使用AND指令把39H的高4位变0,低4位不变,得到9。按照此方法,可把'0'~'9'的任意字符转换成对应的数字。

```
MOV    AL,'9'      ;'9'的ASCII码39H→AL
AND    AL,0FH      ;39H的高4位变0,低4位不变,AL得到数字9
```

2. 逻辑或(OR)指令

指令格式:

OR 目标操作数,源操作数

逻辑或也叫逻辑加。其功能是两个操作数按二进制位做逻辑或运算,运算结果送入目标操作数。该指令常用于使二进制数的某些位是1,其他位不变。

例3.31 使用一条逻辑或指令处理AL寄存器的数据,将第1、3、4位的数据变成1,其他位不变。

解:任何数与1做或运算,结果都是1,数据00011010B的第1、3、4位是1,执行"OR AL,1AH"指令,可达目的。

3. 逻辑非(NOT)指令

指令格式:

NOT 操作数

逻辑非也叫逻辑反。其功能是操作数的每位取反,即0→1,1→0。操作数不能是立即数,指令不影响标志位。

例3.32 假设(AL)=56H,执行NOT AL指令后,AL是何值?

解:56H是二进制数01010110,每位取反值,AL的结果是10101001B,即A9H。

4. 逻辑异或(XOR)指令

指令格式:

XOR 目标操作数,源操作数

XOR指令的功能是两个操作数按二进制位做逻辑异或运算,对应位的数据相同时,该位结果是0;对应位的数据不同时,该位结果是1,运算结果送入目标操作数。XOR指令可用于某些位取反值。

例 3.33 写出一条异或指令,使 AL 寄存器的数据为 0。

解:两个相同的数据做异或运算,结果是 0,执行"XOR AL,AL"指令,可达目的。

5. 测试(TEST)指令

指令格式:

TEST 目标操作数,源操作数

TEST 指令的功能是两个操作数做逻辑与运算,运算结果不影响操作数,只影响标志位。

TEST 指令常用于测试某位是 1,还是 0。假设(AL)=10011010B,测试最高位是何值,可使用"TEST AL,10000000B"指令,AL、10000000B 两数做逻辑与运算,若运算结果不是 0,使 ZF=0,可知最高位为 1;若运算结果是 0,使 ZF=1,可知最高位为 0。

3.3.4 移位指令

移位指令包括逻辑移位、算术移位、循环移位、带进位标志循环移位等指令。

1. 逻辑移位指令

逻辑移位指令用于无符号数移位,包括逻辑左移(shift logical left,SHL)、逻辑右移(shift logical right,SHR)。

逻辑左移指令格式:

SHL 操作数,左移次数

逻辑右移指令格式:

SHR 操作数,右移次数

SHL、SHR 两指令只是数据移动的方向不同。指令功能是操作数按指定次数向左移位(SHL)或向右移位(SHR),移出的位送入标志位 CF,空出的位补 0,如图 3.4 所示。

移位次数可在指令中直接给出,或由 CL 寄存器指定。如"SHL AX,1"是 AX 数据左移 1 次(位),"SHL AX,CL"的左移次数在 CL 中。对于 16 位微机,大于 1 的移位次数需由 CL 指定,"SHL AX,2"是错误写法,16 位以后的微机无此限制,"SHL AX,2"是正确写法,后面介绍的其他移位指令也遵循该规则。

逻辑移位指令影响标志位 CF、OF、PF、SF、ZF。若数据左移 1 位,且移位结果最高位、CF 两数不相等,则 OF=1,否则 OF=0。对于 SHL 指令,OF=1 不表示数据左移后溢出。若逻辑右移 1 位,且移位结果的次高位、最高位不同,则 OF=1,否则 OF=0。若移动位数大于 1,则 OF 值不定。

逻辑左移指令可用于无符号数的简单乘法运算。通常,数据逻辑左移 1 次,即二进制数后添一个 0,相当于数据乘以 2。数据逻辑左移 n 次,相当于无符号数乘以 2^n。假设(AL)=00000001B,执行"SHL AL,1"指令后,AL 变成 00000010B,相当于 00000001B×

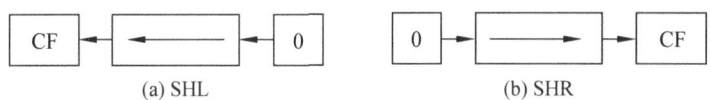

(a) SHL (b) SHR

图 3.4 逻辑移位示意图

2,若 00000010B 逻辑左移 2 次,变成 00000100B,相当于 00000001B×4。逻辑右移指令可用于无符号数的简单除法运算。通常,数据逻辑右移 1 次,相当于数据除以 2。数据逻辑右移 n 次,相当于无符号数除以 2^n。假设(AL)=00000100B,执行"SHR AL,1"指令后,AL 变成 00000010B,相当于 00000100B÷2,若 00000100B 逻辑右移 2 次,变成 00000001B,相当于 00000100B÷4。

例 3.34 阅读表 3.5,明确逻辑左移 1 位、逻辑右移 1 位后,AL 寄存器、CF 标志位的结果。

表 3.5 逻辑移位

AL 寄存器的初值	执行指令	执行结果
(AL)=98H=10011000B	SHL AL,1	(AL)=30H=00110000B,CF=1(98H 的最高位 1 移入 CF)
(AL)=98H=10011000B	SHR AL,1	(AL)=4CH=01001100B,CF=0(98H 的最低位 0 移入 CF)

例 3.35 假设(AL)=F0H,执行"SHL AL,1"指令后,AL、CF、SF、ZF、PF、OF 各是何值?

解:F0H 对应二进制数 11110000B,逻辑左移 1 位的结果如图 3.5 所示。b7 位的 1 移入 CF,使 CF=1。依据移位结果 11100000,可知标志位的值。b7 位(符号位)是 1,使 SF=1。b7 位是 1,且 CF 也是 1,使 OF=0。移位结果不是 0,使 ZF=0。b7~b0 位中 1 的个数是奇数,使 PF=0,即 CF=1、SF=1、OF=0、ZF=0、PF=0。

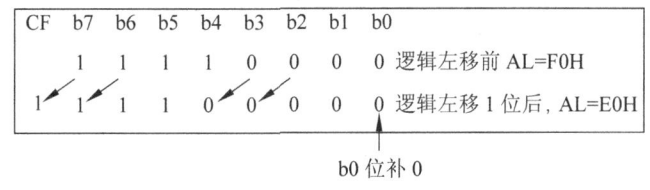

图 3.5 F0H 逻辑左移 1 位的结果

例 3.36 假设(AL)=E0H,执行"SHR AL,1"指令后,AL、CF、SF、ZF、PF、OF 各是何值?

解:E0H 逻辑右移 1 位的结果如图 3.6 所示。b0 位的 0 移入 CF,使 CF=0。依据移位结果 01110000,可知标志位的值。b7 位(符号位)是 0,使 SF=0。移位结果不是 0,使 ZF=0。b7~b0 位中 1 的个数是奇数,使 PF=0。次高位(b6 位)是 1,最高位(b7 位)是 0,两位数据不相等,使 OF=1,即 CF=0、SF=0、ZF=0、PF=0、OF=1。

例 3.37 使用 SHL 指令,将 AL 寄存器的数据乘以 10。

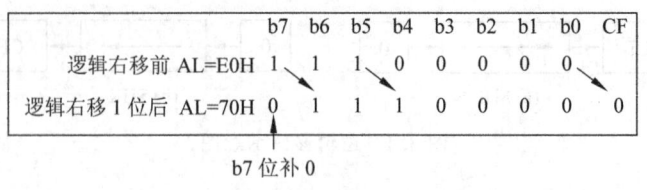

图 3.6　E0H 逻辑右移 1 位的结果

```
SHL   AL,1      ;AL×2→AL
MOV   BL,AL     ;BL=AL=2
MOV   CL,2      ;移位次数 2→CL
SHL   AL,CL     ;AL 左移 2 次,即 AL×4→AL
ADD   AL,BL
```

也可以用乘法指令实现 AL×10,见下面的指令。

```
MOV   BL,10
MUL   BL        ;AL×BL→AX
```

2. 算术移位指令

算术移位指令用于有符号数的移位,包括算术左移(SAL)、算术右移(SAR)指令。

算术左移指令格式:

SAL 操作数,左移次数

算术右移指令格式:

SAR 操作数,右移次数

SAL 与 SHL 的功能完全相同。移位次数在指令中直接给出,或由 CL 寄存器指定。SAR 指令是操作数的高位向低位移动,最低位移入 CF,空出的高位用原数最高位(符号位)填补,即数据算术右移后符号位不变。算术移位示意图如图 3.7 所示。

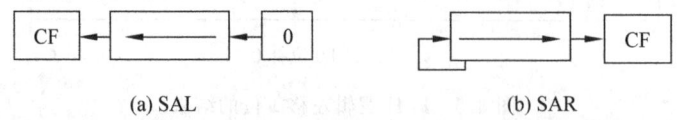

(a) SAL　　　　　　　　　　　(b) SAR

图 3.7　算术移位示意图

算术移位指令影响标志位 CF、OF、PF、SF、ZF。SAL 影响溢出标志位 OF。同 SHL,数据左移 1 次后,若移位结果最高位不等于 CF,则 OF=1,否则 OF=0。OF=1 时不能说明无符号数左移后溢出。SAL 用于符号数的移位,若符号数左移 1 次后,使 OF=1,说明移位后改变了数据的符号位,正数变负数,或负数变正数,即数据移位后有溢出(超出有符号数的数据范围)。若移动次数大于 1,则 OF 值不定。

算术移位指令可用于有符号数的简单乘法运算。数据算术左移或右移 n 位相当于有符号数乘以 2^n 或除以 2^n。

例 3.38 阅读表 3.6,明确算术左移 1 位、算术右移 1 位后,AL 寄存器、CF 标志位的结果。

表 3.6 算术移位

AL 寄存器的初值	执行指令	执行结果
(AL)=98H=10011000B	SAL AL,1	(AL)=30H=00110000B,CF=1 (98H 的最高位 1 移入 CF)
(AL)=98H=10011000B	SAR AL,1	(AL)=CCH=11001100B,CF=0 (最高位不变,最低位的 0 移入 CF,新的最高位用原数据的最高位填补)

例 3.39 假设(AL)=70H,执行"SAR AL,1"指令后,AL、CF、SF、ZF、PF、OF 各是何值?

解:70H 算术右移 1 位的结果如图 3.8 所示。b0 位的 0 移入 CF,使 CF=0。符号位 b7 是 0,使 SF=0。移位结果 38H 不是 0,使 ZF=0。38H 中 1 的个数是奇数,使 PF=0。移位结果的次高位(b6 位)、最高位(b7 位)两值相等(都是 0),使 OF=0,即 CF=0、SF=0、ZF=0、PF=0、OF=0。

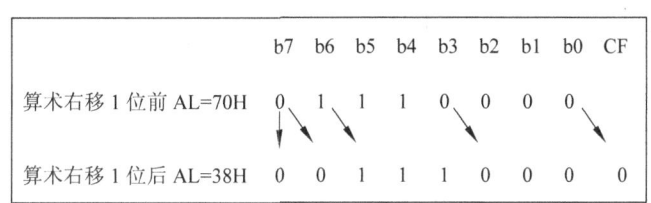

b7 送入 b7、b6

图 3.8 70H 算术右移 1 位的结果

例 3.40 假设(AL)=38H、(CL)=4,执行"SAR AL,CL"指令后,AL、CF、SF、ZF、PF、OF 各是何值?

解:38H 算术右移 4 位的结果如图 3.9 所示。b3 位的 1 移入 CF,使 CF=1。算术右移的符号位不变,使 SF=0。移位结果 03H 不是 0,使 ZF=0。03H 中 1 的个数是偶数,使 PF=1。移动位数不是 1,OF 值不定,即 CF=1、SF=0、ZF=0、PF=1、OF 值不定。

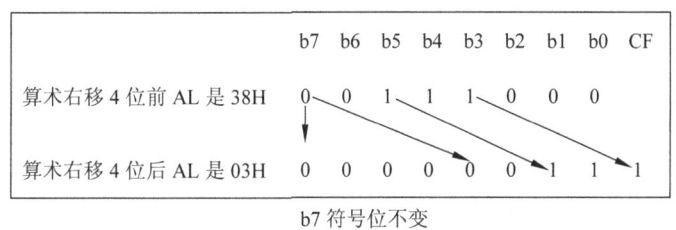

b7 符号位不变

图 3.9 38H 算术右移 4 位的结果

例 3.41 使用与指令、移位指令,处理 AL 寄存器的数据 00101010,显示对应的十六进制数,即输出 2A。

解:输出 2A 至屏幕,需要获得字符'2'的 ASCII 码、A 的 ASCII 码。已知字符'0'~'9'

的 ASCII 码是 30H～39H。A～Z 的 ASCII 码是 41H～5AH。获得 ASCII 码的步骤如下。

（1）采用算术右移位指令 SHR 把 2A 的高位 2 移至低位，变成 02，计算 02+30，可得 2 的 ASCII 码 32H，输出 32H，即输出 2。

（2）用逻辑与（AND）指令把 2A 的高位变成 0，变成 0A，计算 0A+37，可得 A 的 ASCII 码 41H，输出 41H，即输出 A。

```
;下面指令获得高位字符 2 的 ASCII 码
    MOV   AL,2AH      ;2AH→AL
    MOV   BL,AL       ;备份 AL 数据到 BL
    MOV   CL,4
    SHR   AL,CL       ;AL 中的 2AH 右移 4 位,变为 02H
    ADD   AL,30H      ;02H+30H=32H,得到字符'2'的 ASCII 码
;下面指令显示字符 2
    MOV   DL,AL       ;字符 2 的 ASCII 码→DL
    MOV   AH,2
    INT   33          ;屏幕显示字符 2
;下面指令获得低位字符 A 的 ASCII 码
    MOV   AL,BL
    AND   AL,0FH      ;AL 数据 2AH 变成 0AH
    ADD   AL,37H      ;0AH+37H=41H,得到字符 A 的 ASCII 码
;下面指令显示字符 A
    MOV   DL,AL       ;字符 A 的 ASCII 码→DL
    MOV   AH,2
    INT   33          ;屏幕显示字符 A
```

3．循环移位指令

循环移位指令包括循环左移（ROL）和循环右移（ROR）指令。

循环左移指令格式：

ROL 操作数,左移次数

循环右移指令格式：

ROR 操作数,右移次数

ROL、ROR 两指令只是数据移位的方向不同，操作数按指定次数向左或向右移位，移出的位同时送入 CF 和空位，如图 3.10 所示。

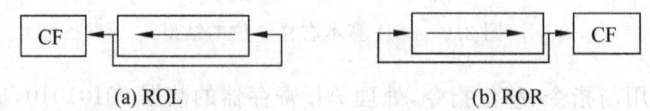

(a) ROL 　　　　　(b) ROR

图 3.10　循环移位示意图

循环移位指令影响标志位 CF、OF。对于循环左移 ROL，若移动次数是 1，且移位结果的最高位与 CF 不相等，则 OF=1，否则 OF=0。对于循环右移 ROR，若移动次数是 1，且移位结果的最高位与次高位里两值不等，则 OF=1，否则 OF=0。若移动次数大于 1，则执行 ROL 或 ROR 指令后 OF 值不确定。

例 3.42 执行下面的指令后，CF、AX 分别是何值？

```
MOV    AX,9234H    ;9234H 对应二进制数 1001001000110100
ROL    AX,1        ;AX 循环左移 1 次(1 位)
```

解：第 2 条指令是对 AX 循环左移 1 位，最高位的 1 移入 CF 和最低位，使 CF=1，AX 的结果是 0010010001101001，对应十六制数 2469H。

例 3.43 阅读表 3.7，明确 ROL、ROR 的作用和 AX、CF、OF 的结果。

表 3.7 循环移位

循环移位	寄存器的初值	移位结果
ROL AX,1	(AX)=6789H=0110011110001001B	(AX)=1100111100010010B=CF12H，CF=0，OF=1
ROL AX,3	(AX)=6789H	(AX)=0011110001001011B=3C4BH，CF=1，OF 值不定
ROR AX,1	(AX)=6789H	(AX)=1011001111000100B=B3C4H，CF=1，OF=1
ROR AX,2	(AX)=6789H	(AX)=0101100111100010B=59E2H，CF=0，OF 值不定

4. 带进位标志的循环移位指令

带进位标志 CF 的循环移位指令包括带进位标志的循环左移(RCL)和带进位标志的循环右移(RCR)指令。

带进位标志的循环左移指令格式：

RCL 操作数,左移次数

带进位标志的循环右移指令格式：

RCR 操作数,右移次数

移位次数可在指令中直接给出，或由 CL 寄存器指定。RCL、RCR 两指令只是数据移位的方向不同，是操作数按指定次数向左或向右移位，用 CF 填补空位，移出的位送入 CF，其示意图如图 3.11 所示。RCL 对 CF、OF 的影响同 ROL。RCR 对 CF、OF 的影响同 ROR。

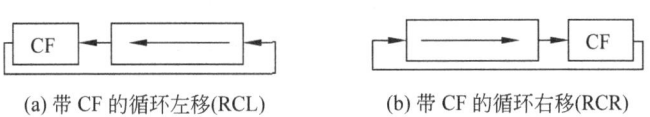

(a) 带 CF 的循环左移(RCL)　　(b) 带 CF 的循环右移(RCR)

图 3.11 带进位标志的循环移位示意图

循环移位指令可用于测试某些位是1,还是0,交换数据高位部分和低位部分、与非循环移位指令结合实现32位或更多位数据的移位。

例3.44 假设CF=1,执行下面指令后,CF、AX分别是何值?

```
MOV     AX, 2BCDH       ;2BCDH对应二进制数0010101111001101B
RCL     AX,1            ;带进位标志的循环左移
```

解:RCL是带进位标志的循环左移指令,CF的值移入AX的最低位,AX的最高位移入CF,结果是CF=0,AX的结果是0101011110011010,即579AH。

3.3.5 字符串操作指令

字符串操作指令简称串操作指令,包括传送串(move string,MOVS)、比较串(compare string,CMPS)、扫描串(scan string,SCAS)、装入串(load string,LODS)、存储串(store string,STOS)、输入串(input string,INS)、输出串(output string,OUTS)指令。

串操作指令用于处理一片连续存储单元的数据。串操作指令通常与重复前缀REPE或REPZ、REPNE或REPNZ配合使用。

1. 传送串指令

传送串指令用于将一个区域内的数据块传送到另一区域,有以下几种格式。

```
MOVS 目标串地址,源串地址     ;传送字节、字或双字
MOVSB                      ;传送字节
MOVSW                      ;传送字
MOVSD                      ;传送双字,80386及以后处理器新增的指令
```

其中,MOVS把源串地址中的字节、字或双字传送到目标串地址指向的单元。MOVSB、MOVSW、MOVSD的目标串地址、源串地址采用默认值。源串地址的默认值是DS:SI,表示源串在数据段DS中,偏移地址在SI中,可通过段前缀指定源串所在的段,目标串地址的默认值是ES:DI,表示目标串在附加段ES中,偏移地址在DI中。MOVSB指令从源串向目标串一次传送1个字节,MOVSW指令一次传送1个字(2个字节),MOVSD指令一次传送2个字(4个字节)。

每次执行传送串指令后,需要修改变址寄存器SI、DI,以指向下一个要传送的字节、字或双字。修改方式如下。

(1) 增量修改地址(方向标志位DF=0)。变址寄存器(SI、DI)加1(字节传送)、加2(字传送)、加4(双字传送)。CLD指令用于设置DF=0。

(2) 减量修改地址(方向标志位DF=1)。变址寄存器(SI、DI)减1(字节传送)、减2(字传送)、减4(双字传送)。SLD指令用于设置DF=1。

传送串指令不影响标志位。常在传送串指令前加上重复前缀REP或条件重复前缀,以便传送串指令自动反复执行。重复前缀如下。

```
REP 串指令       ;反复执行串操作指令,直到CX=0结束
```

```
REPE 串指令      ;相等(equal)重复,即当 CX≠0、ZF=1 时,重复串指令
REPZ 串指令      ;零(zero)重复,即当 CX≠0、ZF=1 时,重复串指令
REPNE 串指令     ;不等(not equal)重复,即当 CX≠0、ZF=0 时,重复串指令
REPNZ 串指令     ;非零(not zero)重复,即当 CX≠0、ZF=0 时,重复串指令
```

例 3.45 使用 REP MOVSB 指令,将数据段 N 单元开始的 10 字符送到附加段 M 开始的 10 单元中。

解:下面程序从数据段的 N 单元开始存储源串 abcdefghij,并将源串复制到附加段 M 开始的 10 单元中。

```
DATA1 SEGMENT               ;定义数据段
   N   DB  'abcdefghij'     ;从 N 单元开始存储源串 abcdefghij
DATA1 ENDS
DATA2 SEGMENT               ;定义附加段
   M   DB  10  DUP(?)       ;定义 M 单元开始的 10B
DATA2 ENDS
CODE SEGMENT
      ASSUME CS:CODE,DS:DATA1,ES:DATA2
START: MOV  AX,DATA1        ;激活数据段
       MOV  DS,AX           ;激活附加段
       MOV  AX,DATA2
       MOV  ES,AX
       LEA  SI,N            ;源串的偏移地址→SI
       LEA  DI,M            ;目标串的偏移地址→DI
       CLD                  ;增量修改地址,即每次执行串指令后 SI 加 1、DI 加 1
       MOV  CX,10           ;传送的数据个数(重复次数)→CX
       REP  MOVSB           ;反复执行 MOVSB,每次 CX 减 1、SI 加 1、DI 加 1,CX=0 时结束
       MOV  AH,76
       INT  33              ;程序结束
CODE ENDS
     END   START
```

2. 比较串指令

比较串指令用于比较两个字符串或两个数据块,与 CMP 指令类似,有以下几种格式。

```
CMPS 目标串地址,源串地址     ;比较字节、字或双字
CMPSB                       ;比较字节
CMPSW                       ;比较字
CMPSD                       ;比较双字,80386 及以后处理器新增的指令
```

其中,CMPS 比较源串地址、目标串地址对应的字节、字或双字,比较结果不送入目标串地址,反应在标志位上。与串传送指令一样,CMPSB、CMPSW、CMPSD 的目标串地址、源串地址采用默认值。CMPSB 一次比较 1 个字节,CMPSW 一次比较一个字,CMPSD 一次比较两个字。每次执行指令后,根据方向标志位 DF 确定对 SI、DI 增值或减

值,以指向下一个要比较的字节、字或双字。比较串指令影响标志位 AF、CF、OF、PF、SF、ZF。比较串指令常与重复前缀 REPE 或 REPZ、REPNE 或 REPNZ 配合使用,以便自动反复执行比较串指令。

例 3.46 采用 REPE CMPSB 指令,比较源串和目标串,若发现不同,则停止比较。源串在数据段 N 单元开始的 10 单元中,目标串在附加段 M 开始的 10 单元中。

解:

```
        DATA1   SEGMENT         ;定义数据段
        N   DB  'abcdefghij';从 N 单元开始存储源串 abcdefghij
        DATA1   ENDS
        DATA2   SEGMENT         ;定义附加段
        M   DB  'abcdefghij';从 M 单元开始存储目标串 abcdefghij
        DATA2   ENDS
        CODE    SEGMENT
        ASSUME CS:CODE,DS:DATA1,ES:DATA2
START:  MOV     AX,DATA1
        MOV     DS,AX
        MOV     AX,DATA2
        MOV     ES,AX
        LEA     SI,N            ;源串的偏移地址→SI
        LEA     DI,M            ;目标串的偏移地址→DI
        CLD                     ;增量修改地址,即每次执行串指令后 SI 加 1、DI 加 1
        MOV     CX,10           ;传送的数据个数(重复次数)→CX
        REPE    CMPSB           ;反复执行 CMPSB,直到 ZF=0(发现不同)或 CX=0(完毕)停止
        MOV     AH,76
        INT     33
        CODE    ENDS
        END     START
```

3. 扫描串指令

扫描串指令用于从串中搜索指定内容,有以下几种格式。

```
SCAS 目标串地址    ;扫描字节、字或双字
SCASB             ;扫描字节
SCASW             ;扫描字
SCASD             ;扫描双字,80386 及以后处理器新增的指令
```

执行扫描串指令前,待搜索内容送入寄存器 AL、AX 或 EAX,SCAS 搜索目标串地址指向的单元,SCASB 按 ES:DI 指向单元搜索 AL 的字节数据,SCASW 按 ES:DI 指向的单元搜索 AX 的字数据,SCASD 按 ES:DI 指向的单元搜索 EAX 的双字。搜索方法是:用 AL、AX 或 EAX 的数据减去搜索地址指向的字节、字或双字,差值影响标志位,通过标志位获知搜索结果,若差值=0,则搜到指定字符,ZF=1;若差值≠0,则未搜到指定字符,ZF=0。

执行一次扫描串指令,只能搜索一次,为了从串中搜索指定字符,需反复执行扫描串指令,通常与重复前缀 REPE 或 REPZ、REPNE 或 REPNZ 配合使用。如在 SCASB 指令前加条件重复前缀 REPNZ(repeat not zero),表示反复执行 SCASB 指令,每次执行 SCASB 指令,首先用 ES:DI 指向的字符与 AL 字符比较,然后 CX 减 1,DI 加 1,使 ES:DI 指向下一个字符,做下次搜索(比较),若找到字符或没找到(CX=0),则结束搜索。

4. 装入串指令

装入串指令用于字符串装入累加器,有以下几种格式。

```
LODS 源串地址       ;装入字节、字或双字
LODSB              ;装入字节
LODSW              ;装入字
LODSD              ;装入双字,80386 及以后处理器新增的指令
```

装入串指令将源串地址指向的字节、字或双字装入累加器 AL、AX 或 EAX,之后根据方向标志 DF 确定对指针寄存器 SI 增 1 或减 1(装入字节)、增 2 或减 2(装入字)、增 4 或减 4(装入双字),以指向下一个要装入的字节、字或双字。装入串指令不影响标志位,不需要重复前缀。

LODSB 可用 2 条指令代替:MOV AL,[SI],INC SI。
LODSW 可用 3 条指令代替:MOV AL,[SI],INC SI,INC SI。
LODSD 可用 5 条指令代替:MOV AL,[SI],INC SI,INC SI,INC SI,INC SI。

5. 存储串指令

存储串指令与装入串指令的功能相反,是累加器数据存入存储单元,有以下几种格式。

```
STOS 目标串地址     ;存储字节、字或双字
STOSB              ;存储字节
STOSW              ;存储字
STOSD              ;存储双字,80386 及以后处理器新增的指令
```

存储串指令把寄存器 AL、AX 或 EAX 数据存入指针 ES:DI 指向的存储单元,之后根据标志位 DF 对寄存器 DI 增值或减值。指令不影响标志位。

例 3.47 采用 STOSW 指令,存储数据 3BH 到 MEM 开始的 50 个单元。

解:

```
CLD                ;设置 DF=0,即每次执行串指令后 SI 加 1,DI 加 1
MOV    CX,25       ;重复次数 25→CX,每次存储 2 字节,25 次可存储 50 字节
MOV    DI,MEM      ;源串的地址初值→DI
MOV    AX,3B3B     ;每次存储两个 3B
REP    STOSW       ;反复执行 STOSW,直到 CX=0
```

6. 输入串指令

输入串指令用于从外设端口读入数据,存入存储单元,有以下几种格式。

```
INS 目标串地址         ;输入字节、字或双字
INSB                  ;输入字节
INSW                  ;输入字
INSD                  ;输入双字,80286及以后处理器新增的指令
```

输入串指令从指定端口接收一个串,存入一片连续的存储单元。输入端口由 DX 指定,存储单元的首地址由 ES:DI 指定,读入数据的个数由 CX 指定。每次执行指令后,根据标志位 DF 确定对寄存器 DI 增值或减值。指令不影响标志位。

7. 输出串指令

输出串指令用于输出串数据到指定的输出端口,有以下几种格式。

```
OUTS 源串地址         ;输出字节、字或双字
OUTSB                 ;输出字节
OUTSW                 ;输出字
OUTSD                 ;输出双字,80286及以后处理器新增的指令
```

串数据的首地址由 DS:SI 指定,数据个数由 CX 指定,输出端口由 DX 指定。每次执行指令后,根据标志位 DF 确定对寄存器 DI 增值或减值。指令不影响标志位。

3.3.6 程序控制指令

程序控制指令用于控制程序的走向,实质是改变 CS、IP(或 EIP),使处理器转去执行新地址指向的指令。程序控制指令包括转移指令、循环控制指令、过程调用指令和过程返回指令、中断指令等,除中断指令外,它们都不影响状态标志位。

1. 转移指令

转移指令分两类:无条件转移指令、条件转移指令。
1) 无条件转移指令
无条件转移指令 JMP 的格式有如下几种。

```
JMP 标号                    ;用于段内的直接转移
JMP 寄存器/存储器的有效地址   ;用于段内的间接转移
JMP FAR 标号                ;用于两段之间的直接转移
```

JMP 指令让程序从当前执行位置跳到另一个位置,可从一个代码段的一处跳到另一处,也可从一个代码段跳到另一个代码段。JMP 指令不影响标志位。下面是 JMP 指令的例子。

(1) JMP NEXT 表示跳到标号 NEXT 指向的指令。

(2) JMP BX 是段内间接转移指令,跳转的位置存储在 BX 寄存器中。

(3) JMP FAR PTR ADDR 是段间直接转移指令,FAR 指明地址 ADDR 在远处(另一个代码段),根据 ADDR 确定另一个代码段的位置。

例 3.48 下面的程序采用 JMP 指令构造循环。

```
        MOV     AX,0
SUM:    ADD     AX,1
        ⋮
        JMP     SUM             ;跳到 SUM 行
        ⋮
```

2) 条件转移指令

条件转移指令根据转移条件(标志位状态)决定是否转移,用于实现多功能程序。条件转移指令分 3 类:无符号数的条件转移指令、有符号数的条件转移指令、特殊算术标志位的条件转移指令。条件转移指令不影响标志位。

(1) 无符号数的条件转移指令。

无符号数的条件转移指令用于无符号数。表 3.8 列出了无符号数的条件转移指令。

表 3.8 无符号数的条件转移指令

指令助记符	指令名称与对应英文	转移条件
JA/JNBE 标号	高于转移/不低于或等于转移(jump above or jump not below or equal)	CF=0 且 ZF=0
JAE/JNB 标号	高于或等于转移/不低于转移(jump above or equal or jump not below)	CF=0
JB/JNAE 标号	低于转移/不高于或等于转移(jump below or jump not above or equal)	CF=1
JBE/JNA 标号	低于或等于转移/不高于转移(jump below or equal or jump not above)	CF=1 或 ZF=1

例 3.49 使用无符号数的条件转移指令控制程序的跳转,若 N 单元存放大写字母,则将其变成对应的小写字母。

解:

```
        MOV     AL,N
        CMP     AL,'A'          ;比较 AL 与 'A',判断是否是大写字母
        JB      NEXT            ;字母是无符号数,小于 A,跳到 NEXT 行
        CMP     AL,'Z'          ;比较 AL 与 'Z',
        JA      NEXT            ;若 AL 大于 'Z',则跳到 NEXT 行
        ADD     N,32            ;或写成 ADD N,'a'-'A',大、小写字母的 ASCII 相差 32
NEXT:   ⋯
```

例 3.50 有 3 个无符号数,分别存放在数据段的 N、N+1、N+2 单元中,按由小到大顺序重新排列这 3 个数,即 N 单元存放最小值,N+1 单元存放中间值,N+2 单元存放最大值。

解:分别比较两个数,即比较 N 与 N+1、N 与 N+2、N+1 与 N+2,若前者大于后者(如 N>N+1),则交换两数,指令如下。

```
        MOV     AL,N            ;N 单元中的数据→AL
        MOV     BL,N+1          ;N+1 单元中的数据→BL
```

```
       MOV    CL,N+2        ;N+2 单元中的数据→CL
CMP1:  CMP    AL,BL         ;比较 AL、BL,即比较 N、N+1 两单元中的数据
       JBE    CMP2          ;若 AL≤BL,则跳到 CMP2 行
       XCHG   AL,BL         ;若 AL>BL,则交换 AL、BL
CMP2:  CMP    AL,CL         ;比较 AL、CL,即比较 N、N+2 两单元中的数据
       JBE    CMP3          ;若 AL≤CL,则跳到 CMP3 行
       XCHG   AL,CL         ;若 AL>CL,则交换 AL、CL
CMP3:  CMP    BL,CL         ;比较 BL、CL,即比较 N+1、N+2 两单元中的数据
       JBE    SAVE          ;若 BL≤CL,则完成排序,跳到 SAVE 行
       XCHG   BL,CL         ;若 BL>CL,则交换 BL、CL
SAVE:  MOV    N,AL          ;最小值→N 单元
       MOV    N+1,BL        ;中间值→N+1 单元
       MOV    N+2,CL        ;最大值→N+2 单元
```

(2) 有符号数的条件转移指令。

有符号数的条件转移指令用于符号数。表 3.9 列出了符号数的条件转移指令。

表 3.9 符号数的条件转移指令

指令助记符	指令名称与对应英文	转移条件
JG/JNLE 标号	大于转移/不小于或等于转移(jump greater/jump not less or equal)	ZF=0 且 SF=OF
JGE/JNL 标号	大于或等于转移/不小于转移(jump greater/equal or jump not less)	SF=OF
JL/JNGE 标号	小于转移/不大于或等于转移(jump less/jump not greater or equal)	SF≠OF 且 ZF=0
JLE/JNG 标号	小于或等于转移/不大于转移(jump less or equal/jump not greater)	SF≠OF 或 ZF=1

例 3.51 数据段的 N～N+9 单元存放了 10 个数,请统计负数的个数,并将结果存入 X 单元。

解:可用 N[0]～N[9] 表示这 10 个数。根据下面第 4 条指令 CMP(compare)的结果,决定是否跳到 NEXT 行。若 N[DI]≥0(greater/equal),可知该数不是负数,跳到 NEXT 行。若 N[DI]<0,可知该数是负数,执行第 6 条指令 INC BL(负数个数加 1)。

```
       XOR    BL,BL         ;BL 清零,用于存放负数个数
       MOV    DI,0          ;下标 0→DI
       MOV    CX,10         ;数据个数→CX
AGAIN: CMP    N[DI],0       ;某个数 N[DI]与 0 比较
       JGE    NEXT          ;若 N[DI]≥0(非负数),则跳到 NEXT 行
       INC    BL            ;负数个数加 1
NEXT:  INC    DI            ;下标增 1,指向下一个数
       LOOP   AGAIN         ;CX-1→CX,CX≠0 时跳到 AGAIN 行继续
       MOV    X,BL          ;负数个数→X 单元
```

(3) 特殊算术标志位的条件转移指令。

表 3.10 列出了特殊算术标志位条件转移指令。特殊算术标志位条件转移指令都是单状态转移指令,即转移条件是依据一个状态标志位。

表 3.10　特殊算术标志位条件转移指令

指令助记符	指令名称与对应英文	转移条件
JNE/JNZ 标号	不等于转移/结果不是 0 转移(jump not equal/jump not zero)	ZF=0
JC 标号	有进位(或有借位)转移(jump carry)	CF=1
JNC 标号	无进位(或无借位)转移(jump not carry)	CF=0
JO 标号	溢出转移(jump overflow)	OF=1
JNO 标号	无溢出转移(jump not overflow)	OF=0
JP/JPE 标号	1 的个数为偶数转移(jump parity/jump parity even)	PF=1
JNP/JPO 标号	1 的个数为奇数转移(jump not parity/jump parity odd)	PF=0
JS 标号	符号位是 1(负数)转移(jump sign (negative))	SF=1
JNS 标号	符号位是 0(正数)转移(jump not sign (positive))	SF=0

例 3.52　使用 JNC 指令,完成例 3.51 的任务。

解：只须将例 3.51 的第 5 条指令 JGE NEXT 改成 JNC NEXT。JNC 是根据第 4 条指令 CMP 的借位情况,决定是否跳到 NEXT 行。若 N[DI]−0≥0,即 N[DI]−0 无借位(NC),可知 N[DI]不是负数,跳到 NEXT 行。若 N[DI]−0<0,即 N[DI]−0 有借位,可知 N[DI]是负数,执行第 6 条指令 INC BL(负数个数加 1)。

2. 循环控制指令

循环控制指令用于构造循环程序。循环次数通常存入 CX 或 ECX 寄存器。CX 或 ECX 称为计数器。每循环一次,计数器减 1,若 CX≠0 或 ECX≠0,则继续循环,当 CX=0 或 ECX=0,则退出循环。除了用 CX 或 ECX 数据决定是否结束循环外,有的循环指令可根据零标志位 ZF 决定是否结束循环。循环指令本身不影响标志位。

循环控制指令包括无条件循环指令、条件循环指令。

1) 无条件循环指令

指令格式：

```
LOOP  标号         ;CX 作循环计数器
LOOPW 标号         ;CX 作循环计数器,适用于 80386 及以后的处理器
LOOPD 标号         ;ECX 作循环计数器,适用于 80386 及以后的处理器
```

指令功能是,每循环一次,CX−1→CX,或者 ECX−1→ECX,若 CX≠0 或 ECX≠0,则跳到标号指向的指令,否则终止循环。循环前,必须为 CX 或 ECX 赋初值(循环次数)。

例 3.53　使用无条件循环指令 LOOP 计算 1+2+⋯+10 之和,将结果存入 AX 寄存器。

解：

```
MOV  AX,0    ;AX 清 0,用于存放和值
MOV  BX,1
```

```
        MOV     CX,10           ;循环次数 10→CX
SUM:    ADD     AX,BX           ;AX+BX→AX
        INC     BX              ;BX+1→BX
        LOOP    SUM             ;CX-1→CX,若 CX≠0,则跳到 SUM 行
```

上面的 LOOP 指令可用 DEC CX、JNZ SUM 两条指令代替。

2) 条件循环指令

(1) 相等或是零的循环指令。

指令格式:

```
LOOPE/LOOPZ 标号          ;CX 作循环计数器
LOOPEW/LOOPZW 标号        ;CX 作循环计数器,适用于 80386 及以后的处理器
LOOPED/LOOPZD 标号        ;ECX 作循环计数器,适用于 80386 及以后的处理器
```

指令功能是,每循环一次,CX-1→CX 或 ECX-1→ECX,若 CX≠0 或 ECX≠0 且 ZF=1,则转向标号指向的指令;若循环计数器=0 或 ZF=0,则终止循环。是否继续循环由循环计数器(CX 或 ECX)、零标志位 ZF 两者决定。

例 3.54 使用条件循环指令 LOOPZ 从数据段 N 单元开始的 10 个单元中找出第一个非零值,并存入 AL 寄存器。

解:可用 N[0]~N[9] 表示从数据段 N 单元开始的 10 个数。

```
        MOV     DI,-1
        MOV     CX,10           ;比较次数 10→CX
NEXT:   INC     DI              ;下标增 1,N[0]、N[1]、…
        CMP     N[DI],0         ;如果 N[DI]-0=0,则 ZF=1
        LOOPZ   NEXT            ;CX-1→CX,若 CX≠0 且 ZF=1,则跳到 NEXT 行
        MOV     AL,N[DI]        ;第 1 个非零值→AL
```

(2) 不等或不是零的循环指令。

指令格式:

```
LOOPNE/LOOPNZ 标号         ;CX 作循环计数器
LOOPNEW/LOOPNZW 标号       ;CX 作循环计数器,80386 及以后处理器新增的指令
LOOPNED/LOOPNZD 标号       ;ECX 作循环计数器,80386 及以后处理器新增的指令
```

指令功能是,每循环一次,CX-1→CX 或 ECX-1→ECX,若 CX≠0(ECX≠0)、ZF=0,则跳到标号指向的指令;若 CX=0(ECX=0) 或 ZF=1,则终止循环。

例 3.55 使用条件循环指令 LOOPNZ,计算 2+4+8+16,并将结果存入 AX。

解:

```
        MOV     AX,0            ;0→AX,用于存放和值
        MOV     BX,2            ;第 1 个加数 2→BX
        MOV     CX,4            ;加法次数 4→CX
SUM:    ADD     AX,BX           ;累加
        ADD     BX,BX           ;下一个加数→BX
        CMP     BX,32           ;判断加数 BX>32
```

```
        LOOPNZ    SUM                  ;若 BX=32(ZF=1)或 CX=0,则结束循环
```

3. 过程调用指令和过程返回指令

如果需要反复使用某个程序段,不必重复编写,可以写成一个独立模块(过程或子程序),供需要时调用。这种方法可以缩短源程序的长度,提高编程效率。

当程序需要使用已编好的过程或子程序时,使用过程调用指令(CALL)执行指定的过程,执行后通过过程返回指令(RET)回到原处(CALL 之后的指令)继续执行。过程调用指令与过程返回指令是互逆操作,一个用于去,一个用于回。

1) 过程调用指令 CALL

过程调用指令格式:

```
CALL 过程名              ;直接调用,直接给出过程名
CALL 寄存器              ;间接调用,由寄存器提供过程的首地址
CALL 过程的首地址        ;间接调用
```

过程调用的执行过程如下。

(1) 保护断点地址(CALL 指令下一条指令的偏移地址存入栈)。

(2) 获取过程的开始地址(过程第 1 条指令的偏移地址)。

(3) 执行过程。

(4) 过程结束后,返回原调用处(CALL 指令的下一条指令)继续执行(断点恢复)。

若过程与原调用程序在同一个代码段,则属于近(near)调用,如 CALL AVERAGE(AVERAGE 是近过程)。若过程与原调用程序不在同一个代码段,则属于远(far)调用,如 CALL FAR DISPLAY(DISPLAY 是远过程)。

执行近调用时,首先把 CALL 指令的下一条指令的偏移地址存入栈中保存,即把指令指针寄存器 IP(或 EIP)的数据存入栈中,然后把被调用过程的第 1 条指令的偏移地址送给 IP(或 EIP),即转去执行 IP(或 EIP)指向的指令,这种是执行近过程。

执行远调用时,不仅把 CALL 指令的下一条指令的偏移地址(IP)存入栈,段寄存器 CS 的数据也要存入栈,被调用过程第 1 条指令的偏移地址和段的基地址分别送给 IP(或 EIP)和 CS,即转去执行 CS:IP(或 CS:EIP)指向的指令,这种是执行远过程。

下面是 CALL 指令用法举例。

```
CALL    AVERAGE          ;直接近调用,直接给出过程名 AVERAGE(过程第 1 条指令的偏移地址)
CALL    FAR DISPLAY      ;直接远调用,DISPLAY 是远过程
CALL    BX               ;间接近调用,BX 寄存器给出过程第 1 条指令的偏移地址
CALL    ADDRESS          ;间接近调用,字单元 ADDRESS 存放过程第 1 条指令的偏移地址
CALL    WORD PTR[BX]     ;间接近调用,BX 所指的字单元存放过程第 1 条指令的偏移地址
CALL    DWORD PTR[BX]    ;间接远调用,BX 所指的双字单元存放过程第 1 条指令的偏移地址(IP)
                         ;和段的基地址(CS)
```

2) 过程返回指令 RET

过程执行完毕,通过过程返回指令回到原来程序。返回指令格式如下。

```
RET    [常数]
RETN   [常数]
RETF   [常数]
```

与近过程、远过程调用对应，过程返回也有近返回、远返回。对于近类型过程，返回指令是近返回，弹出栈顶之值给 IP，修改 SP 值（SP+2→SP）。对于远类型过程，返回指令是远返回，先弹出栈顶之值给 IP，做 SP+2→SP，然后弹出栈顶之值给 CS，做 SP+2→SP。

若返回指令后面给出常数（通常是偶数），则是"SP+常数→SP"，即废除 CALL 指令以前进栈的若干参数，直接读出 SP 指向的栈值。

过程调用指令本身不影响标志位，过程中的指令会改变标志位，若需要保留过程之前的标志位，在过程开始时应把标志位存入栈中保存，指令过程返回指令之前再恢复标志位。

3）定义过程

定义过程的格式如下。

```
过程名 PROC  [NEAR/FAR]
       一系列指令
       RET
过程名 ENDP
```

例 3.56 编写名为 UPPER 的过程，把 AL 寄存器中的大写字母变成小写字母，如把 A 变成 a。

解：

```
       UPPER  PROC          ;定义名为 UPPER 的过程
       CMP    AL,'A'        ;检查 AL 中是否是大写字母
       JB     OVER          ;若 AL<'A'，则跳到 OVER 行
       CMP    AL,'Z'
       JA     OVER          ;若 AL>'Z'，则跳到 OVER 行
       ADD    AL,32         ;或写成 ADD AL,'a'-'A'
OVER:  RET                  ;返回
       UPPER  ENDP          ;结束过程
```

例 3.57 采用过程求字符串的长度，并将结果存入 CX。假设已定义名为 S 的字符串'ABCD$'，$是结束标志。

解： 每个字符与结束标志 $ 比较，若不是 $，则 CX 寄存器加 1，若遇到 $，则求长完毕。

```
       STRLEN PROC          ;求字符串长度的过程，名为 STRLEN
       PUSH   AX            ;AX 原值入栈，本过程中使用了 AX
       PUSH   BX            ;BX 原值→栈
       PUSH   CX            ;CX 原值→栈
       XOR    CX,CX         ;0→CX,用于存放字符串的长度
```

```
        MOV    BX,S         ;字符串 S 的首地址→BX
AGAIN:  MOV    AL,[BX]      ;字符串的某个字符→AL
        CMP    AL,'$'       ;与结束标志$比较
        JZ     OVER         ;若遇到$,则求长结束,跳到 OVER 行
        INC    CX           ;字符不是$,字符串长度加 1
        INC    BX           ;指向下一个字符
        JMP    AGAIN        ;跳到 AGAIN 行,继续下一个字符
OVER:   POP    CX           ;栈顶数据→CX,即恢复 CX 原值
        POP    BX           ;恢复 BX 的原值
        POP    AX           ;恢复 AX 的原值
        RET                 ;返回
        STRLEN ENDP         ;结束过程
```

通过 CALL STRLEN 指令调用上述过程,以便求字符串的长度。

4. 中断指令

所谓中断是处理器暂停当前正在执行的程序,转去处理随机事件,处理后(执行处理随机事件的程序)再返回到被中止的程序继续执行。中断分为硬件中断(外部中断)、软件中断(内部中断)。中断指令用于产生软件中断,执行已编好的中断服务程序(也叫中断处理程序)。

1) 软件中断指令 INT

指令格式:

`INT 中断类型码`

中断类型码也叫中断向量码,是 0~255 的整数,如 INT 33 是执行 33 号中断服务程序。处理器根据中断类型码可以获得中断服务程序的存储位置,中止当前正在执行的程序,转去执行中断服务程序,执行完后再继续执行被中止的程序。

2) 中断返回指令

指令格式:

`IRET 或 IRETD    ;IRETD 是 80386 及以后处理器新增的指令`

指令功能是,执行中断服务程序后,返回到被中止的程序继续执行。

3.3.7 系统功能调用指令

操作系统为用户提供了各种功能程序,包括设备管理、目录管理、文件管理等,编程时可根据需要调用。

经常需要调用系统提供的 33 号功能程序,它包括许多子功能(子程序),每个子功能都有一个编号(功能号)。下面是常用的 6 个子功能。

(1) 键盘输入单个字符并显示,功能号是 1。

(2) 显示器显示单个字符,功能号是 2。

(3) 检查键盘是否有键按下,功能号是 6。
(4) 显示器屏幕显示字符串,功能号是 9。
(5) 键盘输入字符串并显示,功能号是 10。
(6) 退出程序,返回操作系统,功能号是 76。

33 号功能程序通常按以下步骤调用。

(1) 功能号送入 AH 寄存器,如"MOV AH,2"。
(2) 设置入口参数,如屏幕输出字符,应事先将字符送入 DL 寄存器,如"MOV DL,'A'"。
(3) 执行指令 INT 33。
(4) 根据出口参数分析结果,如键盘输入一个字符,出口参数是 AL 寄存器。若 AL 中有输入字符的 ASCII 码,则表示输入成功。

1. 输入字符并显示

33 号中断服务程序的 1 号子功能用于输入单个字符并显示。要求功能号 1 送入 AH 寄存器。调用此功能时,若无按键,则一直等待,按键的 ASCII 码送入 AL,即出口参数是输入字符的 ASCII 码。

例 3.58 从键盘输入字符,如果输入字符 Y,则退出程序。

```
        MOV     AH,1        ;功能号 1→AH
        INT     33          ;调用 1 号功能,等待输入,输入字符的 ASCII 码→AL
        CMP     AL,'Y'      ;比较 AL 与'Y'
        JZ      EXIT        ;若 AL='Y',则跳到 EXIT 行
        ⋮
EXIT:   MOV     AH,76       ;或写成 MOV AH,4CH
        INT     33          ;退出
```

2. 输出字符

33 号中断服务程序的 2 号子功能用于输出字符。要求功能号 2 送入 AH 寄存器,待输出的字符送入 DL 寄存器。下面的指令输出字符 A。

```
        MOV     DL,'A'      ;待输出的字符 A→DL,或写成 MOV DL,41H,41H 是 A 的 ASCII 码
        MOV     AH,2        ;功能号 2→AH
        INT     33          ;调用 33 的 2 号子功能,输出字符 A
```

例 3.59 键盘接收一个小写字母,显示对应的大写字母。

```
        MOV     AH,1        ;功能号 1→AH,1 号子功能可从键盘输入单个字符
        INT     33          ;调用 1 号功能,用于输入字符→AL 寄存器
        SUB     AL,'a'-'A'  ;小写字母转换成大写字母
        MOV     DL,AL       ;待显示的字符→DL
        MOV     AH,2        ;功能号 2→AH,用于输出字符
        INT     33          ;调用 33 的 2 号子功能,输出 DL 寄存器中的字符
```

3. 输出字符串

33 号中断服务程序的 9 号子功能用于输出字符串。要求功能号 9 送入 AH 寄存器，待显示字符串的首地址送入 DS:DX，字符串要以终止符 $ 结束，字符串中可以包括回车符(0DH)、换行符(0AH)，以便起到回车、换行作用。

例 3.60 下面的程序输出字符串"Hello"。其中的数据段用于存放字符串"Hello"，编写段的详细介绍见 4.2.1 节。

```
        DATA    SEGMENT         ;开始名为 DATA 的数据段
        S       DB   'Hello$'   ;$是字符串的终止符
        DATA    ENDS            ;结束数据段 DATA
        CODE    SEGMENT         ;开始名为 CODE 的代码段
        ASSUME  DS:DATA,CS:CODE
START:  MOV     AX,DATA         ;地址→AX
        MOV     DS,AX           ;地址→DS
        LEA     DX,S            ;字符串的首址→DX,或写成 MOV DX,OFFSET S
        MOV     AH,9            ;功能号 9→AH,用于输出字符串 Hello
        INT     33              ;调用 9 号子功能
        MOV     AH,76
        INT     33              ;退出
        CODE    ENDS            ;结束代码段
        END     START           ;结束程序
```

4. 输入字符串

33 号中断服务程序的 10 号子功能用于输入字符串。要求功能号 10 送入 AH 寄存器，从键盘输入后按回车键结束，若按 Ctrl、Break 或 Ctrl、C 键，则终止输入。为了存放输入的字符串，需在数据段定义一个区域(缓冲区)，缓冲区的首地址存入 DS:DX。

缓冲区各字节的含义如下。

(1) 第 1B 填写待接收字符的个数，包括回车符，数据范围是 1~255。

(2) 第 2B 存放实际输入字符的个数，不包括回车符。

(3) 从第 3B 开始存放输入的字符串，回车符是字符串的最后一个字符。若实际输入的字符数多于第 1B 填写的个数，则丢掉多出的字符，响铃提示。

例 3.61 下面的程序输入字符串，最多可输入 80 个字符。

```
        DATA    SEGMENT         ;编写数据段,定义存放输入字符串的缓冲区
        BUF     DB   80         ;第 1 字节填写可能输入的最大字符数 80
                DB   ?          ;第 2 字节存放实际输入的字符数,?表示未知数据
                DB   80 DUP(?)  ;定义 80B,用于存放输入的字符串
        DATA    ENDS            ;结束数据段
        CODE    SEGMENT         ;编写代码段
        ASSUME  DS:DATA,CS:CODE
START:  MOV     AX,DATA         ;BUF 所在段的地址→AX
```

```
         MOV      DS,AX           ;段地址→DS
         LEA      DX,BUF          ;或写成 MOV DX,OFFSET BUF
         MOV      AH,10           ;或写成 MOV AH,0AH
         INT      33              ;调用 10 号子功能,输入字符串
         MOV      AH,76
         INT      33              ;退出
         CODE     ENDS            ;结束代码段
         END      START           ;结束程序
```

5. 退出程序

33 号中断服务程序的 76 号(4CH)子功能用于退出程序。程序最后通常使用 76 号子功能,见下面的写法。

```
         MOV    AH,76     ;功能号 76→AH,或写成 MOV AH,4CH
         INT    33        ;退出程序
```

3.3.8 处理器控制指令

处理器指令用于控制处理器的工作方式,使用频率不高,下面介绍两条指令。

1. 暂停指令 HLT

指令格式:

HLT

HLT 指令用于暂停处理器的工作,处于等待状态,当外部中断后结束暂停状态,继续执行 HLT 后面的指令,该指令不影响标志位。

2. 空操作指令 NOP

指令格式:

NOP

NOP 指令用于完成一次空操作,除了修改指令指针寄存器外,不做任何操作。该指令占用 3 个时钟周期。使用 NOP 指令,可推迟下一条指令的执行,延长程序的执行时间。

习　　题

一、选择题

1. 每种计算机都有一组指令集供用户使用,指令集称为计算机的_____。

(A) 程序 　　　(B) 代码 　　　(C) 指令系统 　　　(D) 操作码

2. 以二进制数表示的指令称为_____。
   (A) 机器指令或机器代码　　(B) 助记符
   (C) 汇编语言　　(D) 操作码

3. _____的说法错误。
   (A) 汇编语言用助记符表示指令
   (B) 一个助记符对应一个二进制机器指令
   (C) 机器指令容易记忆
   (D) 助记符容易记忆

4. MOV BH,100 的源操作数是常数(固定值)，属于_____寻址。
   (A) 立即　　(B) 寄存器　　(C) 内存　　(D) 外存

5. 指令中的立即数(常数)存放在_____中。
   (A) 累加器　　(B) 指令操作码之后的存储单元
   (C) 指令操作码之前的存储单元　　(C) 立即数指定的存储单元

6. 到存储器寻找操作数属于_____寻址。
   (A) 立即　　(B) 寄存器　　(C) 存储器　　(D) 外存

7. MOV BX,AX 的两个操作数都在_____中。
   (A) 立即　　(B) 寄存器　　(C) 内存　　(D) 外存

8. _____的说法错误。
   (A) MOV CX,X 的源操作数在数据段的 X 存储单元中
   (B) MOV AX,[1234H]的源操作数在数据段的 1234H 单元中，属于存储器的直接寻址
   (C) MOV AX,[SI]源操作数的地址在寄存器 SI 中，属于寄存器间接寻址
   (D) MOV AX,[SI]源操作数的地址在寄存器 AX 中

9. _____的说法错误。
   (A) MOV BX,[SI+10H]源操作数的地址由 SI、10 构成，属于存储器的寄存器相对寻址
   (B) MOV CX,[BX][SI]源操作数的地址由 BX、SI 构成，属于基址-变址寻址
   (C) MOV AX,1234H 的源操作数需占 3 个存储单元，取出它，需要访问 3 个存储单元
   (D) MOV AX,1234H 的源操作数需占 2 个存储单元，取出它，需要访问 2 个存储单元

10. MOV AX,[BX+SI+6]的源操作数的地址由 BX、SI、6 构成，依次是_____。
    (A) 变址-基址-相对值　　(B) 基址-变址-相对值
    (C) 基址-变址　　(D) 相对值-变址-基址

二、填空题

1. 指令由_____、_____两部分组成，操作部分叫_____，操作对象叫

_____。操作数分为_____、_____。

2. 指令"MOV AX,0"中的 AX 是_____操作数,0 是_____操作数,与该指令作用相同的指令有_____、_____。

3. 指令字长是存储该指令占用存储器的_____,指令的操作数越多,字长_____,访问存储器的次数_____,指令的执行时间_____。指令"MOV AL,34H"、"MOV AX,1234H"分别处理_____位、_____位数据,前者的字长_____,执行速度_____。

4. 数据进出栈的原则是_____。PUSH AX 指令的功能是_____。POP AX 指令的功能是_____。

5. 假设 AL、BL 的值都是 8,"SUB AL,BL"指令是执行_____操作,AL 的结果是_____,BL 的结果是_____。执行该指令后,因为_____,没有_____,所以借位标志 CF 的值是_____。因为_____,所以零结果标志 ZF 的值是_____。

6. "CMP AX,BX"指令的功能是_____,做_____运算。假设 AX、BX 都是无符号数,若借位标志 CF=0,可知_____。若 CF=1,可知_____。若零结果标志 ZF=1,可知_____。

7. MUL BL 中的 BL 存放_____,_____应预先存入_____,乘积默认存入_____。

8. DIV BL 中的 BL 存放_____,_____应预先存入_____,8 位商存入_____,8 位余数存入_____。

9. "LOOP 标号"是_____指令,每次执行该指令,CX(或 ECX)的值_____,减到_____时终止_____。

10. SHL 指令用于_____。"SHL 目标操作数,移动 N 次"的功能是_____向_____移动_____,移出的位送入_____,空位填_____。

11. SHR 指令用于_____,将数据的最低位移入_____,空位填_____。

12. 假设 AL 的值是 01H,写成二进制数是_____,执行"SHL AL,1"指令后,AL 变成_____B,即_____H,最高位的_____移入_____,即 CF=_____,该指令相当于 01H 乘以_____。若 01H 逻辑左移 2 位,结果是_____H,相当于 01H 乘以_____。

13. 假设 AL 的值是 91H,写成二进制数是_____,执行"SHR AL,1"指令后 AL 变成_____B,CF=_____。若 91H 逻辑右移 2 位,结果是_____B,对应十六进制数_____。

14. "INT 整数"用于调用_____。INT 33 是调用_____,它的 1 号子功能用于_____,2 号子功能用于_____,9 号子功能用于_____,10 号子功能用于_____,76 号子功能用于_____。

15. "IN AX,80H"指令的功能是_____。"IN EAX,PORT"指令的功能是_____。"OUT 43H,AL"指令的功能是_____。

三、问答题

1. 简述什么是立即寻址、寄存器寻址、存储器寻址,各写出一条指令。

2. 简述"MOV AL,12H"与"MOV AL,[12H]"的区别。

3. 写出下列指令的操作码。

(1) 数据传送指令、地址传送指令、不带进位的加法指令、不带借位的减法指令。

(2) 数据加1指令、数据减1指令、无符号数的乘法和除法指令、符号数的乘法和除法指令。

(3) 比较两数大小的指令、交换两数位置的指令。

(4) 逻辑左移指令、逻辑右移指令、算术左移指令、算术右移指令。

(5) 循环左移指令、循环右移指令、带进位的循环左移指令、带进位的循环右移指令。

(6) 调用过程指令、过程返回指令。

4. 按要求回答问题。

```
MOV   BL,49H
MOV   AL,BL
INC   AL           ;该指令执行_____操作,AL的结果是_____
DEC   BL           ;该指令执行_____操作,BL的结果是_____
SUB   AL,BL        ;该指令执行_____操作,AL的结果是_____
```

5. 写出第2条指令的计算结果和对应的十进制数。写出被加数11100101B、加数10100100B各自的反码、原码。第2条指令是哪两个十进制数相加?

```
MOV   AL,11100101B
ADD   AL,10100100B
```

6. 执行下列指令后,AX、BX及CF、ZF标志位各是何值?BX的值改成16,CF、ZF又各是何值?

```
MOV   AX,15
MOV   BX,15
CMP   AX,BX
```

7. 下列指令计算什么(写出计算公式)?最后的计算结果存入哪个寄存器?

```
MOV   BL,13
MOV   AL,2
MUL   BL
MOV   BL,4
DIV   BL
```

8. 写出执行指令后寄存器的值。

```
MOV   AL,10001111B
AND   AL,00001111B       ;AL值是_____B
MOV   BL,10000000B
```

```
OR   BL,00001111B        ;BL 值是_____B
MOV  CL,11110000B
NOT  CL                  ;CL 值是_____B
MOV  AL,8AH
AND  AL,0FH              ;AL 值是_____H,_____B
MOV  BL,8AH
OR   BL,0FH              ;BL 值是_____H,_____B
MOV  CL,8AH              ;CL 值是_____B
NOT  CL                  ;CL 值是_____B,_____H
```

9. 写出执行指令后寄存器的值。

```
MOV  BX,1234H
MOV  AX,BX               ;AX、BX 的值是_____、_____
MOV  CL,4
SHL  BX,CL               ;BX 值是_____
ROL  BX,CL               ;BX 值是_____
SHR  AX,CL               ;AX 值是_____
ROR  AX,CL               ;AX 值是_____
```

10. 写出执行指令后寄存器的值,AX 的终值是初值的几倍?

```
MOV  AX,1
SHL  AX,1                ;AX 值是_____
MOV  BX,AX               ;BX 值是_____
MOV  CL,2
SHL  AX,CL               ;AX 值是_____
ADD  AX,BX               ;AX 值是_____
```

11. 写出下面程序段的功能。

```
        MOV  DL,'A'
OUTPUT: MOV  AH,2
        INT  33
        ADD  DL,1                 ;下一个字母→DL
        CMP  DL,'Z'
        JBE  OUTPUT               ;若 DL≤'Z',则跳到 OUTPUT 行
```

12. 写出下面程序段的功能以及 AX、BX、CX 的终值。

```
      MOV  AX,0
      MOV  BX,1
      MOV  CX,10
SUM:  ADD  AX,BX
      INC  BX
      LOOP SUM                    ;若 CX≠0,则跳到 SUM
```

 # 章 汇编语言与程序设计

本章介绍汇编语言程序设计的方法、步骤,给出程序实例,包括顺序结构、分支结构、循环结构。

4.1 汇编语言基础

程序设计语言有机器语言、汇编语言和高级语言3类。

机器语言直接用二进制代码0、1表示计算机指令。使用机器指令编写的程序称为机器语言程序。机器语言是计算机可以直接识别执行的语言。使用汇编语言、高级语言编写的程序必须翻译成机器语言,才能被计算机识别执行。虽然机器语言程序执行速度快、占内存少,但机器语言难记忆,容易写错,很难直接使用机器语言编写程序。

汇编语言使用机器指令的助记符表示指令,助记符接近自然语言,容易记忆。使用汇编语言编写的程序称为汇编语言源程序,程序执行速度接近机器语言。汇编语言提供直接访问内存、外部设备等硬件的操作指令,可以编写效率高的底层程序。

汇编语言依赖计算机的处理器,一般不具有通用性和可植性。编写汇编语言程序必须熟悉机器的硬件资源和软件资源。高级语言一般不依赖具体计算机,具有通用性、可移植性。高级语言程序的执行速度没有汇编语言程序的执行速度快,对于要求执行速度快的程序(如实时控制、机器自检),通常使用汇编语言编写。

4.1.1 汇编语言程序的设计步骤

如图4.1所示,从编写汇编语言源程序到获得程序的运行结果,需要如下4步。

(1) 使用编辑程序(如记事本、EDIT.EXE、QEDITOR.EXE等)编写汇编语言源程序并保存,文件的扩展名是.ASM。

(2) 使用汇编程序(如TASM.EXE、MASM.EXE等)把汇编语言源程序编译(汇编)成目标文件,目标文件的扩展名是.OBJ。如果源程序有语法错误,汇编程序会指出错误类型、出错语句,用户修改后再重新汇编。汇编无错后可生成目标文件。集成软件QEDITOR.EXE在Project菜单中提供汇编功能。

(3) 使用链接程序(如TLINK.EXE、LINK.EXE等)把目标文件(OBJ)与库文件链

接,形成可执行文件。可执行文件的扩展名是.EXE。集成软件 QEDITOR.EXE 在 Project 菜单中提供链接功能。

（4）调试、运行程序,得到程序结果。使用调试程序（如 TD.EXE、Visual C++ 6.0 等）可设置断点、单步执行程序、观察程序中间结果和运行过程,以便发现程序中的错误。

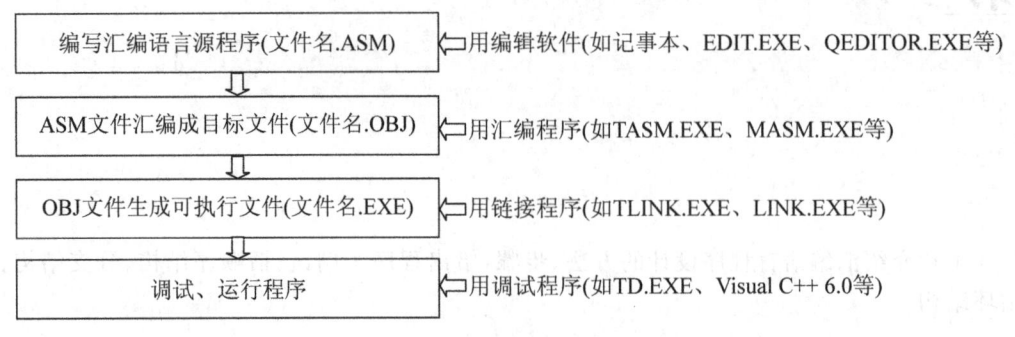

图4.1 汇编语言程序的设计步骤

4.1.2 汇编语言源程序的结构

汇编语言源程序由若干个逻辑段（segment）组成,包括数据段、附加段、堆栈段、代码段。分段组织程序可把各段装入存储器的相应段中。下面是完整的汇编语言源程序结构。

```
段名1      SEGMENT       ;定义段1
 ⋮                       ;一系列语句
段名1      ENDS          ;结束段1
段名2      SEGMENT       ;定义段2
 ⋮
段名2      ENDS          ;结束段2
 ⋮
段名n      SEGMENT       ;定义段n
 ⋮
段名n      ENDS          ;结束段n
END                      ;结束整个程序
```

每个逻辑段都以 SEGMENT 开始,以 ENDS 结束,每段都有唯一的段名,不能重名,各段由一系列语句组成,分号后是注释区,可省略。

汇编语言源程序包括指令语句、指示性语句（伪指令）。指令语句通过汇编程序翻译成机器代码,由处理器执行,完成对应操作。伪指令是让汇编程序处理的指令。伪指令包括定义段开始（SEGMENT）、定义段结束（ENDS）、分配内存、定义数据等。汇编语言源程序经过汇编后,程序中的伪指令没有了,已由汇编程序按照伪指令的要求完成相应处理。

在代码段中编写指令语句,在数据段或附加段中编写定义数据和变量的语句。程序中可以不定义堆栈段,利用系统指定的堆栈段。

4.1.3 汇编语言的语句格式

汇编语言程序的每行语句由 1～4 部分组成,即标号(名字)、操作码(指令助记符或伪指令助记符)、操作数、注释。指令语句、伪指令语句的格式稍有区别,指令语句的标号后有冒号(:),伪指令语句的标号后没有冒号。

指令语句格式:

[标号:] [前缀] [指令助记符] [操作数] [;注释]

伪指令语句格式:

[标号] [前缀] [伪指令助记符] [操作数] [;注释]

例如:

```
START: MOV  AX,1234H      ;指令语句,START 是标号,数据 1234H 送入 AX 寄存器
       X    DB 12H        ;伪指令语句,定义变量 X 对应数据 12H
```

关于指令格式有如下说明。

(1) 语句各部分之间至少用一个空格分开。一行字符的个数不能超过 132 个,字母可以是大写、小写或大小写混合。

(2) 指令助记符对应让处理器执行的指令,伪指令助记符对应汇编程序提供的指令,两种助记符前面可以有前缀,通过前缀指明特殊要求。

(3) 语句中出现的名字、符号称为标识符,由程序员命名。标识符不能与指令助记符或伪指令同名。标识符不能以数字开头。

(4) 对标号的规定包括:标号(label)是标识符或名称,由字母、数字、特别字符(?、@、—、$)等组成,不能以数字开头,最长的标号是 31 个字符。标号包括程序位置标号、数据变量标号。程序位置标号用于在转移指令中指明转移位置。数据变量标号用于指明操作数的地址。

(5) 对操作数的规定包括:指令操作数(operand)可以是常数、变量、标号、寄存器名或表达式。常数可以是二进制、八进制、十进制、十六进制或 ASCII 码字符串。表达式可以是算术表达式、逻辑表达式、关系运算表达式、分析运算表达式、合成运算表达式。程序被汇编时,汇编程序对程序中的表达式做相应运算,得到一个数值或一个地址值,执行程序时表达式已是确定值。

通过算术运算符(+、-、*、/或 MOD)连接的式子称为算术表达式,如 5 * 8+30-206 MOD 128。通过逻辑运算符(AND、OR、XOR 或 NOT)连接的式子称为逻辑表达式,如指令"AND AL,0FH"。通过关系运算符(EQ、NE、LT、GT、GE 或 LE)连接的式子称为关系表达式,如指令"MOV BX,5 GT 3"。对于关系表达式,关系成立时值是 1,不成立时值是 0。存储器操作数与存储器的地址有关,如变量、符号地址、存储单元等。分析运算表达式是把存储器操作数分解成几部分,如分解出段值、偏移量、类型等。合成运算表

达式是把各部分综合成存储器操作数。

下面给出源操作数的多种写法,包括使用常数、变量、标号、寄存器、表达式。

```
MOV    AX,10101010B        ;源操作数是二进制数 10101010,B 表示二进制数
MOV    AX,4660             ;十进制数 4660
MOV    AX,1234H            ;十六进制数 1234
MOV    CX,0A23H            ;字母开始的十六进制数,前面要加数字 0
MOV    BL,'C'              ;'C'表示字符 C
MOV    AL,X                ;变量名 X
MOV    AX,4*X+8            ;算术表达式 4*X+8
MOV    AL,12H AND 0FH      ;逻辑表达式 12H AND 0FH
MOV    BX,X GT 3           ;关系表达式,X 大于 3 时 BX 等于 1,否则 BX 等于 0
```

4.2 常用伪指令

汇编语言源程序中可以包括指令语句、指示性语句(伪指令)。伪指令不属于计算机的指令系统,是汇编程序提供的服务工具。程序中的伪指令由汇编程序在汇编时处理,不被翻译成机器代码。

伪指令包括定义段的伪指令、指定段寄存器的伪指令、定义过程的伪指令、定义变量的伪指令和定义符号的伪指令。

4.2.1 定义段的伪指令

定义段的伪指令(SEGMENT/ENDS)用于说明逻辑段的开始、结束,指出不同程序模块中同类逻辑段的联系形态。

定义段的格式如下:

```
[段名] SEGMENT [定位方式] [组合方式] [类别名]
    语句 1
    语句 2
    ⋮
    语句 n
[段名] ENDS
```

说明:

(1) 段名是赋予段的名称,segment、ends 成对出现,段名相同。

(2) 段与段的衔接方式叫定位方式,链接程序按定位方式衔接各段。有 4 种定位方式:para、byte、word、page。

para(默认方式)表示段从边界开始,即段的起始地址的最低 4 位是 0000。

byte(字节)表示段起始地址从字节开始,即段可从任意一个地址开始。

word(字)表示段从字边界开始,即段的起始地址应是偶数地址(最低位是 0)。

page(页)表示段从页边界开始(1 页有 256B),即段的起始地址最低两位是 00。

(3) 程序由若干个模块组成,不同模块可以有性质相同的段,若不同模块有段名相同的段,则执行链接(连接)程序(如 TLINK.EXE)时按组合方式组合同名段。组合方式(combine-type)共有 6 种:none、public、common、at、stack、memory。

none 方式表示该段与其他模块的段没有任何关系,每段都有自己的基地址,none 是默认方式。

public 方式表示该段与其他模块中的 public 类型的同名段组合成一个段,公用一个段址,各个同名段的链接次序由用户调用链接程序时指定。

common 方式表示该段与其他模块中的 common 类型的同名段共享相同的存储区域,即具有相同的段起始地址,共享长度是同名段中的最大长度。

at 方式表示该段按绝对地址定位,段地址是其后表达式值、位移量 0。

stack 方式表示连接时把所有 stack 类型的同名段连成一个段,合成段的基地址是堆栈段的基地址,堆栈指针 SP 指向该段的起始地址。

memory 方式表示该段位于所有其他连接段之上,若有多个段选用 memory,除第一个段外,其余段均用 common 方式处理。

(4) 类别(class)是用单引号括起的字符串。链接程序把类别名相同的段放在连续存储区域内,先出现的段放在前面,后出现的段放在后面。类别的作用见下面的例子。

链接前的顺序如下。

```
A    SEGMENT     'FAT'
B    SEGMENT     'BAZ'
C    SEGMENT     'BAZ'
D    SEGMENT     'ZOU'
E    SEGMENT     'FAT'
```

链接后类别相同的段连续排列,新顺序如下(FAT、BAZ、ZOU)。

```
A    SEGMENT     'FAT'
E    SEGMENT     'FAT'
B    SEGMENT     'BAZ'
C    SEGMENT     'BAZ'
D    SEGMENT     'ZOU'
```

4.2.2 指定段寄存器的伪指令

伪指令(ASSUME)用于说明指向逻辑段的寄存器,即告知汇编程序,设定段寄存器(如 CS、DS、ES、SS)对应哪个段(或组)的段地址。

指定段寄存器的伪指令格式:

ASSUME 段寄存器名:段名 [,段寄存器名:段名,…]

例如：

```
DATA    SEGMENT              ;定义数据段
        ⋮
DATA    ENDS
CODE    SEGMENT              ;定义代码段
ASSUME  CS:CODE,DS:DATA      ;指定 CS 寄存器对应代码段,DS 寄存器对应数据段
        ⋮
CODE ENDS
```

上面程序定义名为 CODE 的代码段和名为 DATA 的数据段，使用 ASSUME 伪指令指定 CS 寄存器对应代码段的基地址，DS 寄存器对应数据段的基地址。汇编语言规定，如果程序中定义了数据段、附加段、堆栈段，必须采用伪指令 ASSUME 规定各段对应的段寄存器。可以不给代码段指定寄存器，默认对应代码段寄存器。

4.2.3 定义过程的伪指令

过程(procedure)也叫子程序。可以将具有一定功能的程序段设计成一个过程，便于模块化程序设计。定义过程的伪指令用 PROC/ENDP。调用过程使用 CALL 指令。

过程定义格式：

```
过程名 PROC  [NEAR/FAR]
       ⋮
       RET                   ;返回指令
过程名 ENDP
```

说明：

(1) 过程名起标号作用，指出过程的段属性（过程所在段的段首地址）、偏移量（过程第 1 条指令距段首的距离）。

(2) NEAR 或 FAR 是过程类型。NEAR 是近过程（段内过程），与调用过程的指令 CALL 在同一个代码段（段名相同）。FAR 是远过程（段外过程），与 CALL 不在同一个代码段（段名不同）。过程默认类型是 NEAR。执行 NEAR 过程时，处理器只需把偏移地址送给 IP，不需要改变代码的段地址，就可以跳到过程名指向的指令。执行 FAR 过程时，需改变 IP（或 EIP）和 CS 段地址，才能从一个段跳到过程名指向的另一个段。

(3) RET 是过程返回指令。子程序中至少有一个 RET 指令，该指令一般位于子程序最后，用于从栈中弹出断点地址，返回调用过程的原来程序。

下面的例子用于定义、调用 NEAR 类型的过程。

```
CODE    SEGMENT              ;定义名为 CODE 的代码段
        ⋮
CALL    MYPROC               ;调用 NEAR(段内)过程 MYPROC
        ⋮
MYPROC  PROC                 ;定义名为 MYPROC 的段内过程
```

```
        ⋮
        RET                    ;返回
MYPROC  ENDP                   ;结束过程 MYPROC
CODE    ENDS                   ;结束代码段 CODE
        END   START            ;结束程序
```

4.2.4 定义变量的伪指令

定义变量的伪指令(DB/DW/DD)用于在数据段中定义变量、为变量分配存储单元和赋初值。变量定义后可在程序中使用。

格式1：

[变量名]｛DB/DW/DD｝表达式

格式2：

[变量名] [重复次数]｛DB/DW/DD｝DUP 表达式

说明：

(1) 变量名可省略。变量的初值是表达式的值。若初值任意,用问号(?)表示。

(2) 变量有3个属性：段值(segment)、偏移量(offset)、类型(type)。段值是变量所在段的段首地址,用伪指令 ASSUME 说明。偏移量是变量地址与所在段的首地址之间的差值。变量类型可以是字节、字、双字,分别用 DB、DW、DD 指定。

(3) DB 用于定义字节型变量,它为每个变量分配1个存储单元(1B)。例如,"X DB 12H"为 X 分配1个存储单元。

(4) DW 用于定义字型变量,它为每个变量分配2个连续的存储单元(2B)。例如,"Y DW 1234H"为 Y 分配2个连续的单元(假设单元地址是1、2),地址2的单元存放12,地址1的单元存放34,即数据的低字节存入地址编号小的单元,数据的高字节存入地址编号大的单元(低放低,高放高)。

(5) DD 用于定义双字型变量,它为每个变量分配4个存储单元(4B)。例如,"N DD 12345678H"为 N 分配4个连续的单元(假设单元地址是3～6),地址6单元存放12,地址5单元存放34,地址4单元存放56,地址3单元存放78。

(6) 格式2的 DUP 用于复制数据,通过重复次数指定数据的复制次数。

下面的例子在数据段定义变量。各变量的存储情况如图4.2所示。

```
DATA    SEGMENT         ;定义名为 DATA 的数据段
X       DB    25H       ;定义字节变量 X,初值是十六进制数 25
Y       DB    5,7       ;定义2个连续的字节单元,存入初值5,7,第1个单元名为 Y
Z       DB    ?         ;定义字节变量 Z,初值任意
N1      DW    1234H     ;定义1个字(2个字节),存入 1234H
N2      DW    56H       ;定义1个字,存入 0056H
S       DB    'AB'      ;定义2个连续字节,分别存入字符 A、B 的 ASCII 码
```

```
DATA    ENDS           ;结束数据段
```

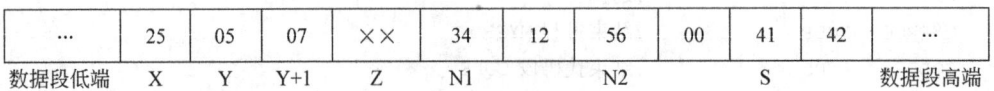

图 4.2 各变量的存储情况

下面 3 种写法等价,都是定义字符串 ABCD,用于在数据区存储 A、B、C、D 字符的 ASCII 码(41H、42H、43H、44H)。

```
S    DB    'ABCD'
S    DB    'ABC',44H
S    DB    41H,42H,43H,44H
```

下面的例子使用格式 2 定义变量。

```
A1   DW   3 DUP (0)      ;数据 0 重复 3 次,即分配 3 个字节单元,初值都是 0
A2   DB   50 DUP (?)     ;分配 50 个字节单元,初值任意
A3   DB   2 DUP(0,1)     ;数据 0 和 1 重复 2 次,即分配 4 个单元,初值为 0、1、0、1
```

使用变量要注意以下两点。

(1) 定义变量后,变量名即为它分配的数据区的首地址。例如,"Y DB 5,7"定义 2 个字节的数据区,Y 表示第 1 个数据 5 的地址,Y+1 表示第 2 个数据 7 的地址。再如,"S DB 41H,42H,43H,44H"定义 4 个字节的数据区,S 表示第 1 个数据 41H 的地址,S+1 表示第 2 个数据 42H 的地址,以此类推。

(2) 若指令中使用变量,要求指令操作数的类型符合变量的类型。例如,"MOV AL,X",AL 是字节类型,变量 X 也应是字节类型。"MOV BX,N1"中的变量 N1 是字类型,才能匹配 BX。

例 4.1 一个完整的汇编语言源程序。

下面的程序由两段(数据段、代码段)组成。数据段中定义变量 N1、N2、N3。代码段计算 N1-N2,并将差值存入变量 N3。

```
        DATA    SEGMENT              ;定义名为 DATA 的数据段
        N1      DW      250H         ;定义变量 N1,值为 250H
        N2      DW      1A9H         ;定义变量 N2,值为 1A9H
        N3      DW      ?            ;N3 用于存放 N1-N2 的结果,? 表示值未知
        DATA    ENDS                 ;结束数据段 DATA
        CODE    SEGMENT              ;定义名为 CODE 的代码段
        ASSUME  CS:CODE,DS:DATA      ;指定段基址寄存器
START:  MOV     AX,DATA
        MOV     DS,AX                ;数据段地址→DS
        MOV     AX,N1
        SUB     AX,N2                ;N1-N2→AX
        MOV     N3,AX                ;差值→N3
        MOV     AH,4CH
```

```
        INT     21H              ;退出程序
CODE    ENDS                     ;结束代码段
        END     START            ;结束程序
```

4.2.5 定义符号的伪指令

定义符号的伪指令（EQU/＝）用于为常量、变量、表达式或其他符号定义一个名字，但不分配存储单元。

格式1：

符号 EQU 数值表达式

格式2：

符号=数值表达式

说明：

(1) 两种格式都是用符号代替指定内容。两者的区别是，由＝定义的符号可重复定义，由 EQU 定义的符号不能重复定义。若重复定义 EQU 指定的符号，需先用 PURGE 伪指令（PURGE 符号1,符号2,…,符号n）解除定义，然后再重新定义。

(2) 符号对应的内容不占存储空间。

例如：

```
X   EQU   5              ;符号 X 表示常数 5
Y   EQU   30H+99H        ;符号 Y 表示表达式 30H+99H
PURGE Y                  ;解除符号 Y 的含义，以便重新定义
Y   EQU   8              ;符号 Y 改为表示 8
D1=3                     ;符号 D1 表示 3
D2=4                     ;符号 D2 改为表示 4
```

4.3 汇编语言程序设计

汇编语言源程序主要采用3种结构：顺序结构、分支结构、循环结构。下面通过程序实例进行说明。

4.3.1 顺序结构

顺序结构是最简单的程序结构，它按指令顺序执行程序。

例4.2 计算 Y/X，商存入变量 Z，X 是 8 位无符号数，Y 是 16 位无符号数。

解：DIV 是无符号数的除法指令，要求被除数是除数的双倍字长。下面的数据段采用 DB 定义 X 为 8 位数据，值为 6，采用 DW 定义 Y 为 16 位数据，值为 25。

```
            DATA    SEGMENT              ;定义名为 DATA 的数据段
            X       DB    6              ;定义 X 是 8 位数据,值为 6
            Y       DW    25             ;定义 Y 是 16 位数据,值为 25
            Z       DB    ?              ;定义 Z 是 8 位数据,值未知
            DATA    ENDS                 ;结束数据段
            CODE    SEGMENT              ;定义名为 CODE 的代码段
            ASSUME  CS:CODE,DS:DATA      ;指定段寄存器
    START:  MOV     AX,DATA              ;初始化数据段
            MOV     DS,AX
            MOV     AX,Y                 ;Y→AX
            MOV     BL,X                 ;X→BL
            DIV     BL                   ;AX÷BL,商→AL,余数→AH
            MOV     Z,AL                 ;商→变量 Z
            MOV     AX,4CH
            INT     21H                  ;退出程序
            CODE    ENDS                 ;结束代码段
            END     START
```

例 4.3 设变量 X 是 16 位符号数,变量 Y 是 8 位符号数,计算 (X+49)/Y,商存入变量 A,余数存入变量 B。

解:IDIV 是符号数的除法指令。除数 Y 是 8 位符号数,属于字节除法,商存入 AL 寄存器,余数存入 AH 寄存器。

```
            DATA    SEGMENT              ;定义名为 DATA 的数据段
            X       DW    -36
            Y       DB    4
            A       DB    ?
            B       DB    ?
            DATA    ENDS
            CODE    SEGMENT              ;定义名为 CODE 的代码段
            ASSUME  CS:CODE,DS:DATA      ;初始化段寄存器
    START:  MOV     AX,DATA              ;初始化数据段
            MOV     DS,AX
            MOV     AX,X                 ;X→AX
            ADD     AX,49                ;AX+49→AX
            IDIV    Y                    ;AX÷Y,商→AL,余数→AH
            MOV     A,AL                 ;商→A 变量
            MOV     B,AH                 ;余数→B 变量
            MOV     AH,4CH
            INT     21H                  ;退出
            CODE    ENDS
            END     START
```

例 4.4 输入小写字母,并将其变成大写字母输出。

解:该程序只需要代码段,使用 33 号(21H)中断服务程序的 1 号、2 号子程序。1 号

子程序用于从键盘输入字符,2 号子程序用于输出字符到屏幕。

```
        CODE    SEGMENT                 ;定义代码段
        ASSUME  CS:CODE                 ;初始化段寄存器
START:  MOV     AH,1                    ;从键盘输入 1 个字符
        INT     21H                     ;输入的字符→AL
        SUB     AL,'a'-'A'              ;小写字母转换成大写字母
        MOV     DL,AL                   ;字符→DL
        MOV     AH,2                    ;显示 DL 中的字符
        INT     21H
        MOV     AH,4CH
        INT     21H                     ;退出
        CODE    ENDS
        END     START
```

4.3.2 分支结构

高级语言一般采用 IF 语句构造分支结构。汇编语言一般采用无条件转移指令或条件转移指令构造分支结构。

例 4.5 设 N 是字节变量,存放小写字母,试将其变成大写字母。

解:图 4.3 是例 4.5 程序的流程图。使用条件转移指令 JA、JB 构成分支结构。JA 是高于转移指令,JB 是低于转移指令。

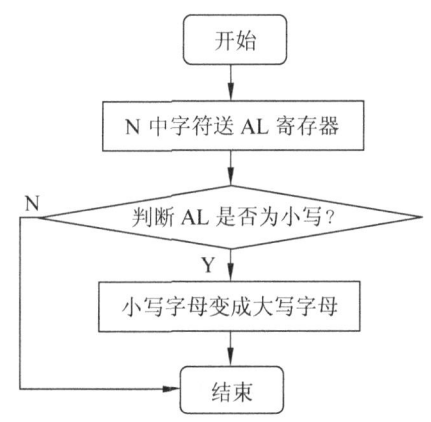

图 4.3 例 4.5 程序的流程图

```
        DATA    SEGMENT                 ;定义数据段
        N       DB      ?
        DATA    ENDS
        CODE    SEGMENT                 ;定义代码段
        ASSUME  CS:CODE,DS:DATA         ;初始化段寄存器
START:  MOV     AX,DATA                 ;初始化数据段
        MOV     DS,AX
```

```
        MOV     AL,N
        CMP     AL,'a'              ;判断是否是小写字母,AL 与'a'比较
        JB      STOP                ;若 AL<'a',则跳到 STOP 行
        CMP     AL,'z'              ;AL 与'z'比较
        JA      STOP                ;若 AL>'z',则跳到 STOP 行
        SUB     N,'a'-'A'           ;小写字母转换成大写字母
STOP:   MOV     AH,4CH
        INT     21H                 ;退出
        CODE    ENDS                ;结束代码段
        END     START               ;结束程序
```

例 4.6 从键盘中输入 1 个 0~9 的数字,将该数乘以 2,把乘积存入 DX。

解:图 4.4 为例 4.6 程序的流程图。键盘输入数字时,得到的是 ASCII 码,要做计算,须转变为对应的数字。已知字符'0'~'9'的 ASCII 码分别是 30H~39H。例如,字符'2'的 ASCII 码为 32H,去掉高位的 3,才是数字 2。

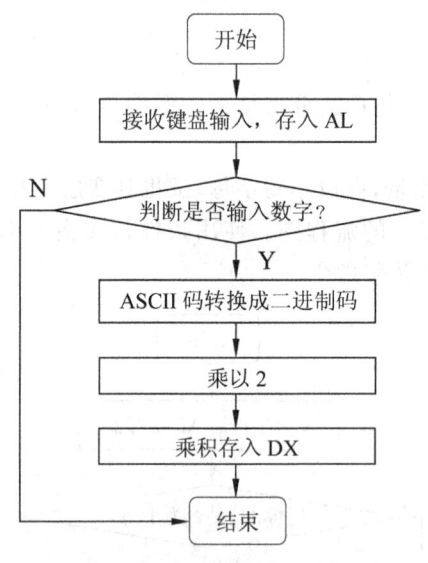

图 4.4 例 4.6 程序的流程图

MUL 是无符号数的乘法指令,要求乘数、被乘数的位数相同。当乘数、被乘数都是字节数(小于 255)时,属于字节乘法,乘积是 16 位二进制数,默认送入 AX 寄存器。

```
        CODE    SEGMENT             ;定义代码段
        ASSUME  CS:CODE
START:  MOV     DX,0
        MOV     AH,1
        INT     21H                 ;键盘输入,输入的字符→AL
        CMP     AL,'9'              ;检查是否输入'9'~'0'的字符,即'0'≤AL≤'9'
        JA      STOP                ;若 AL>'9',则跳到 STOP 行
        CMP     AL,'0'
        JB      STOP                ;若 AL<'0',则跳到 STOP 行
```

```
            SUB     AL,30H              ;去掉ASCII码的高位3,得到低位的数字
            MOV     BL,2
            MUL     BL                  ;被乘数默认是AL,AL×BL→AX
            MOV     DX,AX               ;乘积→DX
    STOP:   MOV     AH,4CH
            INT     21H
            CODE    ENDS
            END     START
```

例 4.7 计算下列分段函数的值。

$$Y = \begin{cases} X+4 & X<12 \\ X-5 & X\geq 12 \end{cases}$$

解：

```
            DATA    SEGMENT
            X       DB   5
            Y       DB   ?
            DATA    ENDS
            CODE    SEGMENT
            ASSUME  CS:CODE,DS:DATA
    START:  MOV     AX,DATA
            MOV     DS,AX
            MOV     AL,X
            CMP     AL,12               ;比较AL和12
            JL      A1                  ;AL<12,跳到A1行
            SUB     AL,5                ;X-5→AL
            JMP     A2                  ;跳到A2行
    A1:     ADD     AL,4                ;X+4→AL
    A2:     MOV     Y,AL                ;结果AL→Y
            MOV     AH,4CH              ;退出
            INT     21H
            CODE    ENDS
            END     START
```

4.3.3 循环结构

循环结构用于重复执行某段程序。循环结构通常包括以下4部分内容。
(1) 循环初始化部分,用于初始化循环控制变量和循环体用到的变量。
(2) 循环体部分,是循环结构的主体。
(3) 循环调整部分,用于修改循环控制变量和检查循环终止条件。
(4) 循环控制部分,用于控制程序转移。
编写循环结构程序,若已知循环次数,通常采用LOOP指令构造循环。若循环次数

未知或不定,可采用条件转移或无条件转移构造循环。

例 4.8 计算 $1+2+3+\cdots+10$,结果送 AX 寄存器。

解:图 4.5 为例 4.8 程序的流程图。已知累加(循环)次数,使用 LOOP 指令构造循环。每次执行 LOOP 指令,首先 CX 减 1,然后检查 CX 值,若 CX≠0,则跳到指定位置,形成循环;若 CX=0,则结束循环。LOOP 指令等价于 DEC CX、JNZ SUM 两条指令。

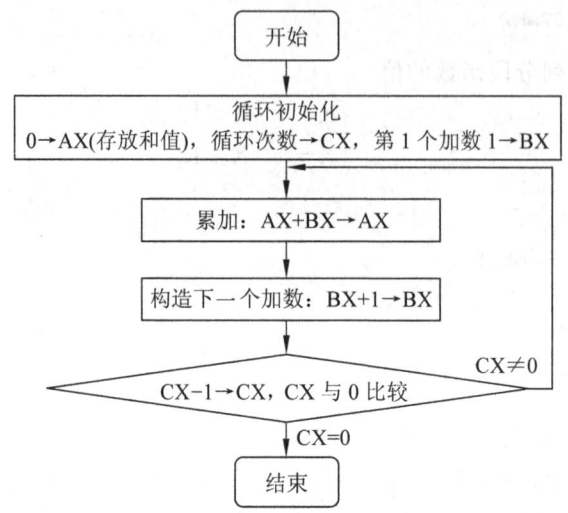

图 4.5　例 4.8 程序的流程图

```
            CODE    SEGMENT
            ASSUME  CS:CODE
    START:  MOV     AX,0            ;0→AX,用于存储 1+2+…+10 的结果
            MOV     BX,1            ;第 1 个加数 1→BX
            MOV     CX,10           ;循环次数 10→CX
    SUM:    ADD     AX,BX           ;累加,AX+BX→AX
            INC     BX              ;构造下一个加数,BX+1→BX
            LOOP    SUM             ;CX-1,若 CX≠0,则跳到 SUM 行继续加
            MOV     AH,4CH
            INT     21H
            CODE    ENDS
            END     START
```

例 4.9 统计数组 N 的负数个数,并将结果存入变量 M。

解:图 4.6 为例 4.9 程序的流程图。程序通过 N[SI]表示数组的某个元素,改变 SI 的值,指向所需元素。使用 LOOP 指令构造循环,LOOP 的功能是:首先 CX 减 1,然后检查 CX 值,若 CX≠0,则跳到指定行,形成循环,否则结束循环。可以用 DEC CX、JNZ AGAIN 两条指令替代 LOOP 指令。遇到非负数时,使用 JGE 指令跳转。JGE 的含义是大于或等于时转移。

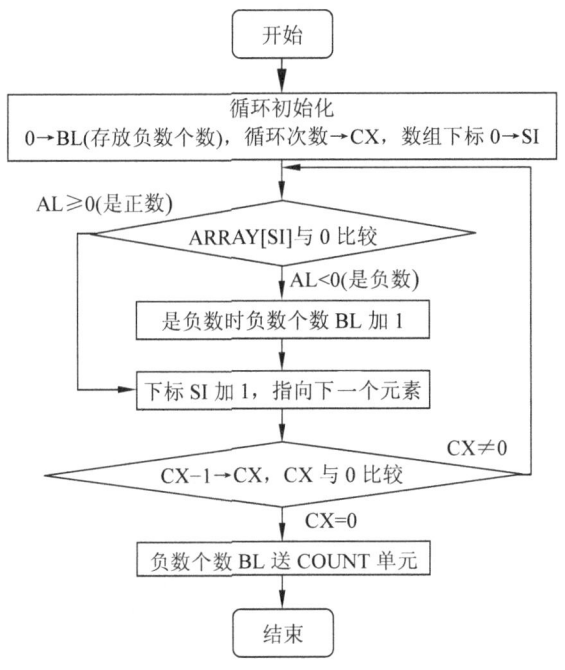

图 4.6 例 4.9 程序的流程图

```
        DATA    SEGMENT
        N       DB    -1,0,-3,-2,5        ;定义名为 N 的数组,有 5 个数
        M       DB    ?
        DATA    ENDS
        CODE    SEGMENT
        ASSUME  CS:CODE,DS:DATA
START:  MOV     AX,DATA
        MOV     DS,AX
        MOV     BL,0                      ;0→BL,存放负数个数
        MOV     SI,0                      ;数组下标 0→SI
        MOV     CX,M-N                    ;数据个数(循环次数)→CX
AGAIN:  MOV     AL,N[SI]                  ;数组某元素→AL
        CMP     AL,0                      ;N[SI]与 0 比较
        JGE     NEXT                      ;若 AL≥0(正数),则跳到 NEXT 行
        INC     BL                        ;N[SI]是负数时 BL 加 1
NEXT:   INC     SI                        ;下标 SI 加 1,指向下一个数
        LOOP    AGAIN                     ;CX-1→CX,若 CX≠0,则跳到 AGAIN 行
        MOV     M,BL
        MOV     AH,4CH
        INT     21H
        CODE    ENDS
        END     START
```

例 4.10 计算数组 A1、A2 对应元素的和值,并存入数组 A3 中。

解：下面通过 A1[SI]、A2[SI]、A3[SI]表示数组的某元素,改变 SI 的值,指向所需元素。

```
        DATA    SEGMENT
        A1      DB    2,5,0,1,-4        ;定义 A1 数组,有 5 个元素
        A2      DB    8,-3,4,-2,6       ;定义 A2 数组,有 5 个元素
        N       DW    A2-A1             ;计算数组的数据个数
        A3      DB    5  DUP(0)         ;定义 A3 数组,5 个元素初值都是 0
        DATA    ENDS
        CODE    SEGMENT
        ASSUME  CS:CODE,DS:DATA
START:  MOV     AX,DATA
        MOV     DS,AX
        MOV     SI,0              ;数组下标 0→SI
        MOV     CX,N              ;数组的数据个数→CX
NEXT:   MOV     AL,A1[SI]         ;A1[SI]→AL
        ADD     AL,A2[SI]         ;A1[SI]+A2[SI]→AL
        MOV     A3[SI],AL         ;和值→A3[SI]
        INC     SI                ;数组下标加 1,指向下一个数
        LOOP    NEXT              ;若 CX≠0,则跳到 NEXT 行
        MOV     AH,4CH
        INT     21H
        CODE    ENDS
        END     START
```

例 4.11 计算数组 N 的平均值,并将平均值的整数部分存入变量 M。

解：下面的程序首先计算数组各元素的和值,然后除以数组元素的个数,得到平均值。采用 DW(define word)定义数组元素,每个数组元素占 1 个字(2B),是字类型的数组元素。若 DW 改成 DB(define byte),每个数组元素占 1B,是字节型的数组元素。修改数组地址,由数组元素的字节数决定。从当前数组元素指向下一个数组元素,字节型数组是当前地址加 1,字型数组是当前地址加 2。程序使用无条件转移指令 JMP 构造循环,使用等于转移指令 JE 检查是否遇到数组结束标志-1。

```
        DATA    SEGMENT            ;定义名为 DATA 的数据段
        N       DW    9,5,0,3,12,-1    ;定义数组 N,-1 是结束标志
        M       DB    0                ;变量 M 存放平均值的整数部分,初值为 0
        DATA    ENDS
        CODE    SEGMENT
        ASSUME  CS:CODE,DS:DATA
START:  MOV     AX,DATA
        MOV     DS,AX
        XOR     AX,AX             ;AX 清 0,用于保存数组元素之和
        XOR     CL,CL             ;CL 清 0,用于保存数组元素的个数
        MOV     SI,0              ;数组下标 0→SI
```

```
        SUM: MOV     BX,N[SI]            ;数组某元素→BX
             CMP     BX,-1               ;检查是否遇到数组结束标志-1
             JE      AVERAGE             ;若 BX=-1,则求和结束,跳到 AVERAGE 行
             ADD     AX,BX               ;累加数组元素
             INC     CL                  ;数组元素个数加 1
             ADD     SI,2                ;下标 SI 加 2,指向下一个数
             JMP     SUM                 ;跳到 SUM 行,继续求和
    AVERAGE: DIV     CL                  ;AX÷CL,商→AL,余数→AH
             MOV     M,AL                ;平均值的整数部分→M
             MOV     AH,4CH
             INT     21H
             CODE    ENDS
             END     START
```

例 4.12 数据段自 X 单元连续存放 5 个无符号数,从中找出最大值,并将其存入 MAX 单元。

解:下面的程序没有采用 X[下标]表示某个数,而是采用[地址],[X]表示 X 单元的数据,[X+1]表示 X 下一个单元的数据,以此类推,修改地址,指向不同的数。使用条件转移指令 JAE、JNZ。JAE 的转移条件是高于或等于,JNZ 的转移条件是不等于 0。

```
             DATA    SEGMENT
             X       DB  73,59,61,81,45
             MAX     DB  ?
             DATA    ENDS
             CODE    SEGMENT
             ASSUME  CS:CODE,DS:DATA
      START: LEA     SI,X                ;第 1 个数的地址→SI
             MOV     CX,10               ;数据个数→CX
             MOV     AL,[SI]             ;第 1 个数→AL,SI 中存放地址
      LOOP1: INC     SI                  ;地址 SI 加 1,指向下一个数
             CMP     AL,[SI]             ;AL 与[SI]比较
             JAE     LOOP2               ;若 AL≥[SI],则跳到 LOOP2 行
             XCHG    AL,[SI]             ;交换 AL,[BX],保证 AL 存放当前的最大值
      LOOP2: DEC     CX                  ;CX-1→CX
             JNZ     LOOP1               ;若 CX≠0,则跳到 LOOP1 行,继续找最大值
             MOV     MAX,AL              ;最大值→MAX 单元
             MOV     AX,4CH
             INT     21H
             CODE    ENDS
             END     START
```

例 4.13 数据段存放 5 个 ASCII 码。检查是否有字母 C 的 ASCII 码 43H,即搜索是否有字母 C。若找到,则将搜索(比较)次数存入 N 单元。

解:可以使用字符搜索指令 SCASB 从字符串中搜索指定字符。要求待搜索的字符

放入 AL 中,由 ES:DI 指向搜索的起始地址。SCASB 指令用 AL 的值减去 ES:DI 指向的字节数据,若差值＝0,使零标志位 ZF＝1,即找到指定字符；若差值≠0,使 ZF＝0,即未找到。

SCASB 指令只搜索一次,从字符串中搜索指定字符,需反复执行 SCASB 指令,可在 SCASB 指令前增加条件重复前缀 REPNZ,使得每次执行 SCASB 指令时,首先将 ES:DI 指向的字符与 AL 中的字符比较,然后 CX 减 1,DI 加 1,使 ES:DI 指向下一个字符,再次比较(搜索),若找到字符或 CX＝0(没有要找的字符),则结束搜索。

```
        DATA    SEGMENT
        S       DB      41H,42H,43H,44H,43H  ;定义字符串 S
        N       DW      ?                    ;N 用于存放搜索次数
        DATA    ENDS
        CODE    SEGMENT
        ASSUME  CS:CODE,ES:DATA
START:  MOV     AX,DATA
        MOV     ES,AX                        ;DATA 段的基地址→附加段寄存器 ES
        MOV     DI,0                         ;字符串 S 第 1 个字符的偏移地址→DI
        MOV     BX,DI                        ;字符串的起始地址→BX
        MOV     AL,'C'                       ;待搜索的字符→AL,也可写成 MOV AL,43H
        MOV     CX,5                         ;最多比较次数(重复次数)→CX
;下面的 CLD 指令设置增量方式修改地址,即每次执行 SCASB 指令后 DI 加 1
        CLD
;下面的 REPNZ 指令用于反复搜索,每次 DI 加 1、CX 减 1,直到找到字符或 CX=0
        REPNZ   SCASB
        JNZ     NOFOUND                      ;若未找到(ZF=0),则跳到 NOFOUND 行
        DEC     DI                           ;SCASB 指令使 DI 自动加 1,DI 减 1 可恢复原值
        SUB     DI,BX                        ;DI-BX→DI,差值是搜索次数
        MOV     N,DI                         ;搜索次数→N 单元
NOFOUND: MOV    AH,4CH
        INT     21H
        CODE    ENDS
        END     START
```

4.3.4 子程序

需要反复使用的程序段可以写成独立的子程序(也叫过程或模块),避免重复编写代码,缩短源程序的长度,提高编程效率。

子程序涉及 CALL、RET 两条指令。CALL 是子程序(过程)的调用指令,以便执行子程序(过程)。RET 是返回指令,用于退出子程序,回到原处,继续执行 CALL 指令之后的指令。

例 4.14 通过子程序实现耗时,以便每隔一定时间就显示字符 A,直到键盘有键

按下。

解：下面定义名为 DELAY 的过程,用于耗时。调用过程的指令是"CALL 过程名"。33 号中断服务程序的 6 号子功能用于检查键盘是否有键按下。

```
        CODE    SEGMENT
        ASSUME  CS:CODE
START:  MOV     DL,'A'
SHOW:   MOV     AH,2
        INT     33              ;屏幕显示字符 A
        MOV     AH,6            ;检查是否有键按下
        INT     33
        JNE     EXIT            ;若有按键,则退出
        CALL    DELAY           ;调用下面的耗时子程序 DELAY,以便消耗时间
        JMP     SHOW            ;跳到 SHOW 行,继续显示字符 A
EXIT:   MOV     AH,76           ;退出程序
        INT     33
        DELAY   PROC            ;定义名为 DELAY 的近过程,用于耗时
        PUSH    CX              ;保护 CX(进栈)
        PUSH    AX              ;保护 AX(进栈)
        MOV     CX,1000
D1:     MOV     AX,2000
D2:     DEC     AX
        JNZ     D2              ;若 AX≠0,则跳到 D2 行
        LOOP    D1              ;若 CX≠0,则跳到 D1 行
        POP     AX              ;恢复 AX(出栈)
        POP     CX              ;恢复 CX(出栈)
        RET                     ;回到 CALL DELAY 的下一条指令 JMP SHOW
        DELAY   ENDP            ;结束 DELAY 过程
        CODE    ENDS
        END     START
```

习 题

一、选择题

1. ＿＿＿＿文件名是可执行程序。
   (A) 1-1.ASM   (B) 1-1.OBJ   (C) 1-1.MAP   (D) 1-1.EXE
2. ＿＿＿＿的说法正确。
   (A) 计算机能直接识别并执行高级语言源程序
   (B) 计算机能直接识别并执行机器指令
   (C) 计算机能直接识别并执行数据库语言源程序

(D) 汇编语言源程序可以被计算机直接识别和执行

3. 汇编语言源程序中由处理器执行的指令称为_____。
   (A) 指令语句　　(B) 伪指令　　(C) 高级语句　　(D) 指示性语句

4. 汇编语言源程序中由汇编程序处理的指令称为_____。
   (A) 指令语句　　　　　　　　(B) 伪指令或指示性语句
   (C) 高级语句　　　　　　　　(D) 机器语句

5. _____不是单步执行程序的特点。
   (A) 节省内存　　　　　　　　(B) 逐条执行指令
   (C) 观察中间结果、运行过程　(D) 发现错误

6. _____不是伪指令。
   (A) N DB 5　　　　　　　　　(B) CODE SEGMENT
   (C) ASSUME CS:CODE　　　　　(D) MOV AX,0

7. 定义字符串 Hello 的正确语句是_____。
   (A) S DW 'Hello'　(B) S DB "Hello"　(C) S DB Hello　(D) S DB 'Hello $'

8. 含义 X DB 2,5,8,0 后,X[0]、X[1]的值分别是_____。
   (A) 8、0　　　(B) 5、8　　　(C) 2、5　　　(D) 0、5

9. 语句 X DB 5 DUP(1)的正确含义是_____。
   (A) 给数组变量 X 分配 1 个字,初值均是 5
   (B) 给数组变量 X 分配 1B,初值均是 5
   (C) 给数组变量 X 分配 5 个字,初值均为 1
   (D) 给数组变量 X 分配 5B,初值均是 1

10. 语句 X DB 8 DUP (?)的正确含义是_____。
    (A) 分配 8 个字,初值是?　　(B) 分配 8B,初值是?
    (C) 分配 8B,初值任意　　　　(D) 分配 8 个字,初值任意

二、填空题

1. 编程语言有_____、_____、_____。计算机可以直接识别和执行_____语言。

2. 使用_____、_____编写的程序,需翻译成_____,才能被计算机识别执行。使用_____编写的程序叫汇编语言源程序。将汇编语言源程序转换成机器语言(目标程序)的过程叫_____,用于汇编的软件叫_____。

3. 汇编语言源程序文件的扩展名是_____,目标文件的扩展名是_____,可执行程序文件的扩展名是_____。一个汇编语言源程序生成可执行文件,需经过_____、_____,需使用_____程序、_____程序。

4. 汇编语言源程序可以包括_____、_____两类语句。_____语句不被汇编程序翻译(汇编)成_____,由_____处理,_____语句被翻译(汇编)成_____,让_____执行。

5. 所有指令语句应写在程序的_____段中。定义数据、变量的语句应写在

_____或_____中。

6. 一条指令通常包括两方面信息：_____、_____。指令的操作数越多，其字长_____。

7. 执行计算机指令的基本过程包括取指令、_____、_____。

8. 汇编语言源程序可包括_____段、_____、_____、_____。

9. 语句"N1 DB 6"给变量_____分配_____B，初值是_____。

10. 语句"N2 DW 1234H"给_____分配_____B，初值是_____。

11. 语句"N3 DB 5,7"分配_____个连续的字节单元，分别存入_____、_____。

12. 语句"Y DB ?"的含义是_____。语句"Y DW ?"的含义是_____。

13. 语句"S DB 'AB'"定义_____B，符号地址 S 指向_____，S＋1 指向_____。

14. 语句"S DB 'ABC'"分配_____个连续字节，字母 A 存入_____，字母 B 存入_____。

15. 语句"X EQU 3"的含义是_____。语句"Z = 3"的含义是_____。

三、程序填空题

1. 填写指令，计算 $1^2+2^2+3^2+\cdots+N^2$，直到和值大于 100 为止，结果存入变量 S。

```
        DATA    SEGMENT
        S       DW      ?
        DATA    ENDS
        CODE    SEGMENT
        _____          ;初始化段寄存器
START:  MOV     AX,DATA         ;初始化数据段
        MOV     DS,AX
                                ;0→S
        MOV     BL,0
A1:     _____          ;BL+1→BL
        MOV     AL,BL
                                ;计算 N²
        ADD     DX,AX
        _____          ;比较和值与100的大小
        JNA     A1              ;若和值不大于100，则跳到A1行
        _____          ;和值结果→变量S
        MOV     AH,76
        _____          ;退出
        CODE    ENDS
        END     START
```

2. 填写指令，BX 寄存器内的二进制数以十六进制数形式显示于屏幕。例如，BX 值为 2A54H，屏幕显示 2A54。显示某个字符，需要它的 ASCII 码。已知'0'～'9'的 ASCII 码

是30H～39H，A～Z的ASCII码是41H～5AH。

```
            PROGRAM   SEGMENT          ;定义名为PROGRAM的代码段
            ASSUME    CS:PROGRAM
    START:  MOV       BX,2A54H         ;待显示的数据→BX
            MOV       CH,4             ;循环次数4→CH
    ROTATE: MOV       CL,4             ;移位次数4→CL
            _____           ;BX循环左移4位
            MOV       AL,BL
            _____           ;AL高4位变成0
            ADD       AL,30H           ;若是'0'～'9'的字符,则其ASCII码→AL
            CMP       AL,39H           ;与'9'的ASCII码比较,检查是否是'0'～'9'的字符
            JBE       PRINT            ;若是'0'～'9'(AL≤39H)的字符,则跳到PRINT行
            ADD       AL,7             ;若是字母,则加7得到它的ASCII码
    PRINT:  _____           ;要显示字符的ASCII→DL
            _____           ;显示字符的子功能号→规定的寄存器
            INT       21H
            DEC       CH               ;循环次数减1
            JNZ       ROTATE           ;若循环次数≠0,则跳到ROTATE行
            _____           ;子功能号→规定的寄存器
            INT       21H              ;退出程序
            PROGRAM   ENDS
            END       START
```

3. 填写指令,求分段函数值,计算 X=12 的 Y 值,并将结果存入 Y 单元。

$$Y = \begin{cases} 2X+4 & X<8 \\ 3X-5 & X \geqslant 8 \end{cases}$$

```
            DATA      SEGMENT
            X         DB  12
            Y         DW  ?
            DATA      ENDS
            CODE      SEGMENT
            ASSUME    CS:CODE,DS:DATA
    START:  MOV       AX,DATA
            MOV       DS,AX
            MOV       AL,X
            _____           ;AL与8比较大小
            JL        LESS             ;若AL<8,则跳到LESS行
            MOV       BL,3
            _____           ;计算3X
            SUB       AX,5             ;计算3X-5
            JMP       SAVE             ;跳到SAVE行
    LESS:   MOV       BL,2
            _____           ;计算2X
```

```
                     _____         ;计算 2X+4
         SAVE:  MOV      Y,AX

                     _____
                INT      33              ;退出
                CODE     ENDS
                END      START
```

4. 在_____行为指令加中文注释。程序的功能是,从自然数 1 开始累加,直到和值大于 50 为止,统计被累加的自然数的个数,并将个数存入 N 单元,和值存入 SUM 单元。

```
                DATA     SEGMENT
                N        DW    ?
                SUM      DW    ?
                DATA     ENDS
                CODE     SEGMENT
                ASSUME   CS:CODE,DS:DATA      ;填空 1 _____
         START: MOV      AX,DATA
                MOV      DS,AX                ;填空 2 _____
                MOV      AX,0                 ;AX 存放累加的和值,初值是 0
                MOV      BX,1                 ;第 1 个自然数 1
                MOV      CX,0                 ;CX 存放自然数的个数,初值是 0
         NEXT:  ADD      AX,BX
                INC      CX                   ;自然数的个数加 1
                INC      BX                   ;填空 3 _____
                CMP      AX,50                ;填空 4 _____
                JLE      NEXT                 ;填空 5 _____
                MOV      N,CX
                MOV      SUM,AX               ;填空 6 _____
                MOV      AH,76
                INT      33                   ;填空 7 _____
                CODE     ENDS
                END      START
```

5. 在_____行为指令写出中文注释。程序用于统计变量 X 有多少个 1,结果存入 Y。首先将数据 X 存入 CX 寄存器,然后通过"SHL CX,1"指令将 CX 的最高位向左(向前)移动 1 位,即移入进位标志位 CF 中,采用 JNC 指令检查 CF 是否是 1,若是 1,AL 寄存器加 1,循环检查 CX 的每一位是否是 1。当 CX＝0 时,结束检查,并将统计结果存入 Y 中。

```
                DATA     SEGMENT              ;填空 1 _____
                X        DW   1001110010100110B  ;填空 2 _____
                Y        DB   ?               ;填空 3 _____
                DATA     ENDS                 ;填空 4 _____
                CODE     SEGMENT              ;填空 5 _____
```

```
        ASSUME   CS:CODE,DS:DATA
START:  MOV      AX,DATA
        MOV      DS,AX
        MOV      CX,X              ;X→CX
        XOR      AL,AL             ;填空 6 _____
NEXT:   JCXZ     SAVE              ;若 CX=0,则跳到 SAVE 行
        SHL      CX,1              ;填空 7 _____
        JNC      NEXT              ;填空 8 _____
        INC      AL                ;填空 9 _____
        JMP      NEXT              ;填空 10 _____
SAVE:   MOV      Y,AL
        MOV      AH,4CH
        INT      21H
        CODE     ENDS
        END      START
```

四、问答题和编程题

1. 什么是伪指令(指示性语句)、执行指令(指令语句)？各写出一条指令。
2. 如何从 ASM 文件得到 EXE 文件？
3. 计算 2+4+…+98+100,并将结果存入 AX 寄存器。
4. 在屏幕中显示 26 个大写字母,要求用 33 号中断服务程序的 2 号子功能,即每次输出一个字母。
5. 从键盘中输入两个 0~9 的整数,计算两数之和,并将结果存入数据段。

第 5 章 总线技术

本章介绍总线的基本概念、分类、结构、性能指标、常用标准及应用。

5.1 总线的基本概念

总线(bus)是计算机传输信息的公共通路,包括一组传输线和相关的控制电路。信息通过总线传送,任一时刻,只能有一个部件或设备使用总线发送数据,其他部件或设备接收数据。

5.1.1 总线的分类

总线可按不同的标准分类,如图 5.1 所示。

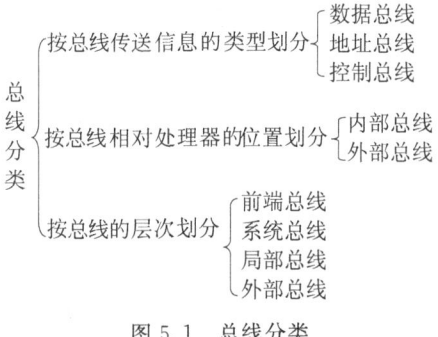

图 5.1 总线分类

1. 按总线传送信息的类型划分

总线可根据传送信息的类型分为数据总线、地址总线、控制总线。

用于传送数据信息的总线称为数据总线(data bus,DB)。用于传送存储单元地址或输入输出端口地址的总线称为地址总线(address bus,AB)。用于传送控制信号的总线称为控制总线(control bus,CB)。

2. 按总线相对处理器的位置划分

根据总线相对处理器或其他芯片的位置,可将总线分为内部总线、外部总线。

内部总线在处理器内部,用于寄存器之间、算术部件与控制部件之间传输信息。外部总线在处理器之外,用于处理器与内存或外部设备之间传输信息,如 USB 总线、IEEE 1394 总线等。

3. 按总线的层次划分

根据总线的层次结构,可将总线分为前端总线(也叫处理器总线)、系统总线、局部总线、外部总线。

前端总线是处理器芯片的引脚线,用于处理器与外界连接,是处理器与外围芯片之间的连线,用于芯片级的互连。

系统总线是系统主板与插件板之间的连接线,用于连接主板上的各个插件板,如 ISA 总线、EISA 总线、PCI 总线等。

局部总线只出现在 80386 以后的微机系统中,是处理器总线与系统总线之间的连接线,如 PCI 总线。

外部总线是主机与外设之间的连接线,通过外部总线与外部设备交换信息。外部总线有 USB、IEEE 1394 等。

5.1.2 总线的结构

总线的结构很大程度上取决于计算机的系统结构。依据计算机的系统结构,总线有单总线结构、双总线结构和多总线结构。目前采用多总线结构。

1. 单总线结构

单总线结构如图 5.2 所示,仅有一组总线连接计算机系统的各个功能部件,即都挂在一组总线上,部件之间通过这组总线传送信息。

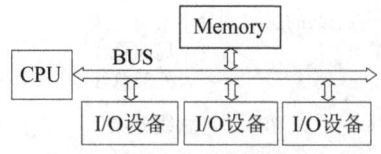

图 5.2 单总线结构

单总线允许输入输出设备(I/O 设备)之间、输入输出设备与存储器之间直接交换信息,只需处理器分配总线的使用权,无需处理器干预信息交换。由于各部件共用一组总线,所以只能分时使用总线。其缺点是,一组总线连接全部的系统部件,总线负载重,吞吐量达到饱和,甚至不能负担。高速存储器与低速的输入输出接口竞争总线,影响存储器的读写速度。

2. 双总线结构

双总线结构有两组总线,用于处理器与存储器之间、I/O设备之间传输信息。双总线结构有面向处理器、面向存储器两种类型。

1) 面向处理器的双总线结构

面向处理器的双总线结构如图5.3所示。一组总线连接处理器和存储器,称为存储总线(M总线),另一组总线连接处理器和输入输出设备,称为输入输出总线(I/O总线),各种输入输出设备(简称I/O设备或外设)通过接口连接I/O总线。当外设与主存交换信息时仍占用处理器,影响处理器的效率。

2) 面向存储器的双总线结构

面向存储器的双总线结构如图5.4所示。在单总线的基础上单独开辟了处理器与存储器之间的通路,称为存储总线,这组总线速度高,只供存储器与处理器之间传输信息,可提高传输效率,减轻系统总线负担。外设与存储器交换信息不经过处理器。

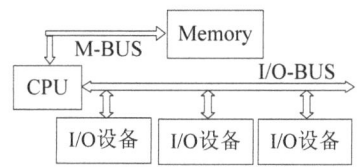
图5.3 面向处理器的双总线结构

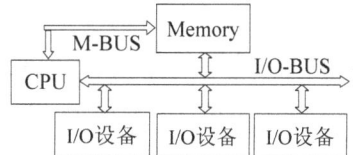
图5.4 面向存储器的双总线结构

3. 多总线结构

多总线结构有两组以上的总线。目前计算机采用多总线结构,如图5.5所示。多总线包括前端总线、PCI总线、AGP总线、ISA总线等。不同类型的设备连接不同的总线,兼顾速度和成本的要求。速度较快的部件连接带宽高的总线,如PCI总线用于连接高速设备。速度较低的部件连接低速总线,如ISA总线用于连接低速设备。

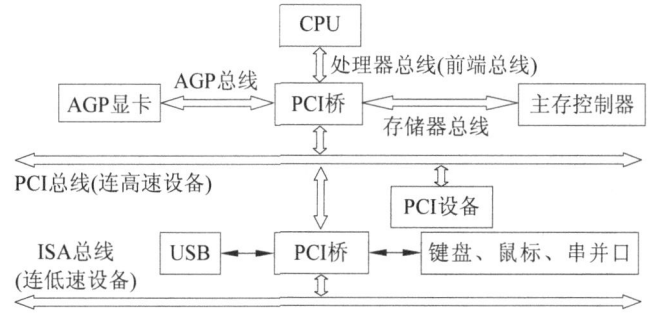
图5.5 多总线结构

第5章 总线技术

5.1.3 总线的基本功能及性能指标

计算机的各部件通过总线传输信息。发送数据的部件称为源部件或主部件、主设备、主模块,接收数据的部件称为目的部件或从部件、从设备、从模块。

1. 总线的基本功能

总线的基本功能包括仲裁控制、传送数据、驱动隔离、出错处理。

仲裁控制:需要使用总线的主部件向总线仲裁部件提出占用总线的请求,经总线仲裁部件判别确定,把下一次总线的使用权分配给申请者。只有一个总线主部件的简单系统,无需申请总线。

传送数据:获得总线使用权的主部件向从属部件传输数据。数据由主部件发出,经数据总线传给从属部件。对于读操作,主部件是存储器或输入输出接口,从属部件是总线主控设备,如处理器。对于写操作,主控部件是总线主控设备,如处理器,从属部件是存储器或输入输出接口。

驱动隔离:能驱动使用总线的部件,隔离不使用总线的部件。

出错处理:数据传送过程中可能产生错误,总线应具有错误检验电路和纠错电路。

下面详细说明总线的4个基本功能。

1) 仲裁控制

同一时刻只能有一个主部件利用总线传输数据,当系统有多个主部件同时申请总线使用权时,为避免冲突,由总线仲裁(控制)部件负责控制,按照优先级决定让哪个主部件获得总线的使用权。

总线优先级的判别方式有两种:集中控制、分散(分布)控制。总线控制电路集中在一起的称为集中控制。总线控制电路分散在总线各个控制部件的称为分散控制。

集中式的总线仲裁方式有链式查询方式、计数器定时查询、独立请求方式等。

(1) 链式查询方式。

链式查询方式如图5.6所示,有3根控制线。

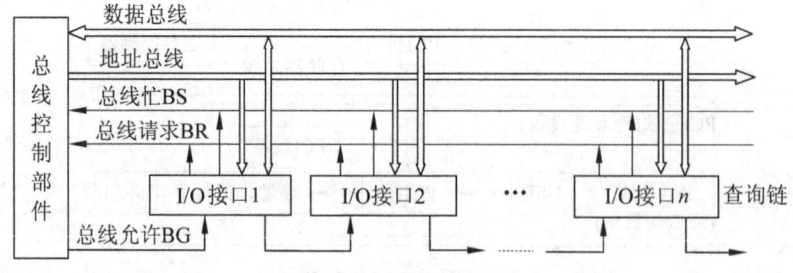

图5.6 链式查询方式

BR(bus request)是总线请求信号,有效时表示至少有一个外设请求使用总线。
BG(bus grant)是总线允许信号,有效时表示总线控制部件响应外设的总线请求。
BS(bus busy)是总线忙信号,有效时表示总线正在被某外设使用。

当某个主设备需要使用总线时,通过 BR(总线请求线)发出请求,总线控制部件通过 BG(总线允许线)响应,BG 采用串联方式传递,即 BG 传到某个设备时,若该设备无总线请求,则允许 BG 信号往下传;若该设备请求总线使用权,则封锁 BG 信号,不再往下传,该设备获得总线使用权,使 BS 有效。I/O 接口 1～I/O 接口 n 链形成优先级队列,离总线控制部件最近的接口(设备)优先级最高,离总线控制部件最远的接口(设备)优先级最低。

链式查询方式的优点是:用很少几根线实现按优先次序仲裁总线,易扩充设备。其缺点是:对查询电路故障敏感,如果与第 i 个设备接口关联的电路有故障,第 i 个以后的设备都不能工作。因查询链的优先级固定,如果优先级高的设备频繁请求总线,则优先级低的设备长期不能使用总线。

(2) 计数器定时查询。

计数器定时查询方式如图 5.7 所示。总线控制部件收到 BR 送来的总线请求信号后,如果总线未被使用(BS 无效),计数器开始计数,计数值作为地址信息发给各个主设备,当某个有总线请求设备的地址与计数值相同时,获得总线控制权,BS 置为有效,停止计数。

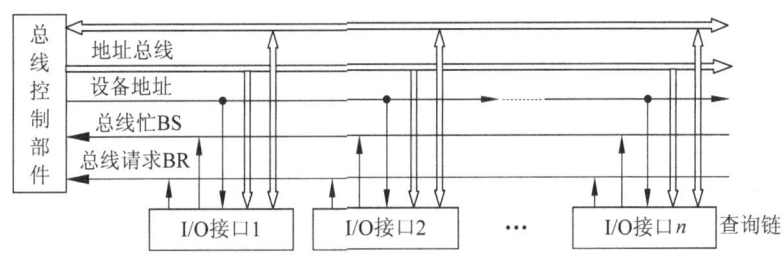

图 5.7 计数器定时查询方式

计数器定时查询的优点是:可以通过程序设定计数器的初值,易改变各设备的优先次序。计数可从 0 开始,此时设备优先次序固定。也可从终止点开始计数,是一种循环方法,此时设备使用总线的优先级相等;计数器可以预置为某个值,可以改变主设备优先顺序。其缺点是:对电路故障不如链式查询敏感,需要增加主控制的线(设备地址)数。

(3) 独立请求方式。

独立请求方式如图 5.8 所示。每个主设备均有一对独立的 BR_i、BG_i 控制线,总线控制部件内部有一个排队电路,根据优先次序确定响应哪个设备。

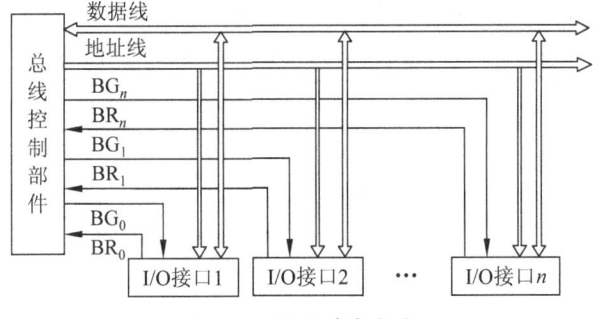

图 5.8 独立请求方式

独立请求方式的优点是：响应快，无需逐个查询设备，可灵活控制优先次序，预先固定或通过程序改变优先次序，还可禁止(屏蔽)请求，不响应无效设备的请求。其缺点是增加了控制线的数量和控制复杂度。

分散控制按照优先级策略仲裁，无需总线仲裁(控制)部件，每个主部件都有自己的仲裁号和仲裁部件。当它们有总线请求时，把它们的仲裁号发送到共享仲裁总线上，每个仲裁部件将仲裁总线上的号与自己的号比较，如果仲裁总线上的号大，不响应它的总线请求，撤销它的仲裁号，仲裁总线保留获胜者的仲裁号。

2) 传送数据

获得总线使用权的主部件可以采用3种方式传送数据：同步方式、异步方式、半同步方式。

(1) 同步方式。

同步传送方式由统一的时钟控制数据传送。发送数据和接收数据的信号都在固定时刻发送，即数据的发送、接收同时进行，由公用时钟控制。通常，控制数据收发的时钟由处理器的总线控制部件发出，送给总线的所有部件。

同步方式简单、可靠，由单一信号控制数据的传送。其缺点是不适合高速、低速部件并存的系统，因总线按照最低速设备的速度运行，降低了整个系统的操作速度。

(2) 异步方式。

异步传送方式适合高速、低速部件并存的系统。该方式不通过固定时钟控制，而是采用请求、应答信号，即采用应答方式(又称握手方式)控制数据的传送。要求在主、从部件之间增加两条应答线，主部件发出请求信号 request，从部件发出响应信号 acknowledge。因为数据发、收不同时(不同步)，所以异步方式存在传输时间的延迟。

(3) 半同步方式。

同步传送方式不适合高速部件、低速部件并存的系统，异步传送方式的时间延迟限制了最高频带宽度。半同步方式(混合式)结合了同步、异步的优点。

半同步方式在固定时刻发送、接收数据，发送间隔可变，间隔时间是时钟周期的倍数。半同步方式依靠公共时钟同步产生控制信号和状态信号，不固定数据的发送、接收时机。

半同步传送方式结合了同步、异步的优点，适合系统工作速度不高、各类部件速度差异较大的简单系统。

3) 驱动隔离

总线的驱动与隔离用于驱动或隔离连到总线的部件。同一时刻只能有一个部件使用总线发送数据，必须隔离不发送数据的部件，如图5.9所示。

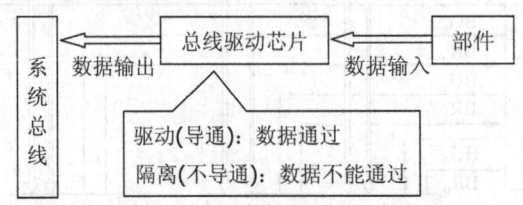

图5.9 总线的驱动与隔离示意图

总线连接了多个外设接口,每个接口电路从总线吸收电流。通常采用总线驱动芯片(如三态门驱动器、锁存器等)实现驱动。三态门驱动器可以驱动、隔离总线部件。锁存器可以驱动、缓存信息。

由于总线驱动器的驱动能力有限,因此扩充外设接口时,通常限制一个部件可带 1~2 个低功耗负载。为减轻总线负载,通常采用缓冲器隔离外设的接口电路。

4)出错处理

数据传送过程中可能产生错误,总线要有发现和纠正错误的功能。为了发现错误,在数据中增加一些冗余位,它与数据存在某种特殊关系。若收到的数据存在这种特殊关系,则表示接收正确;若不存在这种关系,则表示接收出错。例如,在数据中增加偶校验冗余位,偶校验位可以是 0 或 1,保证数据 1 的个数是偶数,如在 0101001 的前面添加 1,得到数据 10101001,该数有 4 个 1,1 的个数是偶数。接收部件检查收到的数据,识别 1 的个数是否为偶数,是偶数时表示接收正确,否则表示接收错误。处理错误的方法是:接收部件的自动纠错电路根据错误状态采用某种算法纠正错误。若接收部件没有自动纠错电路,可在发现错误后发出"数据出错"信号,让处理器处理错误,处理器发出中断请求信号,响应中断即转入错误处理程序。

2. 总线的性能指标

总线的性能指标主要有 3 个:总线位宽、总线带宽、总线工作频率。这 3 个指标存在联系。

总线位宽是总线能同时传送的数据位数,如 16 位、32 位、64 位等。总线带宽是单位时间内总线传送的数据量,即每秒钟传送多少字节(如 MB/s)。总线工作频率也叫总线时钟频率,它是总线时钟信号频率,以 MHz 为单位。总线工作频率越高,总线工作速度越快,即总线带宽越宽。

当工作频率一定时,总线带宽与总线位宽成正比。总线带宽(数据传输率)的计算公式如下。

$$总线带宽 = (总线位宽/8) \times 工作频率$$

假设处理器的工作频率为 66MHz、总线位宽为 32 位,若每个时钟传送一次数据,则总线带宽 $= 32/8 \times 66 = 264$MB/s,即每秒传送 264MB。

5.2 常用的总线标准

总线标准是国际正式公布或推荐的计算机系统各模块互连的标准,是各种不同模块组成计算机系统(或计算机应用系统)必须遵守的规范。总线标准对总线插座的尺寸、引脚数目、各引线的含义、时序等有统一规定。制造商按照总线标准生产各种插件板。用户根据需要选用插件板,将其插入主机的总线插槽,构成系统。采用总线标准可为计算机接口的软硬件设计提供方便。

总线标准包括:

（1）机械规范。规定尺寸、总线插头、边沿连接器的规格等。

（2）功能规范。规定引脚名称、功能、引脚的相互作用等，是总线标准的核心，通常包括4项内容：①数据线、地址线、读写控制线、时钟线、电源线、地线等；②中断机制；③总线仲裁；④应用逻辑，如联络线、复位、自启动、休眠维护等。

（3）电气规范。规定信号的电位、负载能力、最大额定值、动态转换时间等。

5.2.1 系统总线

系统总线是机箱内的底板总线，也称板级总线、内总线或输入输出通道总线，用于连接功能部件或插件板（如输入输出接口卡或输入输出适配器等），构成计算机系统。系统总线有 ISA 总线、EISA 总线、PCI 总线等。

1. ISA 总线

ISA 是 industrial standard architecture（工业标准结构）的缩写，是早期的总线，如图 5.10 所示，它是现代个人计算机的基础。当今的计算机不保留或仅保留一个 ISA 插槽。

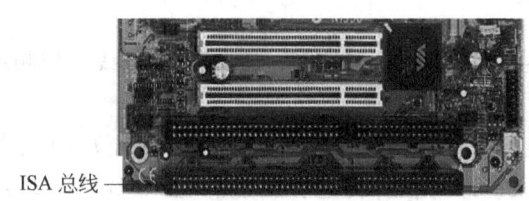

图 5.10　ISA 总线

2. EISA 总线

EISA（extended industry standard architecture，扩展工业标准结构）是扩展的 ISA 总线，完全兼容 ISA。EISA 插槽可插接 ISA 插卡或 EISA 插卡，适用于 80286～80486 微机，Pentium（奔腾）及以后的处理器不支持 EISA 总线。

3. PCI 总线

PCI（peripheral component interconnect，外围部件互连标准）是当前广泛使用的局部总线，使外设之间、外设与主机之间能高速传输数据，便于高速传输多媒体信息，确保图像、声音等多媒体信息连续显示、播放，不出现间断现象，适应多媒体信息的实时性。PCI 是目前计算机插卡式外设总线的事实标准。

PCI 总线插槽如图 5.11 所示，一般为白色，按照数据宽度划分为 32 位、64 位两类。计算机主板上有若干个 PCI 总线插槽，用于插接 PCI 设备，如 PCI 声卡、PCI 显卡、PCI 网卡、电视卡、PCI 视频采集卡、硬盘接口（IDE 卡）等。

PCI-X 总线是 PCI 总线的改良版或升级版，兼容 PCI。PCI-X 有更多的接线针脚，增加了扩充槽的长度,外观与 64 位的 PCI 总线差不多。PCI-X 采用 64 位宽度传送数据,它的传输通信协议、讯号和标准接头格式等都与 PCI 兼容。

图 5.11　PCI 总线插槽

例 5.1　假设 PCI 总线的工作频率是 33MHz,分别算出 32 位、64 位 PCI 总线的传输率。

解：32 位 PCI 总线的传输率=33×32÷8=132MB/s。

　　　64 位 PCI 总线的传输率=33×64÷8=264MB/s。

1) 系统结构与连接方式

典型的单 PCI 系统结构如图 5.12 所示,图中的 PCI 桥是桥接电路,起连接作用。与处理器连接的 PCI 桥称为北桥(north bridge)或主桥(host bridge)。与标准总线连接的 PCI 桥称为南桥(south bridge)。

北桥也称为图形/主存控制器,是与处理器联系的桥梁,用于部件之间的数据传送,如处理器与 PCI 设备之间的数据传送,PCI 设备也可以通过主桥访问主存储器。随着处理器技术的提高,北桥的功能正逐步集成到处理器中。

南桥(south bridge)也称为输入输出控制器,可将 PCI 总线转换为标准总线(如 ISA、EISA 等),以便支持以前的 ISA 设备或挂接低速设备(如打印机、传真机、扫描仪、modem 等)。

PCI 总线的电气特性决定了在一条 PCI 总线上只能挂接有限的负载,当 PCI 总线需要连接多个 PCI 设备时,可以使用 PCI 桥扩展出新的 PCI 总线,如图 5.13 所示。扩展出的 PCI 总线可以连接 PCI 设备、PCI 桥(PCI 桥可看成是特殊的 PCI 设备)。每一个 PCI 桥可以继续推出新的 PCI 总线。在一个 PCI 总线树上,最多可以挂接 256 个 PCI 设备(包括 PCI 桥)。

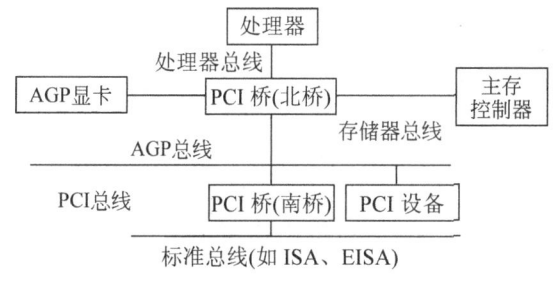

图 5.12　典型的单 PCI 系统结构

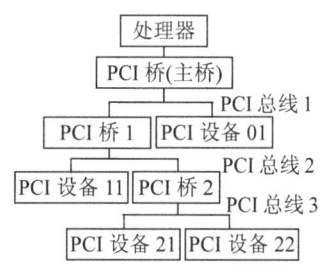

图 5.13　使用 PCI 桥扩展 PCI 总线

2) 数据的传输方式

PCI 总线在同一时刻只能供一对设备传输数据,由仲裁机构(arbiter)决定哪个设备获得 PCI 总线的主控权,获得者称为主设备(master 或 initiator),是读写请求的发起者,被主设备选中的设备称为从设备或目标设备(target 或 slave),接收来自主设备的读写请求。设备之间在同一条 PCI 总线上传输数据不会影响其他的 PCI 总线。

3) 主要特点

(1) PCI 总线独立于处理器,不依附具体的处理器,任何处理器都可以使用,适用多种机型。将处理器与外设分开,用户可随意增添外设,不会降低系统性能。通过转换 5V、3.3V 工作环境,适合多种机型,如台式机、便携式计算机、服务器等。目前 PCI 设备大多采用 32 位数据总线,PCI 规范中已经给出 64 位的扩展实现,使 PCI 总线能够更好地实现平台无关性。

(2) 即插即用(plug and play)。当有新的接口卡插入 PCI 总线插槽时,系统自动识别并装入相应设备的驱动程序,使之立即可用。

(3) 提供奇偶校验功能,保证及时、完整、准确地传输数据。PCI 总线的工作频率一般为 25~33MHz,有些甚至达到 66MHz 或 133MHz,64 位系统达到 266MHz。

(4) 可以有多个总线主控器。同一条 PCI 总线可以有多个总线主控器(主设备),各主控器通过 PCI 总线请求信号竞争总线的控制权。

4. AGP 总线

AGP(accelerated graphics port,加速图形接口)是 Intel 公司推出的新一代显示卡专用局部总线,目的是提高计算机显示三维图形的能力。AGP 出现之前,几乎所有显卡都采用 PCI 总线接口,随着 3D 图形要求的提高,PCI 显卡已不能满足要求。微机只支持一个 AGP 插槽,一般为灰色。

图 5.14 是 AGP 接口的系统结构。AGP 总线直接与主板的北桥芯片连接,使显卡与系统主存有一条通路,能够点对点传输,主存中的三维图形数据可以直接送入显示子系统,快速显示 3D 图形。

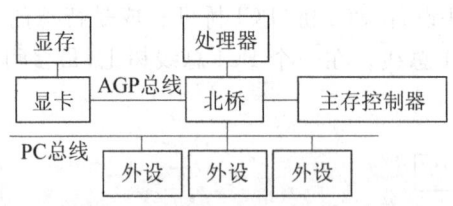

图 5.14 AGP 接口的系统结构

AGP 接口经历了 AGP1.0(AGP1X、AGP2X)、AGP2.0(AGP Pro、AGP4X)、AGP3.0(AGP8X)等发展历程,工作频率有 66.6MHz、133MHz 或更高。1X 表示每周期传送 8 个 32 位数据,AGP1X 的数据传输率仅为 266MB/s,AGP8X 达到 2.1GB/s。

5.2.2 外部总线

外部总线也叫机外总线或用户总线,用于外设连接计算机。常见的外部总线有

USB、IEEE 1394 等。

1. USB

USB(universal serial bus,通用串行总线)是一种串行总线标准,用于主机连接外设(如鼠标、键盘、打印机、移动硬盘等)。

早期计算机采用串行接口或并口接口连接外设,一个接口仅支持一个设备,每添加一个新设备,需要添加一个 ISA 卡或 PCI 卡,还需重新启动计算机,才能驱动新设备。

目前,USB 经历了 USB 1.0～USB 3.1 的发展历程。USB 3.1 的传输速率达到 10Gb/s(或写成 640MB/s)。在实际设备应用中,USB 3.0 或 USB 3.1 称为 USB super speed。USB 1.0 的传输速率为 1.5Mb/s(或写成 192KB/s),称为 full Speed。USB 2.0 的传输速率为 480Mb/s(60MB/s),称为 high speed。USB 3.0 的传输速率为 5.0Gb/s (640MB/s)。

1) USB 的特点

(1) 降低设备(如鼠标、键盘、打印机等)对标准端口的需求。一个 USB 系统可以只有一个端口,使用一个中断,节省系统资源。

(2) 支持即插即用(plug and play,pnp)。当插入 USB 设备时,计算机系统检测该设备,自动加载相关的驱动程序,使其正常工作。

(3) 允许带电(热)插拔(hot plug)。不必关闭计算机,可安全插拔 USB 设备。

(4) 为连接到 USB 接口的部件提供多种供电方式,如通过电缆、电池、其他电力或两种供电方式组合供电,支持节约能源的挂机和唤醒模式。

(5) 提供多种数据传送类型和传输速率,适应不同类型的外设。

(6) 连接能力强。可以采用多层发射状的连接结构,一个 USB 系统最多可连接 127 个外设。

(7) 容错性能强。协议中规定了出错处理和差错恢复机制,可以认定有缺陷的设备、报告或恢复错误数据。

2) USB 系统的拓扑结构

USB 系统采用多层(树形)拓扑结构的连接方式,如图 5.15 所示。USB 系统分两部分: USB 主机、USB 设备。

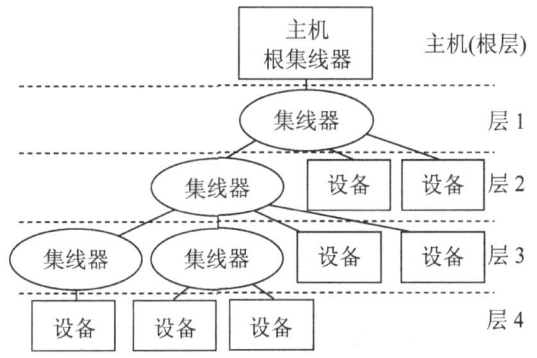

图 5.15 USB 系统的多层连接结构

USB 主机由 USB 硬件、驱动程序组成。整个微机只能有一个 USB 主机。微机与 USB 的接口称为主机控制器(host controller,主控制器),被集成在主板的芯片组里,用于控制整个 USB 设备。

USB 设备包括功能设备(function)、集线器(hub)。功能设备(如鼠标、键盘、打印机、扬声器等)可以通过 USB 总线收发信息,为主机提供附加功能。集线器用于提供附加的 USB 接入点。一个集线器有一个上连端口和若干个下连端口,上连端口用于连接主机或上级集线器,每个下连端口可以连接一个下级集线器或设备,通过集线器形成 USB 总线的多级(层)连接。

与主机控制器相连的集线器称为根集线器(root hub)。一个 USB 系统只能有一个根集线器,通过根集线器完成传输初始化和设备接入。

USB 使用 7 个二进制位(7 位)保存地址,USB 主机控制器保留一个地址,通过集线器可以构建多层发射状的连接结构,使 USB 接口最多可连接 127(2^7-1)个外设。

2. IEEE 1394

IEEE 1394 又称火线(fire wire),是一种串行接口标准,属于连接外设的机外总线,用于计算机与家电连接,如数码相机、DVD 播放机、视频电话等,也可以连接硬盘、扫描仪、打印机等。

IEEE 1394 有 IEEE 1394/A、IEEE 1394/B 两种标准。IEEE 1394/A 标准接口的数据传输速率理论上达到 400Mb/s。IEEE 1394/B 的传输速率理论上达到 800Mb/s。IEEE 1394/B 正在推出 1600Mb/s 的传输速率。在 200Mb/s 下可以传输不经压缩的高质量数据电影。

1) IEEE 1394 的特点

(1) 纯数字接口。IEEE 1394 是纯数字接口,不必将数字信号转换成模拟信号,造成无谓损失。

(2) 采用级联方式连接各个外设。外设之间采用树形或菊花链结构,可达 16 层。一个 IEEE 1394 接口最多可连接 63 台外设。fire wire 400 通过电线传输数据的最大距离是 4.5m。fire wire 800 使用专业玻璃纤维,最长的传输距离达到 100m。

(3) 安装方便,易使用。支持外设即插即用和带电插拔。增加或拆除外设后,IEEE 1394 会自动调整拓扑结构,重设各种外设的网络状态。

(4) 设备之间的关系平等。任何两个支持 IEEE 1394 的设备都可直接连接,无需计算机控制,关闭计算机,仍可将 DVD 播放机与数字电视连接。

(5) 能向连接的设备提供电源。IEEE 1394 的连接电缆共有 6 条芯线(1 根电源线、1 根地线、4 根数据线),电源电压是 8~40V 直流、最大电流 1.5A,可向连接的设备提供电源,不必为每台设备配置独立的供电系统。

(6) 采用基于内存的地址编码,具有高速的传输能力。总线采用 64 位地址宽度(10 位网络 ID、6 位节点 ID、48 位内存地址),将外设看作寄存器或内存单元,可以按照处理器与内存之间的传输速率进行读写操作,保证多媒体数据"准实时"传输,避免图像、声音出现时断时续现象。

2) IEEE 1394 与 USB 的比较

USB 和 IEEE 1394 都是多媒体计算机的外设接口标准。从性能上看,USB 不如 IEEE 1394。USB 的优势是价格低。USB 主要用于连接中低速外设,应用局限于个人计算机领域。IEEE 1394 传输速率高,连接高速外设、数字化家电设备等,尤其适合连接高档视频设备。

(1) IEEE 1394、USB 的相似性。

① 都属于串行外设总线,通过级联结构可连接多台设备。

② 都提供即插即用及带电插拔功能。

③ 支持同步传输模式,适合实时处理多媒体数据,确保实时播放。

(2) IEEE 1394、USB 的主要差别。

① IEEE 1394 的拓扑结构中,不需要集线器就可连接 63 台设备,并且可以用网桥再将独立的设备子网连接起来。IEEE 1394 并不强制用计算机控制这些设备,即各种设备可以独立工作。在 USB 的拓扑结构中,必须通过集线器实现多重连接,而且一定由计算机做总控制。

② 增减外设时,IEEE 1394 自动重新设置网络,有短暂网络等待状态。USB 网络中,由集线器判断连接设备增减,减少网络动态重新设置。

习　　题

一、选择题

1. _____是计算机各部件传输信息的通路。
   (A) 总线　　　　(B) 主板　　　　(C) I/O 设备　　　(D) 存储器
2. 同一时刻_____控制总线。
   (A) 只能有一个从部件　　　　　(B) 只能有一个主部件
   (C) 有多个主部件　　　　　　　(D) 只能有一个主部件和一个从部件
3. 多个部件同时申请使用总线时,总线仲裁部件根据_____决定让哪个部件使用总线。
   (A) 申请先后顺序　(B) 优先级　　　(C) 设备价格　　　(D) 设备速度
4. _____功能用于驱动连至总线的部件。
   (A) 数据传送　　　(B) 仲裁控制　　(C) 总线驱动　　　(D) 出错处理
5. _____是单位时间内总线传送的数据量。
   (A) 总线的带宽　　　　　　　　(B) 总线的位宽
   (C) 总线的工作频率　　　　　　(D) 总线的时钟频率
6. 系统总线也叫_____。
   (A) I/O 通道总线　(B) 板级总线　　(C) 内总线　　　　(D) A、B 或 C
7. 系统总线用于连接_____。

(A) 处理器内部的运算器和寄存器 (B) 主机系统板的所有部件
(C) 主机系统板的各个芯片 (D) 系统的所有设备或功能模块

8. 地址总线传输的信息是_____。
    (A) 内存的地址 (B) 外设的地址
    (C) 外存的地址 (D) 存储器或外设的地址

9. 串行总线主要用于连接_____。
    (A) 主机与外设 (B) 主存与处理器
    (C) 运算器与控制器 (D) 处理器内的各部件

10. _____是直接由处理器引脚引出的总线,是处理器与外界的连接线。
    (A) 局部总线   (B) 外部总线   (C) 系统总线   (D) 前端总线

11. _____是串行外部总线。
    (A) PCI   (B) ISA   (C) USB   (D) AGP

12. IEEE 1394 是一种_____接口,称为数码影像设备的接口标准。
    (A) 串行   (B) 并行   (C) A/D   (D) D/A

13. _____是图形显示卡专用总线。
    (A) ISA   (B) EISA   (C) PCI   (D) AGP

14. 适应图像、声音实时播放的总线是_____。
    (A) ISA   (B) VL-BUS   (C) PCI   (D) AGP

15. PCI 可以插接_____。
    (A) PCI 声卡 (B) PCI 网卡
    (C) IDE 卡(硬盘接口) (D) A、B 或 C

二、填空题

1. 计算机各部件传输信息的通路叫_____,它是_____。根据传送信息的类型,总线分为_____、_____、_____。多总线结构是系统具有_____组总线。

2. 总线的基本功能包括_____、_____、_____、_____。

3. 通过总线发送数据的部件叫_____,接收数据的部件叫_____。只能有 1 个_____控制总线传输数据,当系统有_____个部件同时申请使用总线时,按照_____确定让哪个部件获得_____的使用权。

4. 源部件向目标部件传送数据可采用 3 种方式:同步、_____、_____。_____方式是数据的_____、_____同时进行,由_____控制。_____方式发收信息不是同时进行,采用_____、_____信号控制。

5. 总线出错处理包括_____、_____。总线的隔离与驱动功能是指_____的部件。同一时刻只能有_____个部件发送数据到总线,需要_____不发送数据的部件,_____发送数据的部件。

6. 总线的性能指标主要包括_____、_____、_____。_____是总线能同时传送的数据位数,如 16 位。_____是单位时间内总线传送的数据量,即每秒_____。总线的工作频率是协调总线各种操作的_____,频率越高,总线的工作速度

_____,即总线带宽_____。

7. 假设处理器的工作频率是 66MHz,总线位宽是 32,总线带宽(数据传输率)的计算公式是_____,计算结果是_____,即每秒传送_____。

8. 总线标准是指_____,是_____时必须遵守的规范。总线标准的内容包括_____、_____、_____等。

9. AGP 是_____的专用总线。PCI 总线可以_____传输多媒体信息,确保图像、声音等_____显示播放,不出现_____现象。

10. 外部总线也叫_____,用于计算机主机连接_____。常见的外部总线有_____、_____等。USB、IEEE 1394 都是_____行总线。IEEE 1394 又称_____。

三、问答题

1. 什么是总线?简述总线的 4 项基本功能。
2. 总线的主要指标是什么?如何计算总线的带宽?
3. 什么是系统总线?请写出几种常用的系统总线。
4. 什么是外部总线?请写出几种常用的外部总线。
5. 什么是 USB 总线、PCI 总线、AGP 总线?它们各自的用途和特点是什么?

 章 存储器

本章介绍存储器的分类、与系统的连接方式、管理技术、扩充方式等内容。

6.1 概　　述

存储能力是计算机的重要指标。存储器有多种类型,如外存(磁盘、光盘等)、内存(主存)、高速缓存(Cache)等,它们的用途、材料、容量、速度各不相同。一种存储器不能同时满足速度、容量、成本等要求,需由多种类型的存储器通过一定方式构成存储系统。

6.1.1 存储层次

如图 6.1 所示,从外存到处理器内部的寄存器,存取速度由慢到快、容量由大到小,各自的特点如下。

外存	主存	高速缓存	处理器内部的寄存器
容量大→容量小			
速度慢→速度快			

图 6.1　存储层次

(1) 寄存器在处理器的内部,其数量有限,存取速度最快。32 位微处理器中有 8 个 32 位通用寄存器,64 位微处理器的通用寄存器增加到 16 个(64 位)。寄存器用于存储当前正执行的指令、被处理的数据、当前状态等。

(2) 高速缓存位于 CPU 与主存之间、容量远远小于内存,速度可与处理器的速度匹配。配置高速缓存可提高系统的运行速度。

(3) 内存(主存)也叫用户存储器,容量大,用于存放正在执行的程序、被处理的数据等。处理器可直接读/写内存。

(4) 外存(磁盘、光盘等)容量最大,用于存放文件等,如程序文件、数据文件。处理器

读写外存须通过内存。

6.1.2 主要指标

存储器的主要指标包括存储容量、存取速度、可靠性、功耗等。

1. 存储容量

存储容量是存储器的存储单元总数。存储容量越大,计算机处理信息的能力越强。存储容量通常以字节表示,常用的单位有字节(byte,B)、千字节(kilobyte,KB)、兆字节(megabyte,MB)、吉字节(gigabyte,GB)等。$1KB=2^{10}B=1024B$,$1MB=2^{10}KB$,$1GB=2^{10}MB$,$1B=8b$。

存储芯片的存储容量可用"存储单元的个数×每个存储单元的位数"表示。例如,某存储芯片的容量是$8K×1b$,表示有8K个存储单元($1K=1024$),每个单元能存储1位(1bit)数据。制造商提供不同容量的存储芯片,用户根据需要选用,确定所需的存储容量后,选用大容量的芯片,可减少芯片的数量,简化电路连接,降低功耗。

2. 存取速度

通常用存取时间、存取周期衡量存储器的存取速度。存取时间、存取周期越短,存取速度越快。

存取时间又称为访问时间或读写时间,是一次读或写存储器所需的时间。处理器读写存储器时,读写时间必须大于存储芯片的额定存取时间,否则无法读写。外存的存取时间是ms(毫秒)级,硬盘的平均存取时间是9~10ms,光盘的存取时间是80~120ms。内存、高速缓存的存取时间是ns(纳秒)级,高速缓存的存取时间是1~5ns,主存(内存)的存取时间是7~15ns。

存取周期是连续两次独立读或写存储器所需间隔的最小时间。存取周期往往大于或等于存取时间。

3. 可靠性

可靠性是指在规定时间内无故障读或写存储器的概率,通常用平均无故障时间(mean time between failures,MTBF)衡量可靠性。MTBF可以理解为两次故障之间的平均时间间隔,单位是小时。间隔越长,说明存储器的性能越好。目前,半导体存储芯片的平均故障间隔时间为$5×10^6 \sim 1×10^8$h。

4. 功耗

功耗反映存储器的耗电量和发热程度。功耗越小,稳定性越好。使用低功耗的存储芯片构成所需的存储容量,可减少电源容量,提高稳定性、可靠性。

6.2 半导体存储器

半导体存储器是存储二值(如0、1)信息的大规模集成电路,按存取方式分为随机存取存储器(RAM)和只读存储器(ROM)。RAM按制造工艺分为双极型和MOS型(metal-oxide-semiconductor,金属氧化物半导体,也叫晶体管),如图6.2所示。

图 6.2 半导体存储器的分类

6.2.1 只读存储器

ROM(read-only memory)称为只读存储器,其中的信息事先固化,只能读出,断电后信息不丢失,常用于存放固定程序、汉字的字型库、字符、图形符号等。例如,微机主板上有一块称为BIOS(basic input output system)的只读存储器,用于存放基本的输入输出程序,由厂家采用特殊方法写入。

ROM分为固定ROM、可编程ROM两类。可编程ROM有多种类型,如PROM(programmable ROM)是一次性可编程ROM,EPROM(erasable programmable ROM)是可擦除可编程ROM,EEPROM(electric erasable programmable ROM)是电可擦除可编程ROM。

1. 固定ROM

固定(掩模)ROM存储单元的构成元件可以是二极管、双极性三极管或MOS管。厂家制造固定ROM时,把需要写入的内容用电路结构固定在芯片中,使用时无法改变,即只能读出,不能写入。MROM(masked ROM)也属于掩膜型ROM。

2. 一次性可编程ROM(PROM)

为了允许用户修改固定ROM的内容,设计出PROM,其总体结构与固定ROM相同。PROM的所有存储单元都有初始状态,用户使用编程器一次性写入所需内容,一经写入,不能修改。

PROM有多种类型,如熔丝式、二极管破坏型等。对于熔丝式PROM,每个熔丝的原始状态都是连通态,表示低电位0,如图6.3所示。一次性修改就是把原有的低电位0变成高电位 1,用户编程时靠专用的写入电路产生脉冲电流,烧断指定熔丝,使 0 变成 1。因为熔丝烧断后不能再接上,所以这种 ROM 器件只能修改一次,写入后不能改变。

熔丝连通表示0 (0000)　　　熔丝断开表示1 (0110)

图 6.3　熔丝式 PROM

对于二极管破坏型的 PROM 存储器,每行(字线)、每列(位线)的交点都连接两个反向串联的二极管,由于两个二极管彼此反相、不导通,所以可表示低电位 0。一次性修改就是把原有的低电位 0 变成高电位 1。通过专用的 PROM 写入电路,产生足够大的电流,击穿反向二极管,使之变成高电位 1。

3. 可擦除可编程 ROM(EPROM)

EPROM 内容可由用户写入和重写。写入信息时需外加较高电压,擦除重写需用紫外线照射芯片,把整个芯片内容全变成高电位 1,过程较复杂、费时,一般只用于读取 EPROM 内容,不做改写。

4. 电可擦除可编程 ROM(EEPROM)

电可擦除可编程 ROM(EEPROM)不需要特殊装置,在高压脉冲或工作电压下就可以修改,比 EPROM 灵活、方便,可以字擦除(只擦除一个或一些字)、字节擦除。由于 EEPROM 可在线改写、逐字改写,所以应用范围逐渐扩大,如用于 IC 卡等。

5. 闪速存储器

闪速存储器(flash memory)简称闪存,也叫快擦型存储器,是新一代的可编程 ROM,可快速电擦写,断电后仍能永久保存信息,通过编程可改写信息,可替代 EPROM、EEPROM。

闪存的特点是功耗低、体积小、重量轻、易携带、价格偏高,适合小型便携设备,如便携机的固态硬盘、数码相机、MP3 随身听、激光打印机、条形码阅读器等。

在只读状态下,闪存只需 5V 电压;在改写信息状态下,需要高于 5V 的电压(如 9V、12V)。闪存芯片有 27F256、28F016、28F020、28F040 等。

6.2.2　随机存取存储器

RAM(random access memory)称为随机存取(读写)存储器,分为 SRAM(static RAM)和 DRAM(dynamic RAM),即静态随机存取存储器和动态随机存取存储器。SRAM 的特点是稳定、读写速度快,常用于制作高速缓存。DRAM 的特点是容量大,用于制作主存(内存条)。

1. SRAM

1) SRAM 基本存储单元的构成

SRAM 的每个基本存储单元一般由 6 个晶体管(MOS 管)组成。图 6.4 是 SRAM 的基本存储电路,由虚线内的 $T_1 \sim T_6$ 管构成,T_1、T_2 为控制管,T_3、T_4 为负载管,T_5、T_6 为门控管。T_1、T_2 两管的状态即存储的信息。T_1、T_3 构成一个反相器,T_2、T_4 构成另一个反相器,两个反相器相互交叉构成双稳态触发器,具有两个稳态状态。如果 T_1 管截止,A=1(高电位),T_2 管导通,B=0(低电位),B=0 又保证 T_1 管截止。同理,T_1 管导通,A=0(低电位),T_2 管截止,B=1(高电位)。无外部触发条件下,两个稳定状态不变,可分别表示二进制数据 1、0。触发器作存储电路时,应能接收来自外界的触发控制信号,以便读出或改变存储单元的状态。引入 T_5、T_6 作门控管,形成 6 管基本存储电路,通过 T_7、T_8 两管与读写电路连接,T_7、T_8 管公用,不属于某个存储单元。

T_5、T_6 管接 X 地址选择线(又称字线)。当 X 地址选择线为高电位时,T_5、T_6 管导通,使 A、B 两点分别与存储单元内部的一对位线 D_0、$\overline{D_0}$ 连通。如果 Y 地址选择线也是高电位,T_7、T_8 管导通,使 D_0 与 I/O 线连通,$\overline{D_0}$ 与 $\overline{I/O}$ 线连通。

由于采用双稳态电路,所以 SRAM 的稳定性好,只要通电,就能保持信息,不必刷新,读写速度快。其缺点是,MOS 管数量多,单个器件容量小,功耗大,价格偏高。

2) SRAM 芯片的特性

SRAM 存储芯片有多种,如 2114、6116、6264 等。下面以 SRAM-6264 芯片为例,说明 SRAM 的特性。该芯片的容量是 8K×8b,由于功耗很小,在简单应用系统中,该芯片可直接与处理器连接,无须增加总线驱动电路。SRAM-6264 芯片的外部引脚如图 6.5 所示,有 8 根数据线 $D_0 \sim D_7$,13 根地址线 $A_0 \sim A_{12}$,可识别内部的 8K(2^{13})个存储单元。

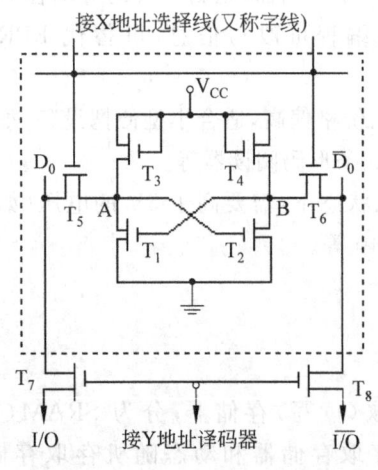

图 6.4 SRAM 的基本存储电路

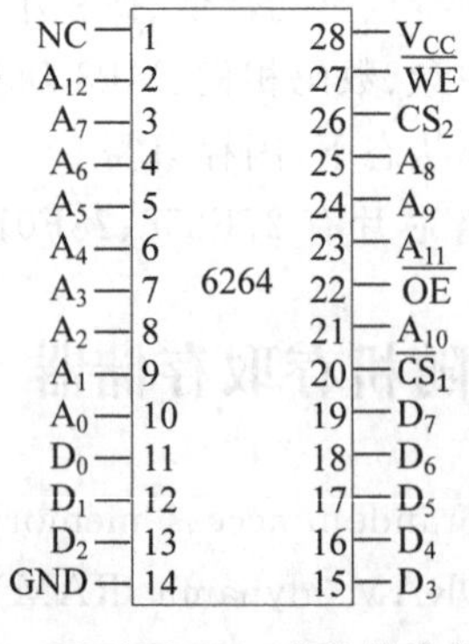

图 6.5 SRAM-6264 芯片的外部引脚

(1) $A_0 \sim A_{12}$(address)是地址线。SRAM 芯片的特点是,地址线的个数决定存储单元的个数。$A_0 \sim A_{12}$ 信号经过芯片内部译码,确定某个存储单元。$A_0 \sim A_{12}$ 通常与系统的

地址总线的 $A_0 \sim A_{12}$ 连接，以便处理器寻址芯片的各个单元。

（2） $D_0 \sim D_7$ (data)是双向数据线。数据线的根数决定每个存储单元的二进制位数。8 根数据线表示每个存储单元可存储 8 位。$D_0 \sim D_7$ 与系统的数据总线相连，当处理器访问某个存储单元时，通过 $D_0 \sim D_7$ 传送数据。

（3） $\overline{CS_1}$ (chip select)、CS_2 是片选线，用于选通芯片，允许芯片工作，$\overline{CS_1}$ 低电位、CS_2 高电位（$\overline{CS_1}=0$、$CS_2=1$）时选通芯片。

（4） $\overline{OE}$ (output enable)是输出允许线。$\overline{OE}$ 为低电位时，允许处理器从芯片读出数据。

（5） $\overline{WE}$ (write enable)是写允许线。$\overline{WE}$ 为低电位时，允许数据写入芯片。$\overline{WE}$ 为高电位、$\overline{OE}$ 为低电位时，允许从芯片读出数据。

（6） V_{CC} (voltage)是+5V 电源线，GND(ground)是接地线，NC(not connected)是未用引脚。

表 6.1 列出了 SRAM-6264 存储芯片的各种状态（真值表）。

表 6.1　SRAM-6264 存储芯片的各种状态（真值表）

$\overline{WE}$	$\overline{CS_1}$	CS_2	$\overline{OE}$	$D_0 \sim D_7$
0	0	1	×	写入数据
1	0	1	0	读出数据
×	0	0	×	三态（高阻状态）
×	1	1	×	三态（高阻状态）
×	1	0	×	三态（高阻状态）

2. DRAM

1） DRAM 基本存储单元的构成

DRAM 由若干个基本存储单元(cell)组成，每个 cell 存储 1 位(1b)数据。构成位的最简单电路是单管结构，如图 6.6 所示，它由 1 个电容和 1 个晶体管（MOS 管）构成，依靠电容的充放电表示 1 位数据，晶体管是控制电容充放电的开关，电容充满电荷时表示存储 1，电容无电荷时表示存储 0。由于电容有漏电现象，导致电荷泄漏，造成信息丢失，因此必须及时向存储 1 的电容补充电荷，以维持信息，该充电动作称为刷新(refresh)。图 6.6 中的行选择信号、列选择信号用于指定读或写哪个位。

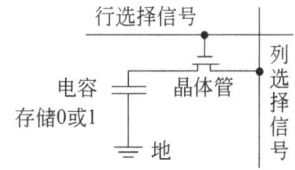

图 6.6　单管基本存储单元电路

DRAM 采用的晶体管少，结构简单，位密度大，价格便宜，是大容量存储器的唯一选择，通常用作主存、图形系统的帧缓冲区等。因为电容充电需要时间，所以读写速度慢于 SRAM。

DRAM 芯片的结构如图 6.7 所示，主要由存储矩阵和外围电路构成，存储矩阵是核心，通常排列成方阵，外围电路主要包括地址译码器、读写放大器和控制电路。地址译码器用于定位存储矩阵的存储单元。放大电路用于读出存储单元数据时将其电压放大,加速读操作。控制电路用于控制读写操作。

2) DRAM 芯片的特性

DRAM 存储芯片有多种,如 2164、3764、4164 等。下面以 DRAM-2164 芯片为例,说明 DRAM 的特性。该芯片的容量是 64K×1b,基本存储单元采用单管存储电路,外部引脚如图 6.8 所示。

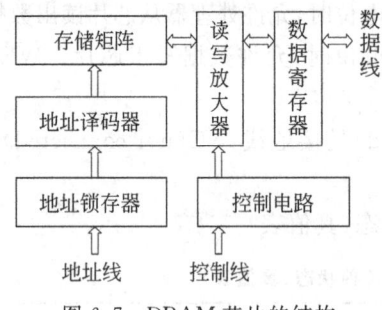
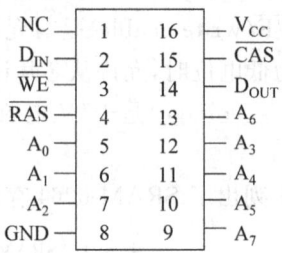

图 6.7　DRAM 芯片的结构　　　　图 6.8　DRAM-2164 的外部引脚

(1) $A_0 \sim A_7$(address)是复用地址线,这是 DRAM 芯片的构造特点。虽然有 64K(2^{16})个存储单元,但并没有提供 16 根地址线。可以认为 64K 个存储单元排列成 256 行×256 列的矩阵,读写某个存储单元时,需要确定该单元所在的行和列,首先通过 $A_0 \sim A_7$ 地址线送入 8 位行地址信息,并存到芯片内的行地址锁存器中,然后通过 $A_0 \sim A_7$ 地址线送入 8 位列地址信息,存到列地址锁存器中,有了行地址和列地址,就可以确定存储单元了。

(2) $\overline{RAS}$(row address select)是行地址允许信号,当 $\overline{RAS}$ 为低电位时,$A_0 \sim A_7$ 接收行地址,并锁存到行地址锁存器中。

(3) $\overline{CAS}$(column address select)是列地址允许信号,$\overline{CAS}$ 为低电位时,$A_0 \sim A_7$ 接收列地址,并锁存到列地址锁存器中。

(4) $\overline{WE}$(write enable)是写允许信号,低电位时允许写入数据,高电位时允许从芯片读出数据。

(5) D_{IN}(data input)、D_{OUT}(data output)分别是数据输入线、数据输出线。数据由 D_{IN} 写入芯片的某个单元。某个单元的数据由 D_{OUT} 读出。

(6) V_{CC}(voltage)是 +5V 电源线,GND(ground)是地线,NC(not connected)是未用引脚。

6.3　存储芯片与系统的连接方式

存储芯片与系统的连接方式也叫芯片的译码方式,需要连接系统的控制线、数据线、地址线。

系统包含多个存储芯片,每个存储芯片都有若干个存储单元,处理器读/写存储器时,需确定访问哪个存储芯片,还要确定访问该芯片的哪个存储单元。高位地址线用于生成选择存储芯片的信号,低位地址线用于确定片内的存储单元,高、低位地址线共同形成存储单元的地址。

确定芯片内的存储单元(片内译码)由存储芯片的内部完成,无需使用者考虑。只需考虑如何从多个存储芯片中选出要访问的芯片(地址译码)。下面介绍3种选择(译码)方式:全地址译码方式、部分地址译码方式、线性译码方式。

6.3.1　全地址译码方式

全地址译码是使用系统的全部地址线与芯片连接。所有高位地址线作译码器的输入信号,用于选择存储芯片,低位地址线连接存储芯片的地址线,用于选择片内的某个单元。存储芯片的每个存储单元在整个存储空间中都有唯一的地址。

例 6.1　通过图 6.9 说明全地址译码的连接方式。

图 6.9 中的地址译码器采用与非门,高位地址线 $A_{31} \sim A_{13}$ 是地址译码器的输入信号,地址译码器的输出信号连接存储芯片的片选信号 $\overline{CS_1}$。$\overline{CS_1}$ 为低电位时能够选中该存储芯片,以便对它读或写。当 $A_{31} \sim A_{13}$ 为 1111000000000000000 时,译码器输出低电位,即 $\overline{CS_1}$ 为低电位。

低位地址线 $A_0 \sim A_{12}$ 连接存储芯片的 $A_0 \sim A_{12}$,用于选择片内的某个存储单元。$A_0 \sim A_{12}$ 的取值范围是 0000000000000 ~ 1111111111111,由于 $A_{31} \sim A_{13}$ 必须取值 1111000000000000000,所以 $A_{31} \sim A_0$ 的取值范围是 F0000000H~F0001FFFH,也是该存储芯片的地址范围。

译码电路并不唯一,如果将图 6.9 的与非门改为或门,如图 6.10 所示,存储芯片的地址范围变成 80000000H~80001FFFH。不同的译码电路,存储芯片对应的地址范围不同。译码电路可由基本的逻辑门电路(与门、或门、非门等)构成,也可用 74LS138 译码器构成。

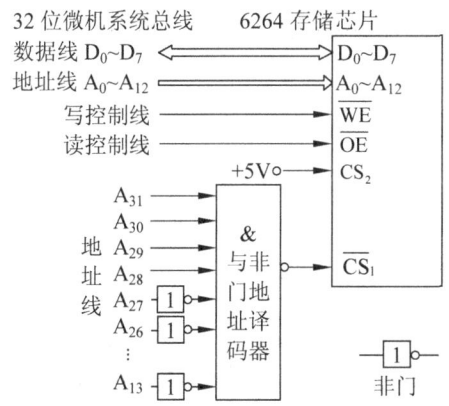

图 6.9　SRAM-6264 芯片全地址译码电路

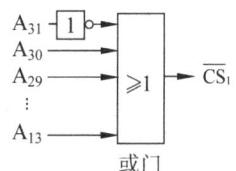

图 6.10　另一种译码电路

6.3.2 部分地址译码方式

部分地址译码仅用一部分地址线连接存储芯片，通常使用部分高位地址信号作为片选的译码信号，参加译码的高位地址越少，译码器电路越简单，成本越低。

例6.2 通过图6.10说明部分地址译码的连接方式。

图6.10中的地址译码器采用与非门，与非门的输入信号是$A_{31}\sim A_{15}$，未使用$A_{14}A_{13}$，$A_{14}A_{13}$的取值不影响地址译码器的输出。对于部分地址译码，存储芯片的地址范围不唯一。

因为$\overline{CS_1}$为低电位时，才能接通该存储芯片，所以要求输入信号$A_{31}\sim A_{15}$都为1，$A_{14}A_{13}$可取任意值，如00或01。当$A_{14}A_{13}$取值00时，该存储芯片的地址范围是FFFF8000H~FFFF9FFFH，共8KB。当$A_{14}A_{13}$取值01时，该存储芯片的地址范围是FFFFA000H~FFFFBFFFH，共8KB。通常使用$A_{14}A_{13}$取值00时对应的地址范围。

$A_{14}A_{13}$可取4组值(00、01、10或11)，导致存储芯片占据4个8KB的地址空间。虽然仅使用1个地址范围，但是其余3个地址空间也不能分配给其他芯片，否则会造成总线竞争，无法正常工作。由于有空闲不能使用的地址范围，所以破坏了地址空间的连续性，减少了可用的存储地址空间。

6.3.3 线性译码方式

线性译码也叫线选法，是直接用系统高位地址线作片选信号，即高位地址线直接连接各芯片(或芯片组)的片选，修改图6.11，直接用单根高位地址线A_{31}连接$\overline{CS_1}$，$A_{30}\sim A_{15}$不参加译码，当A_{31}为低电位0时，选择此芯片(允许读写)。

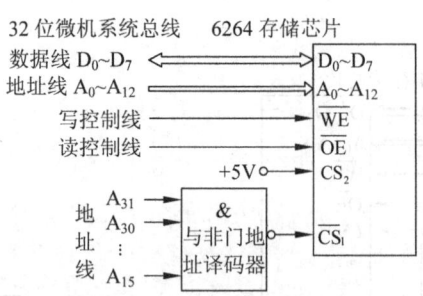

图6.11 SRAM-6264芯片部分地址译码电路

线选法每次寻址时，用于片选的地址线只能一位有效，不允许多位同时有效，这样才能保证每次只选择一个芯片或芯片组。用线选法选择芯片不需要外加逻辑电路，线路简单。其缺点是，地址空间被分成相互隔离的各区域，不能充分利用系统的存储空间，适用扩充容量较小的系统。

应根据具体情况决定采用哪种译码方式。如果地址空间富裕，可采用部分译码法或线选法。如果要充分利用地址空间，应采用全地址译码法。

6.4 高速缓冲存储器

高速缓冲存储器(Cache)简称高速缓存或缓存,它的优点是读写速度极快。内置处理器的缓存,其工作频率与处理器的工作频率接近或相同。主存(DRAM)虽然容量大,但速度慢,远远低于处理器的速度。配置缓存,可以提高系统的运行速度。因缓存的价格高,故系统只能配置小容量的缓存。

缓存从单级发展到多级,容量也逐步提升。一般有 2 级(层)缓存:L1 Cache(1 级缓存)、L2 Cache(2 级缓存),高端处理器还有 3 级缓存。早期只有 1 级缓存置于处理器内部,容量是 4~64KB,如 80486 微机有 8KB 的 1 级缓存,Pentium 微机有 16KB。随着处理器和缓存技术的发展,置于处理器内部的缓存容量不断提高,目前,2 级缓存也置于处理器的内部,容量一般是 128KB~3MB。

6.4.1 工作原理

缓存用于存放主存的部分内容,是主存某些内容的副本,这些内容处理器频繁使用,缓存的工作原理是基于存储器访问的局部性。

1. 存储器访问的局部性

计算机的工作过程就是执行程序的过程。任何程序或数据被处理器使用,必须先放到主存中,处理器执行程序需要频繁访问主存,包括取指令代码、读写数据等。通过分析大量典型程序的运行情况可知,在一个较短时间内,程序访问主存往往集中在范围很小的区域内。这是因为程序的各条指令连续存放在主存的某个区域,多数情况下按顺序执行指令,只需访问存放程序的区域,如执行循环程序段时,需要多次访问该程序段,数组操作也是集中在存储器的某个局部范围,这种在单位时间内频繁访问存储器的局部范围,其余范围访问相对甚少的现象称为局部性访问(locality of reference)。

2. 缓存的工作原理

缓存的工作原理基于局部性访问。由于在一段时间内频繁访问存储器的某个地址范围,因此将被频繁访问的内容存入缓存,供处理器使用,减少或不再访问慢速的主存,以便提高程序的运行速度。

管理缓存的部件称为缓存控制器。处理器与主存之间传输数据必须经过缓存控制器。处理器读取指令或数据时首先在 1 级缓存中查找信息,如果找不到(未命中),再去 2 级缓存查找,找到后由缓存控制器提供给处理器,并修改 1 级缓存。如果各级缓存都没有找到,缓存控制器从主存获取,提供给处理器,同时修改两级缓存的内容,保证下次能在缓存中找到。在程序执行过程中,需要不断更新缓存的内容,如果缓存满,可删除长期不用的内容,提高缓存的使用效率。

在主存与缓存的存储体系中，所有程序代码、数据仍然存于主存，系统运行过程中，缓存只是动态地存放了主存的一部分程序块和数据块的副本。为使缓存内容与主存内容保持一致，当更新缓存后，须及时反馈给主存。

3. 缓存的命中率

不能保证处理器需要的信息已在缓存中。命中率(hit rate)是处理器访问缓存时，所需信息恰好已在缓存中的概率。例如，92%的命中率可理解为处理器访问存储器时，92%的时间是与缓存交换数据，8%的时间是与主存交换数据。命中率越高，获取信息的速度越快。影响缓存命中率的因素有缓存容量、替换算法、程序特性等。

6.4.2 读写策略

缓存的读写策略即处理器读写主存的方式。缓存的读写操作依托处理器读写主存的操作。

1. 读策略

处理器从缓存、主存读出信息的策略有两种：贯穿式读出(look through)、旁路式读出(look aside)。

1) 贯穿式读出

贯穿式读出如图 6.12 所示。贯穿式的读操作是，处理器需要获取信息时，先在缓存中寻找，找到后送给处理器，并切断处理器访问主存。如果未找到，再从主存中寻找。该方式可以降低处理器访问主存的次数，但推迟了读主存的时间。

2) 旁路式读出

旁路式读出如图 6.13 所示。旁路式的读操作是，处理器将读操作的请求同时发给缓存、主存，由于缓存速度更快，如果在缓存中找到所需内容，直接送给处理器，并切断处理器访问主存。如果未找到，缓存不做任何动作，处理器直接访问主存。因处理器每次都要访问主存，所以没有时间延迟，但占用总线时间。

图 6.12　贯穿式读出　　　　　图 6.13　旁路式读出

每当处理器从主存读出信息时，信息也复制给缓存。因为数据、代码往往连续存放，处理器下一次所需信息常在上一次信息附近，即在同一缓存行的可能性最大，所以处理器即使从主存读出 1B，也将包含该字节的一个缓存行(32B)复制给缓存，这种做法叫缓存行填充(line fill)，可提高缓存的命中率。

2. 替换策略

缓存装满后,不仅需用新内容替换不用的内容,又保留缓存最近将使用的内容,保证高的命中率。采用的替换策略有近期最少使用(least recently used,LRU)替换、先进先出(first in first out,FIFO)替换、随机(random)替换。

1) 近期最少使用(LRU)的替换策略

近期最少使用的替换策略命中率最高,常被采用。为了替换缓存中近期最少使用的缓存块,需要记录缓存各块的使用情况,确定哪块近期最少使用。该替换策略系统开销大,实现较复杂。

2) 先进先出(FIFO)的替换策略

先进先出的替换策略根据先后次序替换,先调入缓存的缓存块先替换,无须记录使用情况,开销小,容易实现,其缺点是需要经常使用的程序块可能被替换。

3) 随机替换策略

随机替换不考虑缓存的使用情况,就是随机替换,这种方法最简单。

3. 写策略

处理器向缓存、主存的写操作有 2 种策略:通写方式(write through)、回写方式(write back)。

1) 通写方式

通写方式如图 6.14 所示,处理器的写信号同时送给缓存、主存,可保证信息同步更新。通写方式操作简单,由于主存速度较慢,所以系统的写速度降低。

2) 回写方式

回写方式如图 6.15 所示。信息一般只写入缓存,不写入主存,写入速度加快。由于处理器不直接访问主存,会出现缓存、主存内容不同步,即更新了缓存内容,但没有改变主存对应的内容。可在缓存中设置标志,记录更新情况,当需要更新缓存时,先将缓存原来的内容写入主存,然后接收新内容。

图 6.14 通写方式　　　　　　　　图 6.15 回写方式

6.4.3 与主存的对应方式

主存、缓存被分成大小相等的若干块(块也叫页),以块(页)为单位建立缓存与主存的对应(映射)关系。每块的大小是 2^nB,通常是 2^9(512B)、2^{10}(1024B)或 2^{11}(2048B)等。假设每块 1KB、缓存 8KB、主存 1MB,缓存可分成 8 块,主存可分成 1024 块,缓存块与主存块之间按照某种方式对应,通常有下面 3 种对应方式。

1. 全相联地址映射（fully associative mapping）

采用全相联地址映射，主存的每一块可映射到缓存的任何一块，如图 6.16 所示。这种映射方法较灵活，缓存利用率高，但需要采用某种置换算法调入调出缓存的内容，地址转换速度慢，开销大。

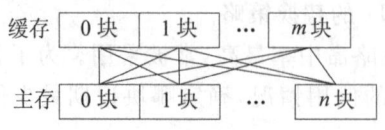

图 6.16 全相联地址映射

2. 直接地址映射（direct mapping）

采用直接地址映射，主存的某块只能映射到缓存的某个固定块，如图 6.17 所示。主存按缓存大小分为若干组，每组的块数与缓存的块数相同，每块与缓存块有固定的映射关系，如主存的第 0 块、第 8 块、……、第 1016 块只能映射到缓存的第 0 块。主存的第 1 块、第 9 块、……、第 1017 块只能映射到缓存的第 1 块，以此类推。这种映射方法较简单，地址转换速度快，但不够灵活，不能充分利用缓存的存储空间。

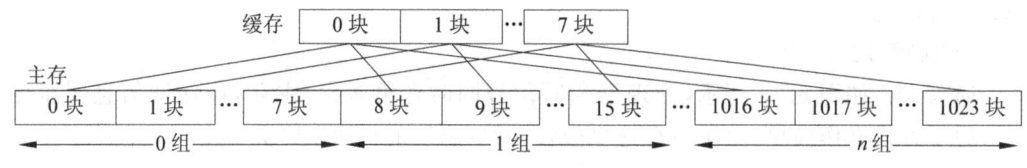

图 6.17 直接地址映射

3. 组相联地址映射（set associative mapping）

组相联地址映射折中了直接地址映射和全相联地址映射。主存、缓存都分成若干组，主存一组中的块数与缓存的组数相同。例如，图 6.18 中的主存分为 128 组，每组 8 块，缓存分为 8 组，每组 2 块。组之间采用直接地址映射，组内采用全相联地址映射。主存的各块与缓存的组号之间有固定的映射关系，但可自由映射到对应缓存组中的任何一块，即主存的某块只能映射到缓存特定组中的任意一块。例如，图 6.18 中主存的第 0 块、第 8 块、……、第 1016 块可映射到缓存第 0 组的任何一块。主存的第 1 块、第 9 块、……、第 1017

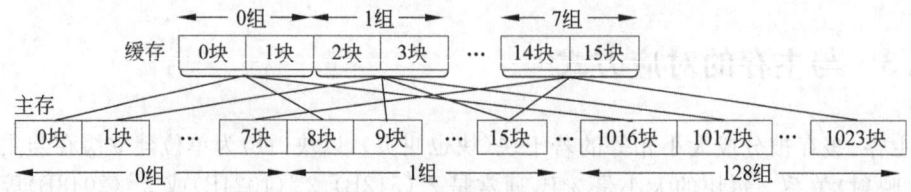

图 6.18 组相联地址映射

块可映射到缓存第1组的任何一块。这种映射方法比直接地址映射灵活,比全相联地址映射速度快。

6.5 存储器的扩充方式

单个存储芯片的容量有限,要构成一定容量的存储器,需连接多个存储芯片,组成所需容量的存储器。存储芯片的扩充方式有3种:位扩充、字扩充、字位扩充。

6.5.1 位扩充方式

存储芯片中有若干个存储单元,每个单元能存储的位数有1位、4位、8位等。例如,SRAM-2114是1K×4b的存储芯片,它有1K(1024)个存储单元,每个单元可存储4位(4b)数据。如果单个存储芯片的单元数满足要求,单元中的位数不满足要求,则可以将多个这样的存储芯片连接起来,以便扩充位数,这种扩充方式称为位扩充。

例6.3 已知SRAM-2114是1K×4b的存储芯片,用两片组成1K×8b的存储器,画出组合连接图。

解: 每片有1K个存储单元,单元数满足要求,位(b)数不满足要求,属于位扩充。2114芯片有10根地址线$A_0 \sim A_9$(address),能识别2^{10}(1024)个存储单元。有4根双向数据线,名称是$I/O_1 \sim I/O_4$(input/output)。$\overline{WE}$(write enable)是写允许线,$\overline{WE}=0$时是写入数据,$\overline{WE}=1$时是读出数据。$\overline{CS}$(chip select)是芯片选择线,$\overline{CS}=0$时选中该芯片工作。

图6.19是两片位扩充的连接示意图。第1片的$I/O_4 \sim I/O_1$线连接数据线$D_3 \sim D_0$(I/O_4连接D_3、I/O_3连接D_2,以此类推),第2片的$I/O_4 \sim I/O_1$线连接数据线$D_7 \sim D_4$。两片的$\overline{CS}$线都连接地址线A_{10},当A_{10}取0值时,两片都被选中工作,可做读或写操作。每片的$A_9 \sim A_0$分别连接地址线$A_9 \sim A_0$的相应位。$A_{10} \sim A_0$的取值范围是00000000000B~01111111111B(0~3FFH)。$\overline{WE}$线连接读写线,因不同系统读写线的名称不同,所以图6.19未写具体的名称,只标注读写线。还有其他引线,图6.19中未画出。

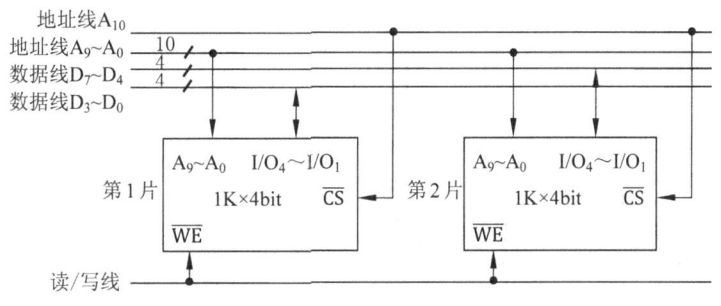

图6.19 两片位扩充的连接示意图

从图 6.19 可以看出,位扩充的连接方式是:除了每个芯片的数据线分别连接系统数据线的相应位,其他线都采用并联连接,如各芯片的片选线$\overline{CS}$都连在一起(并联),各芯片地址线的相应位连在一起,如所有的 A_0 线连在一起,所有的 A_1 线连在一起,以此类推。各芯片的$\overline{WE}$线连在一起。

6.5.2 字扩充方式

字扩充是扩充存储容量。如果存储芯片每个存储单元的位数满足要求,每片的单元个数不够,需扩充存储单元的数量,可用多个存储芯片构成所需的单元数。例如,可用两个 2K×8b 存储芯片构成 4K×8b 存储容量。

字扩充中各存储芯片不是同时工作,由译码器选择让哪片工作,每片有自己的地址范围。字扩充连接方法是:每片的地址线、数据线、控制线按信号名称并联连接,各片的片选线与译码器连接。

例 6.4 已知 SRAM-6116 芯片的容量是 2K×8b,用两片组成 4K×8b 的存储器,画出组合连接图。

解:该芯片有 11 根地址线 $A_0 \sim A_{10}$,能识别 2^{11}(2K)个存储单元。有数据线 $D_0 \sim D_7$(data)、片选线$\overline{CS}$、输出允许线$\overline{OE}$(output enable)、读/写线 $R/\overline{W}$(read/write),$R/\overline{W}=0$ 时写入数据,$R/\overline{W}=1$ 时读出数据。

两片可组成 4K×8b,属于字(单元数)扩充,连接方式如图 6.20 所示。两片的 $A_{10} \sim A_0$ 线都分别连接地址线 $A_{10} \sim A_0$ 的相应位,两片的 $D_7 \sim D_0$ 都分别连接数据线 $D_7 \sim D_0$ 的相应位,$R/\overline{W}$ 线连接读写线,$\overline{OE}$ 线连接读写控制线。图 6.20 中通过反门选择某个芯片工作,反门的输入线连接地址线 A_{11} 和第 1 片的片选线$\overline{CS}$,反门的输出线连接第 2 片的$\overline{CS}$,当 A_{11} 线值为 0 时,选中第 1 片工作,当 A_{11} 线值为 1 时,选中第 2 片工作。第 1 片的 $A_{11} \sim A_0$ 取值范围是 000000000000B~011111111111B(000H~7FFH),第 2 片的 $A_{11} \sim A_0$ 取值范围是 100000000000B~111111111111B(800H~FFFH),两片整体的 $A_{11} \sim A_0$ 范围是 000H~FFFH。

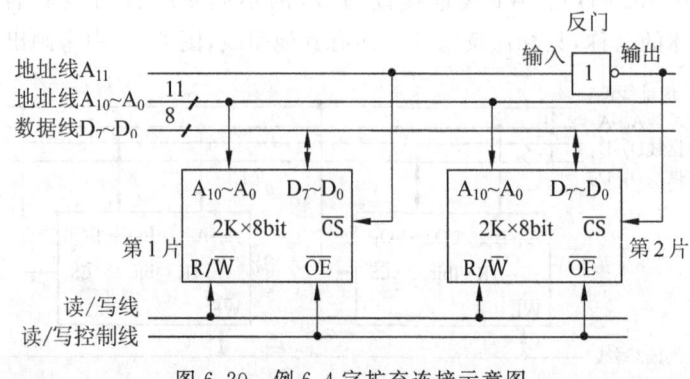

图 6.20 例 6.4 字扩充连接示意图

例 6.5 采用 4 个 SRAM-6116 芯片,组成 8K×8b 存储器,画出组合连接图。

解：例6.4已介绍了SRAM-6116芯片,它的容量是2K×8b。本题属于字扩充,连接方式如图6.21所示,4片分别工作,采用2-4线译码器(2个输入线、4个输出线),选择让哪个芯片工作。

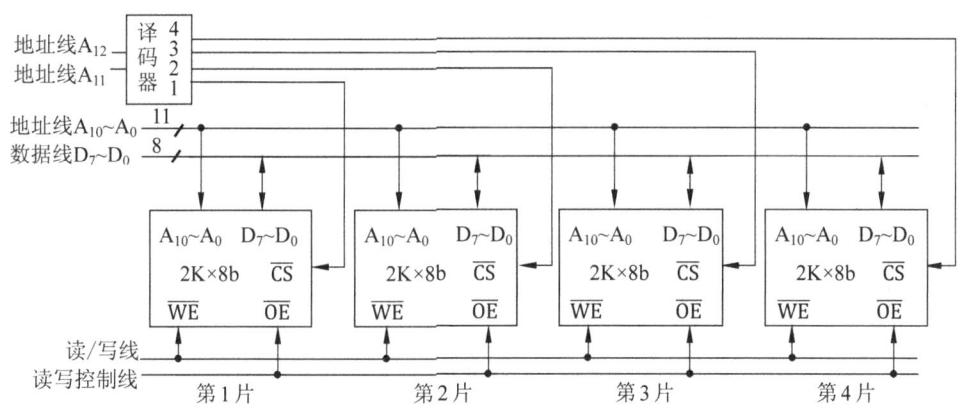

图6.21 例6.5字扩充连接示意图

假设 $A_{12}A_{11}=00$ 时,译码器的输出值是1110,即4~2线都输出1,1线输出0,1线连接第1片的$\overline{CS}$线,此时该$\overline{CS}$线为0(低电位),选中第1片工作,$A_{12} \sim A_0$的取值范围是0000000000000B~0011111111111B(0000H~07FFH)。

$A_{12}A_{11}=01$ 时,译码器的输出值是1101,第2片的$\overline{CS}$线为0,选中第2片工作,$A_{12} \sim A_0$的取值范围是0100000000000B~0111111111111B(0800H~0FFFH)。

$A_{12}A_{11}=10$ 时,译码器的输出值是1011,第3片的$\overline{CS}$线为0,选中第3片工作,$A_{12} \sim A_0$的取值范围是1000000000000B~1011111111111B(1000H~17FFH)。

$A_{12}A_{11}=11$ 时,译码器的输出值是0111,第4片的$\overline{CS}$线为0,选中第4片工作,$A_{12} \sim A_0$的取值范围是1100000000000B~1111111111111B(1800H~1FFFH)。

4片整体容量是8KB,$A_{12} \sim A_0$的取值范围是0000H~1FFFH。

6.5.3 字位扩充方式

通常,既需要位扩充,又需要容量(字)扩充,才能满足要求。如果使用$M(K) \times N(b)$的存储芯片,构成容量$E(K) \times F(b)$位的存储器,则需要$(M/L) \times (F/N)$个存储芯片。

字位扩充时,一般先做位扩充,构成字长(位数)满足要求的存储模块,然后用若干个模块进行字扩充,满足存储单元的总量要求。

计算机内存的构成就是字位扩充。存储芯片生产厂商制作单独的存储芯片,如64M×1b,128M×1b等,内存条生产厂商将若干个存储芯片组合成内存模块(内存条),用户将内存条插到主板的内存插槽上,构成内存系统。

例6.6 采用4片1K×4b芯片(SRAM-2114),组成2K×8b存储器,画出组成连接图。

解：例6.3已介绍了SRAM-2114芯片,它的容量是1K×4b。例6.6字位扩充连接示意图如图 6.22 所示。图中,第 1 片、第 2 片合为一组,它们的 $\overline{CS}$ 线都连接反门的输入线 A_{10},当 A_{10} 线值为 0 时,这两片同时工作,第 1 片的 $D_3 \sim D_0$ 连接数据线 $D_3 \sim D_0$,第 2 片的 $D_3 \sim D_0$ 连接数据线 $D_7 \sim D_4$。第 3 片、第 4 片合为一组,它们的 $\overline{CS}$ 线都连接反门的输出线,当 A_{10} 线值为 1 时,这两片同时工作,第 3 片的 $D_3 \sim D_0$ 连接数据线 $D_3 \sim D_0$,第 4 片的 $D_3 \sim D_0$ 连接数据线 $D_7 \sim D_4$。各片的 $A_9 \sim A_0$ 线都连接地址线的对应位。各片的 $\overline{WE}$ 都连接读写线。

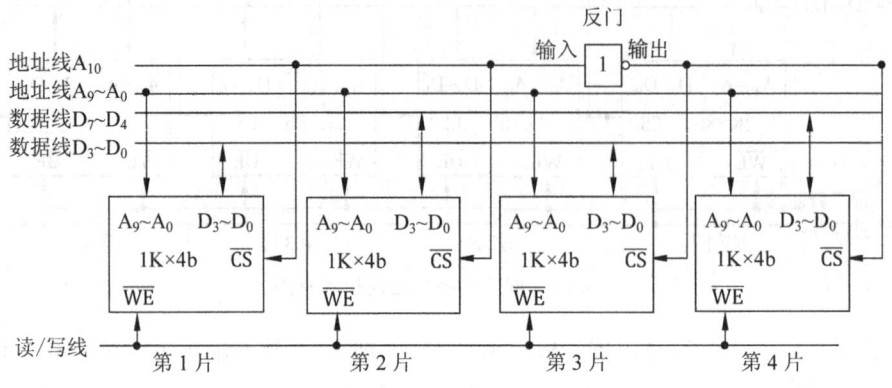

图 6.22　例 6.6 字位扩充连接示意图

第 1～第 2 片工作时($A_{10}=0$),$A_{10} \sim A_0$ 的取值范围是 00000000000B～01111111111B(000H～3FFH)。第 3～第 4 片工作时($A_{10}=1$),$A_{10} \sim A_0$ 的取值范围是 10000000000B～11111111111B(400H～7FFH)。第 1～第 4 片整体的 $A_{10} \sim A_0$ 取值范围是 000H～7FFH(0～2K)。

此题也可以不采用反门,采用 2-4 线译码器,译码器的 2 个输入线可以连接地址线 $A_{11} \sim A_{10}$,译码器的 4 个输出线只需使用 2 个线,一个输出线连接第 1 片、第 2 片的 $\overline{CS}$ 线,以便同时选中这两片,另一个输出线连接第 3 片、第 4 片的 $\overline{CS}$ 线,以便同时选中这两片。

例 6.7　采用 1K×4b 芯片,组成 4K×8b 存储器。

解:需要的芯片数是(4/1)×(8/4),共 8 片。例 6.7 字位扩充连接示意图如图 6.23 所示。每两片组成 1 个 1K×8b 的存储模块,即扩充位,8 片可组成 4 个 1K×8b。1～2 片组成模块 1,3～4 片组成模块 2,5～6 两片组成模块 3,7～8 片组成模块 4。用 2-4 线译码器选择让哪个模块工作,即扩充字,1～2 片(模块 1)一起工作,3～4 片(模块 2)一起工作,5～6 片(模块 3)一起工作,7～8 片(模块 4)一起工作。图 6.23 中的 $A_{11} \sim A_{10}$ 地址线做译码器的输入线,译码器的输出线连接芯片的选择线 $\overline{CS}$,用于选择某个模块。

通过上面的例子可知,无论需要多大容量的存储器,都可以使用多个存储芯片扩充构成,具体分 3 步扩充:第 1 步是选择合适的存储芯片;第 2 步是多个芯片做位扩充(多片并联),得到满足位数(字长)要求的存储模块;第 3 步是多个存储模块做字扩充,以达到容量要求。

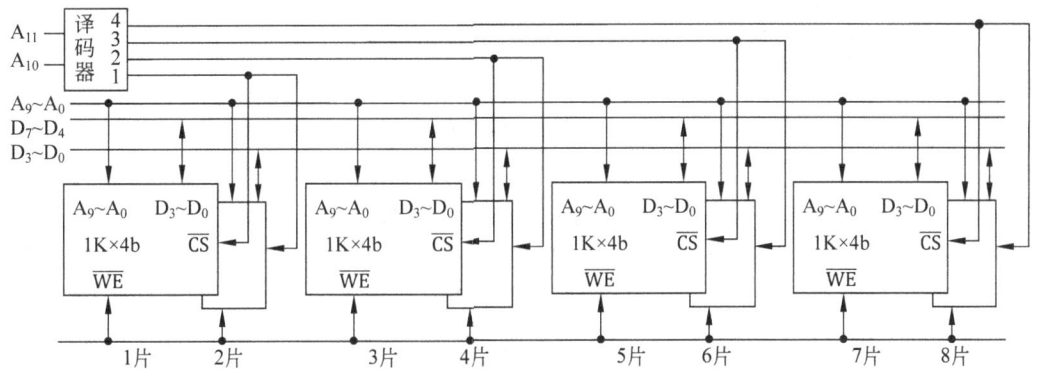

图 6.23　例 6.7 字位扩充连接示意图

6.6　存储器的管理技术

存储器管理技术的目标是提高存储器的利用率,方便用户和程序运行。

6.6.1　虚拟存储器

虚拟存储器(virtual memory)是利用部分外存(辅存)模拟内存(主存),以便扩充主存储器的存储空间,由操作系统的存储管理负责实现和管理。虚拟存储器不是真正的物理内存。虚拟内存造成假象,以为计算机安装的内存远远超过所需容量,用户编程时只需考虑虚拟内存空间,当运行程序需要的内存大于实际容量时,也可运行。虚拟内存的管理机制便于用户编程、运行大程序。

整体上看,虚拟存储器的速度接近主存的速度,容量接近辅存的容量,平均价格接近廉价的辅存,最佳地平衡了存储容量、成本、存取速度三方面性能。

1. 虚地址与实地址

用户编程时可以像内存一样使用虚拟存储器中的辅存部分,程序中定义的地址称为虚拟地址(简称虚地址)或逻辑地址,虚地址对应的存储空间称为虚存空间或逻辑空间。主存实际存储单元的地址称为实地址(即主存地址或物理地址),实地址对应主存空间或物理空间。

程序装入主存,才能由处理器运行。需要运行某程序时,系统先检查是否已装入主存。如果已装入,则由处理器直接执行。如果未装入,则由操作系统的存储管理和相应的硬件从辅存调入主存,并将程序的虚地址变换成实地址。

2. 虚拟存储器的工作原理

执行程序时,允许将程序的一部分调入主存,其他部分保留在辅存中。操作系统的存储管理先将当前要执行的程序段(如主程序)从辅存调入主存,暂时不执行的程序段(如子程序)仍留在辅存,当需要执行存放在辅存中的某个程序段时,处理器通过某种调度方式将其调入主存。

管理和调度虚拟存储器内的信息,均由硬件和软件(操作系统)自动实现,工作过程如图 6.24 所示。当应用程序访问虚拟存储器时,必须给出逻辑地址(虚拟地址),首先做内部地址转换(过程①),如果要使用的内容在主存中(即内部地址转换成功),则根据转换得到的物理地址访问主存储器(过程②);如果内部地址转换失败,则根据逻辑地址转换外部地址(过程③),得到辅存地址。同时,检查主存是否有空闲区(过程③),如果没有,则根据替换算法把主存暂时不用的块通过输入输出机构调出,送往辅存(过程④),过程③得到的辅存地址中的块通过输入输出机构送往主存(过程⑤);如果主存中有空闲区域,则直接把辅存的有关块通过输入输出机构送往主存(过程⑤)。

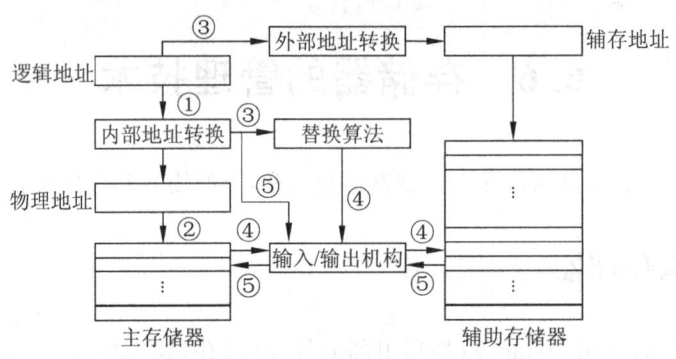

图 6.24 虚拟存储器的工作过程

3. 虚拟存储器的管理方法

虚拟存储器的关键问题是如何把虚拟地址映射(转换)为实地址。虚拟存储器的管理方式有分段管理、分页管理、分段分页管理。分段分页管理综合了分页管理、分段管理的优点,普遍采用。

1) 分段管理

分段管理也叫段式管理。一个大程序往往由若干个模块组成,即编程时按照逻辑结构将程序分成若干个段(称为逻辑段或虚拟段)。程序中定义的段名和段内地址(偏移量)称为逻辑地址或虚拟地址。分段存储管理按照程序的分段将存储空间分成若干个段,段长度因程序而异。运行程序时以段为单位转换虚实地址。

分段管理用段表(segment table,ST)记录每个逻辑段的名称、长度、是否装入主存、装入的起始地址等信息,段表在主存中。每个程序段在段表中都有一个表目,段表按段号顺序排列。例如,图 6.25 段表中的 S 表示段号,段号相当于逻辑段的段名,表示该逻辑段的起始地址。数字 1 表示 S 段已调入主存,b 是 S 段装入主存的起始地址。

段表在存储器的位置由段表地址寄存器提供(定位),处理器访问某段时,首先查看段表,确定该段是否已调入主存,如果未调入,则按照某种调度算法调入主存的物理段中,根据段表将程序所用的逻辑地址(虚地址)转换为实际的物理地址。物理地址是段装入主存的起始地址与段内地址(偏移量)相加,即物理地址是 b+W。分段存储管理的地址转换如图 6.25 所示。

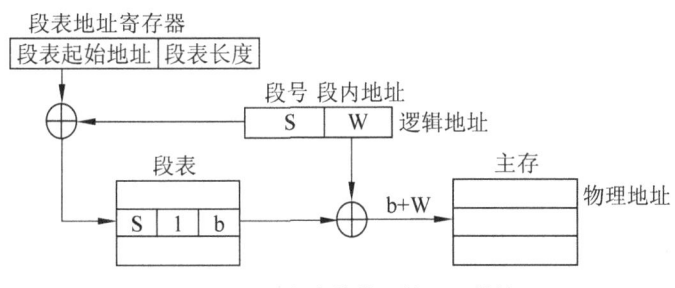

图 6.25　分段存储管理的地址转换

分段存储管理,由于段的分界对应程序的自然分界,所以每段都有逻辑独立性。分段的优点是:可以隔离代码段、数据段、堆栈段,易于程序的编译、管理、修改、保护、共享。其缺点是:因段长度不一,起点、终点不定,给主存空间分配带来麻烦,在段间留下不能利用的零头,造成浪费。

2) 分页管理

分页管理也叫页式管理。

(1) 基本原理。

分页管理存储器是将主存空间和辅存空间分别等分为大小相等的若干页,页大小为 2^nB,如 2^{10}(1KB)、2^{11}(2KB)、2^{12}(4KB)等,按顺序为每页指定一个页号,如 0 页、1 页、2 页……。通常,主存中的页称为页面、物理页、实页或绝对页。辅存中的页称为页、逻辑页或虚页。假设主存空间 8KB,辅存空间 16KB,页大小 1KB,主存空间可分成 8 个页面,页面号是 0～7,辅存空间可分成 16 个页,页号是 0～15。编程时将虚存空间(逻辑空间)分成若干个虚页,运行程序时以页为单位映射(转换)地址,即由操作系统把辅存中的虚页(逻辑页)调入主存的物理页。

(2) 地址转换。

分页管理用页表(page table,PT)记录存储器的分页情况。系统在主存中为虚页建立一个页表,存放每个虚页的若干信息,如页号、容量、是否装入主存、装入哪一页等,页表按虚页号顺序排列。图 6.26 页表的第 1 项是页号,记录逻辑页(虚页)的页号,第 2 项是特征位,记录该逻辑页是否装入主存,0 表示未装入,1 表示装入,第 3 项是页面号,记录该逻辑页装入主存物理页的页面号。图 6.26 页表中表示 1 号逻辑页已从辅存调入主存的 7 号物理页面。

页表在存储器的位置由页表地址寄存器定位(提供)。处理器访问某个(虚)页时,首先查找页表,确定要访问的页是否已在主存,将不在主存的页按照某种调度算法由辅存调入主存的物理页,根据逻辑页号、物理页号对应关系,将程序所用的虚地址(线性地址)转换为实际物理地址。存储器分页管理的地址转换如图 6.26 所示。

程序所用逻辑地址(虚地址)也叫线性地址,由(虚)页号、页内(偏移)地址两部分组

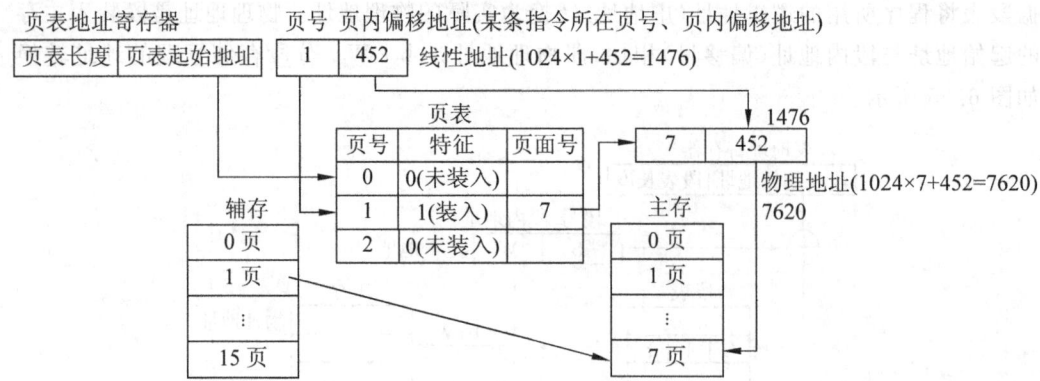

图 6.26 存储器分页管理的地址转换

成。存储单元的物理地址由页面号、页内(偏移)地址两部分组成。地址转换时由于逻辑(虚)页和物理页大小相等,所以它们的页内地址相同,仅页号不同,只需将线性地址的页号转换为物理地址的页面号。页面存储单元物理地址的计算公式为

$$物理地址 = 页大小 \times 页面号 + 页内地址$$

假设主存空间为8KB,辅存空间为16KB,页大小(长度)为1KB(1024B),主存可分8个页面,页面号为0~7,辅存可分16页,页号为0~15。如图6.26所示,假设程序某条指令在逻辑页1中,页内(偏移)地址是452,线性地址应是$1024 \times 1 + 452 = 1476$。如果1号逻辑页从辅存调入主存的7号物理页面,该指令所在的物理地址应是$1024 \times 7 + 452 = 7620$。

3) 分段分页管理

分段分页管理也叫段页式管理,是先分段,段中再分页。分段管理的特点是:模块化性能好,主存利用率不高,管理辅存较困难。分页管理的特点是:主存利用率高,管理辅存较容易,模块化性能差。段页式管理综合了分段、分页的优点。基本原理是:首先将程序按逻辑结构划分为若干个大小不等的逻辑段,然后再将每个逻辑段划分为若干个大小相等的逻辑页。主存空间划分为若干个同样大小的物理页,辅存、主存之间的信息调度以页为单位。用段表、页表记录分段、分页情况。程序每个逻辑段在段表中都有一个表目,每页在页表中都有一个表目。处理器确定被访问单元的物理地址时,需要查找两个表(段表、页表),经过两级地址转换,消耗时间较多。如图6.27所示,执行程序时首先查找段表,做第1级地址转换,逻辑地址转换为线性地址(中间地址),由段表确定要访问的段所

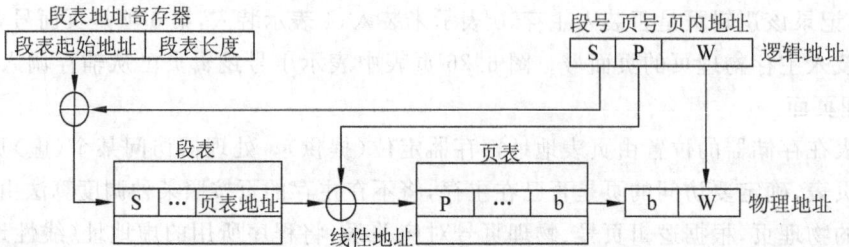

图 6.27 存储器段页管理的地址转换

在页的页表地址,由页表确定页在主存中的位置,做第 2 级地址转换,线性地址(中间地址)转换为最终的物理地址。

6.6.2　Windows 的内存管理

Windows 采用虚拟内存的管理机制。虚拟内存的分配和管理采用 2 级页表结构,第 1 级叫页目录,第 2 级叫页表,如图 6.28 所示,系统有一个控制寄存器,存储页目录的起始地址(页目录所在的页帧号)。每个进程都有一个页目录,页目录中的每个表目是第 2 级页表的起始地址,第 2 级页表的每个表目是对应内存的物理块号(也叫页帧号),即指向对应内存的物理块。

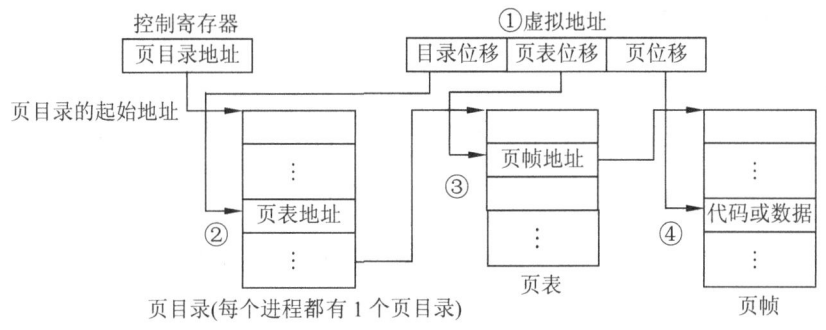

图 6.28　两级页表结构对应两级地址变换

要访问内存某个物理块中的代码或数据,需做如下地址变换。

(1) 给定一个虚拟地址后,把它分成 3 部分:目录位移、页表位移、页内位移。

(2) 地址变换部件将虚拟地址的目录位移左移两位,与控制寄存器中的页目录起始地址拼接,得到所需表目在页目录中的位置(地址),从中取出页表地址(页表所在页帧号)。

(3) 根据页表地址确定页表的起始地址,与左移两位后的页表位移拼接,得到所需表目在页表中的位置(地址),从中取出页帧地址,得到要访问内存的物理块号(也叫页帧号)。

(4) 由物理块号(页帧号)、页位移拼成主存的物理地址,以便访问其中的代码或数据。

两级页表的缺点是:每次地址变换需要访问 3 次内存,降低了访问速度。为了提高访问速度,可采用两项措施:使用快表和高速缓冲存储器。为了避免存储页表消耗主存,页表不是长期存于主存,而是根据需要将页表调入或调出主存。

6.7　外部存储器

外部存储器又称辅助存储器,简称外存或辅存,其特点是容量大、价格低、信息永久保存。常用的外存有硬盘、光盘、U 盘等。

6.7.1 硬盘

硬盘主要有两类：机械硬盘(hard disk drive，HDD)、固态硬盘(solid state drives，SSD)。机械硬盘就是传统的普通硬盘，也叫硬盘驱动器，是计算机的主要硬件。

1. 机械硬盘

机械硬盘的机械结构和工作原理采用 IBM 的温彻斯特(winchester)技术，也叫温彻斯特盘或温盘，这种硬盘由多个铝制或玻璃制的盘片组成，盘片上涂以磁性材料，用于存储信息。

1) 硬盘的基本结构和信息的存储格式

温盘的主要组成部分包括：盘片、盘片转轴、读写磁头、磁头控制器、驱动电机、数据转换器、接口、缓存，它们都封装在一个密封体内。

硬盘的多个盘片由同一个驱动轴带动高速旋转，采用浮动磁头技术(磁头不接触盘片)读写盘上的信息。

硬盘每个盘片划分成若干个同心圆磁道(tracks)，如图 6.29 所示，通常有几十到几百个磁道，从外向内依次编号，最外圈磁道的编号是 0，最里圈磁道的编号是 n。所有盘片的同一编号磁道构成柱面(cylinder)，有 n 个磁道，就有 n 个柱面，柱面数等于磁道数。每个盘片都有上、下两面，两面都记录信息，由磁头读出每面信息，N 个盘片有 $2N$ 个磁头(heads)。每个磁道等分成若干个弧段，这些弧段叫扇区(sector)，每个扇区存放 512B 信息，以扇区为单位读写硬盘。

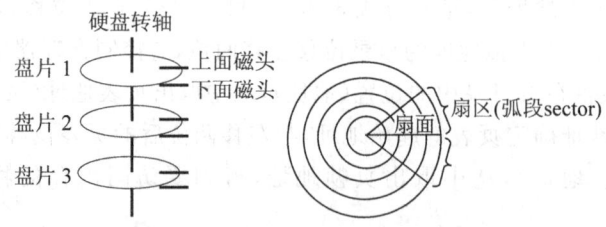

图 6.29 硬盘、磁道、扇区示意图

硬盘存储容量的计算公式是：磁头数×柱面数×扇区数×每扇区的字节数

假设硬盘有 16 个磁头(8 个盘片)、4096 个柱面(每个盘片的磁道数)、63 个扇区，则可计算出硬盘的容量是 $16×4096×63×512=2113929216B≈2GB$。

读写硬盘，需要确定读写位置(磁道号、磁头号、扇区号)，由磁道号确定是哪个磁道，由磁头号确定是盘片的哪一面，由扇区号确定是磁道的哪个区域。例如，硬盘接到读取信息的指令后，磁头根据给定地址，按磁道号、磁头号产生定位信号，转动盘片找到具体扇区(耗费的时间称寻道时间)，依靠磁头读出信息，并传送到硬盘自带的缓存中(其传输速度是硬盘内部的传输速度)，缓存中的数据通过硬盘接口传输到外界(其传输速度是硬盘标称的传输速度，如 UDMA66)。

2) 硬盘与主板的接口标准

各种硬盘的内部机械结构和工作原理基本相同,差别是与计算机主板连接的接口不同。连接接口有 ATA(advanced technology attachment)、SATA(serial ATA,串行 ATA)、SCSI(small computer system interface)。ATA 也称为 IDE(integrated drive electronics)或 EIDE。

ATA 硬盘采用 ATA 接口标准,属于并行接口硬盘,其特点是简单、成本低、数据线多、传输速度慢,已逐步被 SATA 或 SCSI 这种串行接口硬盘取代。ATA、SATA 硬盘多用于普通计算机。

SCSI 硬盘比其他类型的硬盘性能好,传输速率高,可靠性好,其缺点是构造复杂,成本高,比同容量的 ATA、SATA 硬盘价格高,多用于网络服务器、工作站系统。

3) 硬盘的基本参数

硬盘的基本参数有容量、转速、平均访问时间、传输速率、缓存容量。

(1) 容量。

容量是硬盘最主要的参数,以兆字节(MB)或千兆字节(GB)为单位(1GB=1024MB)。硬盘制造商常用 1G=1000MB 标称硬盘容量,格式化硬盘后看到的容量值比标值小。

硬盘也有单片容量参数,单片容量越大,单位成本越低,平均访问时间越短。

(2) 转速。

转速(rotational speed 或 spindle speed)是盘片每分钟的转动圈数,即硬盘内部电机主轴的旋转速度,单位是转数/分钟(r/m),如 10000r/m、15000r/m。

家用普通硬盘的转速有 5400r/m、7200r/m 几种,笔记本硬盘的转速有 4200r/m、5400r/m、7200r/m 等,服务器对硬盘的性能要求最高。SCSI 硬盘的转速有 10000r/m、15000r/m 等。

(3) 平均访问时间。

平均访问时间(average access time)是磁头从起始位置到达目标磁道位置,在目标磁道中找到读写扇区所需的时间。平均访问时间体现了硬盘的读写速度,其计算公式为

$$平均访问时间=平均寻道时间+平均等待时间$$

硬盘平均寻道时间(average seek time)是磁头移到盘面指定磁道所需的时间。目前,硬盘平均寻道时间为 8~12ms,SCSI 硬盘小于或等于 8ms。

硬盘等待时间又叫潜伏期(latency),是磁头已定位在要访问的磁道,等待盘片旋转至要访问的扇区所需的时间。平均等待时间为盘片旋转一周所需时间的一半,一般在 4ms 以下。

(4) 传输速率。

传输速率(data transfer rate)是硬盘读写数据的速度,单位为兆字节每秒(MB/s),包括内部数据传输率、外部数据传输率。

内部数据传输率(internal transfer rate)也称持续传输率(sustained transfer rate),反映硬盘缓冲区的性能,主要依赖硬盘的旋转速度。

外部数据传输率(external transfer rate)也称突发数据传输率(burst data transfer rate)或接口传输率,是系统总线与硬盘缓冲区之间的数据传输率,与硬盘接口类型、硬盘缓存大小有关。

(5) 缓存。

缓存是硬盘控制器中的一块内存芯片,存取速度极快。由于硬盘内部数据的传输速度和外界接口的传输速度不同,缓存起到缓冲的作用,是硬盘内部存储和外界接口之间的缓冲器。缓存的大小与速度直接关系到硬盘的传输速度。

2. 固态硬盘

固态硬盘(solid state drives)简称固盘或 SSD,是半导体结构的硬盘,采用固态电子存储芯片阵列制成,制作成本高于机械硬盘。

1) 与机械硬盘的比较

机械硬盘受自身机械性限制,读写速度较慢。固态硬盘启动快,没有电机加速旋转的过程,读写速度快。

机械硬盘依靠磁头读写旋转的盘片,按顺序读写,速度慢。固态硬盘由控制器控制读写(主控读写),类似内存条的读写,按位读写,速度快。

2) 固态硬盘的分类

通常所说的固态硬盘采用 Flash 芯片(闪存)作为存储介质,如笔记本硬盘、微硬盘、存储卡、U 盘等,其优点是可以移动。

另一种固态硬盘采用 DRAM 作为存储介质,需要独立电源,应用范围较窄,不是主流的固态硬盘。

6.7.2 光盘

光盘存储器简称光盘,包括盘片、驱动器,是利用光学原理读写信息的存储器。

1. 光盘的种类

光盘的种类有很多,按读写方式划分为只读光盘(CD-ROM)、一次性刻录光盘 CD-R、可擦写光盘 CD-RW、DVD 光盘等。

只读光盘(CD-ROM、CD、VCD、LD)是一次成型产品,由母盘(原盘)压制而成。一张母盘可以压制数千张光盘,盘上信息一次制成,可以复读,不能再写,容量在 650～700MB,如音乐 CD 盘、VCD 影碟、CD-ROM 盘等。

一次性刻录光盘 CD-R 只能写一次,需用光盘刻录机写入信息,刻好的光盘不能再次更改,容量一般为 650MB。

可擦写光盘有 CD-RW(CD-read writer)盘、MO(magneto optical disc)盘、PD 盘等,盘上的信息可更改、删除。

DVD(digital video disc、digital versatile disc)光盘主要用于存储视频图像。单个 DVD 盘片容量为 4.7～16.7GB。

2. 光盘记录信息的原理

激光类的光盘以塑料作基片,涂抹采用能反射光线的材料。向光盘写信息时用大功率激光照射盘片,使盘片出现微小凹坑,以此记录信息。读信息时用激光照射盘片,由于盘片凹凸不平,对光的反射不同,光学镜头接收不同的反射,作二进制数 0、1 处理。

因为光盘用凹坑的前后沿表示 1,用凹、平的持续长度表示 0 的个数,所以无法记录连续的 1,为此需先转换数据,再写入光盘。

通常采用 8-14EFM 编码转换数据,将 8 位二进制数转换成 14 位二进制数,8 位数有 256(2^8)种编码,14 位数有 16384(2^{14})种编码,从 16384 种中挑出满足要求的,要求两个 1 之间的 0 至少有 2 个,不多于 10,得到 267 种,去掉不合适的 11 种,余下 256 种,与 8 位数的 256 种编码一一对应,构成 8 位、14 位数 EFM 转换表。

查找 EFM 转换表,可将 8 位数据转换成 14 位的 EFM 码。为了使两个 14 位 EFM 码的结合位置也满足上述编码要求,需要在两个 EFM 码之间增加 3 位合并码。假设有两个 8 位数据 11101000、11100010,查找 EFM 转换表得到两个 14 位 EFM 码 00010010000010、10010001000010,在两个 EFM 码之间添加合并码(如 000),形成编码 00010010000010 000 10010001000010,将该编码写入光盘,形成凹凸。读光盘信息时,按照上述过程的逆过程,可得到原数据。

3. 光盘的读取方式

光盘的读取技术通常有恒定线速度读取方式、恒定角速度读取方式、区域恒定角速度读取方式。

1) 恒定线速度读取方式

恒定线速度读取方式简称 CLV(constant-linear-velocity)方式,该方式适用于低于 12 倍速的光驱,保持数据的传输率不变,随时改变光盘的旋转速度,读内沿数据的旋转速度比读外沿数据的旋转速度快很多。

2) 恒定角速度读取方式

恒定角速度读取方式简称 CAV(constant-angular-velocity)方式,该方式以相同的速度读取光盘的内外沿数据,内沿数据比外沿数据的传输速度低,越往外越能体现光驱速度。

3) 区域恒定角速度读取方式

区域恒定角速度读取方式简称 PCAV(partial-CAV)方式,它融合了 CLV、CAV 两种方式,读光盘外沿数据采用 CAV 方式,读内沿数据采用 CAV 方式,提高了整体的数据传输速度。

4. 光盘的技术指标

光盘的主要技术指标有容量、数据传输率、缓存容量、读取时间等。

1) 容量和数据传输率

一张 CD-ROM 盘的标准容量是 640MB,也有 580MB、700MB 规格。

早期的 CD-ROM 驱动器的数据传输率是 150KB/s，称为 1 倍速光驱，记作 1X。300KB/s 称为 2 倍速光驱，记作 2X，以此类推，如 8X 传输率是 1200KB/s。光驱传输率有 36X、40X、50X、52X 等。DVD 最快达到 24X，CD-ROM、刻录机最快达到 52X。

2) 缓冲容量

缓存是光驱内置的 RAM 存储器，用于暂存从光盘读出的数据，以便以恒定的传输率向主机传送数据。DVD 的缓存容量一般是 128KB，刻录机的缓存容量有 2MB、4MB、8MB 等。

3) 读取时间

读取时间是光驱将光学头移动到指定位置，并将第一个数据读入光盘缓存所需的时间，一般为 200～400ms。

6.7.3 U 盘

U 盘(USB flash disc)也叫优盘或闪存盘，是移动存储器，插入 USB 接口与计算机连接，无需驱动器。U 盘采用 Flash 芯片(闪存)作存储介质，永久保存信息，擦写次数达 10 万次以上。U 盘没有高速旋转的盘片，所以体积小，没有机械运动，运行稳定，不怕震动。使用 U 盘时未用到的空间不通电，导致 U 盘总是开头的存储空间容易损坏。

USB2.0 的传输速度是 480Mb/s(60MB/s)。USB3.0 的传输速度是 USB2.0 的 10 倍。随着 U 盘制作技术的发展，U 盘的容量、传输率会不断提高。

习　　题

一、选择题

1. 存储容量最大的是＿＿＿＿＿＿＿＿。
   (A) 寄存器　　　(B) 高速缓存　　　(C) 内存　　　(D) 外存
2. ＿＿＿＿＿＿＿＿的速度与处理器的速度匹配。
   (A) 寄存器　　　(B) 高速缓存　　　(C) 内存　　　(D) 外存
3. 计算机内存条是指＿＿＿＿＿＿＿＿。
   (A) 只读存储器　(B) ROM　　　　　(C) DRAM　　　(D) SRAM
4. RAM 的特点是＿＿＿＿＿＿＿＿。
   (A) 可随机读写，断电后信息不丢失　　(B) 可随机读写，断电后信息丢失
   (C) 只能顺序读写，断电后信息不丢失　(D) 只能顺序读写，断电后信息丢失
5. 需要定时刷新的存储器是＿＿＿＿＿＿＿＿。
   (A) DRAM　　　　(B) SRAM　　　　(C) PROM　　　(D) EEPROM
6. PROM 存储器是＿＿＿＿＿＿＿＿。
   (A) 可编程读写存储器　　　　　　　　(B) 可编程只读存储器

(C) 静态只读存储器　　　　　　　(D) 动态随机存储器

7. 计算机的 BIOS(基本输入输出系统)存储在_____中。
   (A) ROM　　　(B) RAM　　　(C) 硬盘　　　(D) 光盘

8. 硬盘的接口标准有_____。
   (A) ATA　　　(B) SATA　　　(C) SCSI　　　(D) A、B、C

9. _____的说法正确。
   (A) 硬盘有机械硬盘、固态硬盘
   (B) 硬盘由多个盘片组成，一个驱动轴带动高速旋转
   (C) 硬盘的每个盘片被划分成若干个同心圆的磁道
   (D) A、B、C

10. _____的说法错误。
    (A) 光驱的基本数据传输率是 150KB/s
    (B) CD-ROM 是只读光盘
    (C) 光驱的基本数据传输率是 300KB/s
    (D) CD-RW 是可擦写光盘

二、填空题

1. 存储器是计算机的_____装置，用于存放_____、_____等。存储器的指标有_____、_____、_____、_____、_____等。

2. 内存储器也叫_____或_____，处理器可直接读写_____。辅助存储器也叫_____或_____，如_____等，处理器读写_____须通过_____。

3. RAM 分两类：_____、_____。_____依靠电容_____原理存储信息，因电容电荷易_____，需每隔一定时间进行_____，才能维持_____。

4. 存储芯片的容量是 1K×4b，1K 表示有_____，4b 表示_____。$2^{10}=$_____K，访问 1K 的存储单元至少需用_____根地址线。

5. 系统包含多个存储芯片，读写时需选择_____，选择方法有_____、_____等。每个存储芯片内都有_____存储单元，片内寻址是确定存储芯片中的_____。

6. 全地址译码使用_____作译码信号，以便选择_____，使用低位地址线选择芯片内的_____，_____都有唯一的地址(编号)。部分地址译码仅使用_____作译码信号，一个存储芯片有_____的地址范围。

7. 单位时间内处理器频繁访问_____，甚少访问_____，这种现象叫_____。如执行循环程序段时，需_____该程序段。

8. 引入缓存是基于_____原理。处理器读取指令或数据时，先在_____，如果没找到，再去_____，将其送入_____，方便_____次使用。缓存用于存放_____的部分内容，是处理器频繁_____。

9. 用一部分_____模拟内存，可以构成_____，由_____部件负责管理。用户编程时只需考虑_____。存储器的管理方式有分段(段式)、_____、_____。

10. 分段管理存储器是将存储空间分成_____。程序中定义的段名、段内地址(偏

移量）叫_____或_____。运行程序时以_____为单位将_____转换为_____。

三、问答题

1. 半导体存储器如何分类？写出 RAM、ROM 的优缺点。
2. 为什么 DRAM 需要定时刷新？某 DRAM 芯片有 8 根地址线，却能访问 2^{16} 个存储单元，写出原因。
3. 常用的地址译码方式有几种？它们各有什么特点？
4. 什么是局部性访问？引入缓存是基于什么原理？好处是什么？
5. 什么是位扩充、字扩充、字位扩充？
6. 假设有 2K×4b 的存储芯片，含有 11 根地址线、4 根数据线、片选线 $\overline{CS}$、读允许线 $\overline{OE}$、写允许线 $\overline{WE}$，分别构成 2K×8b、4K×8b 的存储器，各自采用哪种扩充方式，需几片？请画出连接框图。
7. 什么是虚拟存储器，好处是什么？有哪 3 种管理方法？
8. 硬盘由哪几部分组成？目前常见的硬盘接口是什么？
9. 光盘记录信息的原理是什么？

第 7 章 输入输出技术

本章的主要内容包括输入输出接口、输入输出的基本方法、中断技术及 8259 中断控制器。

7.1 输入输出接口

输入输出设备简称外部设备、外设或 I/O(input/output)设备,用于实现输入、输出操作。输入设备有键盘、鼠标、扫描仪、光盘、硬盘、音频输入设备等。输出设备有显示器、打印机、绘图仪、光盘刻录机、硬盘、音频输出设备等。

各种外设的结构、工作原理各不相同,外设的操作速度、数据格式、信号电位、工作时序等与计算机不匹配,计算机不能直接连接外设,需要通过接口(缓冲电路)这个"桥梁"连接,计算机与外设通过接口传输数据。例如,显卡是显示器与处理器之间的接口,如图 7.1 所示。

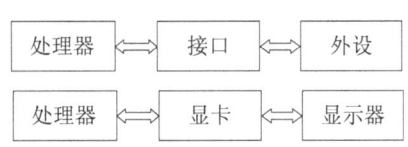

图 7.1 处理器与外设通过接口连接

7.1.1 输入输出接口的基本功能

输入输出接口电路也叫输入输出接口,简称 I/O 接口或接口。设计接口时必须使其满足一些要求,才能保证设备与处理器之间能够可靠、有效地传输数据。

1. 接口的基本功能

1) 选择设备

计算机连接多个外设,接口应能识别计算机发来的设备选择信号,选中对应的设备,以便使用该设备传送数据。该功能也叫寻址功能或选择功能。

2) 转换信号

计算机的信号与外设的信号存在差异。各种外设的信息格式各不相同,有模拟量(如电流量、电压量)、数字量、开关量等。

计算机与外设的信号电位也不匹配,计算机中使用的元件大都是集成电路,外设大多是机电设备,往往不能用集成电路的电位驱动,必须有自己的电源系统和信号电位。有些设备采用串行方式传送数据,有些设备采用并行方式传送数据。

接口应能够进行信号转换,如信号格式转换、电位转换、码制转换等,为传送数据提供信号支持。例如,显卡能将来自计算机的数字信号转换成模拟信号,送给显示器显示。

3) 传送数据

处理器与外设传输数据时,由接口提供所需的控制信号、状态信号。处理器向接口发出控制命令,监测、管理接口和外设。外设通过接口接受处理器发出的命令,按照命令控制设备完成相应操作,并把设备的工作状态返给处理器。外设也是通过接口向处理器发出请求。

4) 缓存数据

与处理器的速度相比,外设的速度太慢。外设有每秒传送兆位数量级的硬盘,也有每秒只能打印百个字符的打印机。为了协调速度的差异,接口应能暂存(记忆)主机送给外设的命令和数据,即具有缓存或锁存功能,起到缓冲、协调的作用,使主机与外设能够协调一致地工作,确保数据正确传送。

5) 报告错误和检查数据

当外设发生故障时,能向处理器报告故障的类型、位置等,能检查传送的数据是否正确,如采用奇偶校验方法。

2. 接口传送数据的类型

输入输出接口简图如图 7.2 所示,处理器通过地址线、数据线、控制线与接口连接。外设与接口传送的信息有数据信息、状态信息、控制信息。

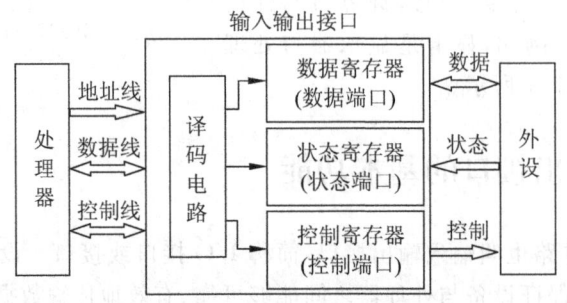

图 7.2 输入输出接口简图

数据信息可以是 8 位、16 位、32 位的数字量,或是控制外设启动、停止的开关量,也可以是模拟量(需由模/数转换器将模拟量转换为数字量,送给处理器处理)。状态信息是外设当前的工作状态,如正忙(busy)、准备就绪(ready)等。控制信息用于控制接口的工作方式,如控制外设的启动或停止,通常由处理器向外设发出控制信息。各种信息均以二进制数据发送给接口,存放在接口内部相应的寄存器中。处理器与外设传送数据,实际是读写接口中的寄存器。

7.1.2 输入输出端口及编址方式

1. 输入输出端口

如图7.2所示,接口内部的能被处理器直接访问的寄存器称为输入输出端口(input/output port),简称 I/O 端口。用于存放数据的数据寄存器称为数据端口,如数据输入缓冲寄存器、数据输出缓冲寄存器。用于存放外设状态信息的状态寄存器称为状态端口,输入设备的状态常用 ready 表示,输出设备的状态常用 busy 表示。状态端口中的信息只能被处理器读出。用于存放控制信息的控制寄存器称为控制端口。处理器通过访问端口确认外设的状态,控制外设运行。

2. 输入输出端口的编址方式

外设与处理器通过接口连接,一个接口中包括多个端口。为了处理器识别不同端口,要为每个端口指定一个端口地址。端口地址是处理器与外设直接通信的地址,访问端口就是端口寻址。端口地址有两种编排方式:与内存统一编址、自己独立编址。

1) 与内存统一编址

早期计算机的内存、端口采用统一编址,从内存的整个地址空间中划出一小块连续地址作为端口地址,如图7.3所示,分配给端口的地址空间通常是64K(65536)。内存不能使用被端口占用的地址,减少了内存的可用地址范围。

统一编址把一个端口看成一个内存单元,处理器可以采用访问内存的指令访问端口,采用内存指令直接与端口传送数据,无须设置专用的输入输出指令,简化了指令系统,其缺点是不易根据指令区分是输入输出操作,还是内存操作。

2) 独立编址

目前,计算机通常采用端口独立编址。独立编址有两个地址空间:一个是内存的地址空间;另一个是端口的地址空间,两者各自独立,如图7.4所示。采用专用的输入输出指令访问端口,如 IN、OUT 指令。

图7.3　I/O 端口与内存的统一编址示意图　　图7.4　I/O 端口与内存的独立编址示意图

外设端口的地址范围取决于地址线的位数。例如,20 位地址总线的最大地址编号是 2^{20},即 FFFFFH,如果采用地址总线的低 16 位访问(寻址)端口,最大地址数是 2^{16},即 FFFFH,端口的地址范围是 0000H～FFFFH。

3. 端口的地址译码

处理器为了读写端口,需要定位端口。通过来自地址总线的地址信息确定要访问的端口,这种操作称为端口地址译码,采用地址译码电路实现。端口地址译码类似第 6 章介绍的存储芯片的地址译码。

端口地址译码的方法有多种,可按不同方式组合地址信号、控制信号,达到译码目的。(芯)片间选择译码、(芯)片内选择译码是常用的两种方法。

片间选择译码适用于接口内只有一个端口的情况。所有地址线都参与译码,地址总线与处理器的控制信号组合,作为译码电路的输入信号,译码电路的输出信号直接连接到接口的片选信号(chip select,CS),以此选择要访问的接口。

片内选择译码适用于接口内有多个端口的情况。只有高位地址总线参与译码,作为译码电路的输入信号,译码电路的输出信号连至接口的片选信号,以此选择接口(用于决定接口的基地址)。低位地址线不参加译码,不与译码电路连接,直接与接口的地址线连接,以便选择接口内的端口。

7.2 输入输出的基本方法

计算机与外设传输数据的常用方式有:无条件传输、查询方式传输、中断方式、直接存储器存取方式(DMA)。大型计算机还可以采用通道传输方式。

7.2.1 无条件传输与查询方式传输

根据外设的状态,确定是采用无条件传输数据,还是采用查询方式传输。

1. 无条件传输

无条件传输是不查询外设的状态,直接通过输入输出指令传输数据,适用于简单、随时可用的外设,如开关、七段数码管等,这种外设总是处于就绪(准备好)状态,每次传输数据,不必查询当前状态,可以直接传输数据。

2. 查询方式传输

有些外设不是永远处于就绪状态。执行输入操作时,不能确定输入设备是否准备好数据。执行输出操作时,不能确定输出设备是否处于空闲状态,可以接收数据。查询方式下的数据传输,需要通过指令不断查询外设的状态,确定外设满足条件,才能传输数据。图 7.5 给出了查询方式传输数据的工作流程,包括以下 3 步。

(1) 读外设状态端口的状态字。
(2) 检查状态字的某些位是否满足条件,如果不满足,则回到上一步继续读状态字。
(3) 满足条件,传送数据。

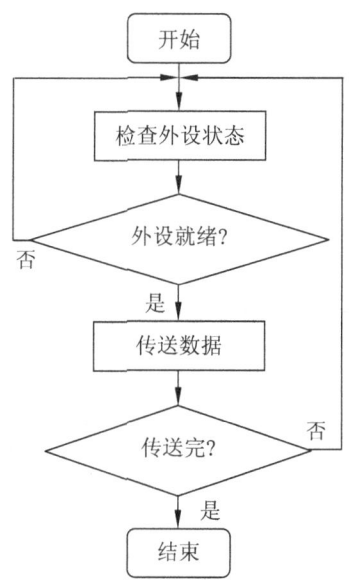

图 7.5 查询方式传输数据的工作流程

例 7.1 假设某个输入设备的状态寄存器的第 4 位(b4)是 ready 位,ready 低电位(ready=0)时表示外设未准备好,ready 高电位(ready=1)时表示外设已准备好。编写程序段从该输入设备读出数据,并送到 AL 寄存器。下面程序段用查询方式读出该设备的数据。

```
        ⋮
LOOP:  IN    AL,外设的状态端口地址    ;读取接口的状态信息
       TEST  AL,10H                ;检查 ready 位,即检查设备是否准备好
       JE    LOOP                  ;未准备好(ready=0),继续查询状态
       IN    AL,数据端口地址         ;准备好(ready=1),从数据端口读出数据
        ⋮
```

从上面程序段可知,整个查询期间,不能做其他事,直到外设就绪后,才能传送数据。计算机通常连接多个外设,逐个查询外设,不能及时响应外设的要求,工作效率低。查询方式多用于简单、慢速、可以不及时响应的外设。

7.2.2 中断方式

采用中断方式进行输入输出操作,处理器不必花费大量时间查询外设的状态,外设具有申请传输数据的主动权。当外设准备就绪,需要传送数据时(输入设备准备好数据,或者输出设备可以接收数据),会主动向处理器发出请求信号,要求传送数据。处理器发现外设的请求后,会暂停现行工作,转去处理外设的请求,为外设服务(执行响应的中断服务程序),完成服务后,返回被暂停的工作继续执行。图 7.6 是中断方式的示意图。

中断方式的数据传送由硬件、软件相结合,硬件依赖于中断控制电路,软件依赖于中

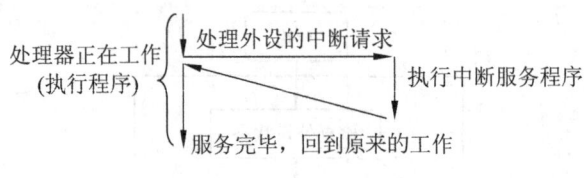

图 7.6 中断方式的示意图

断服务程序,通过执行中断服务程序实现数据传送。这种方式的特点是:外设工作期间,处理器无须等待,可以处理其他任务,处理器与外设可以并行工作,提高了系统效率,实现信息的实时处理。

实现中断方式的数据传送,需要硬件支持,增加了硬件开销。需增加含有中断功能的接口电路,用来产生中断请求信号。还需要中断控制器,当有多个设备提出中断请求时,能够根据优先级决定受理哪个设备。在为外设做中断服务前,还必须记录(保存)当时的现场(如位置信息、寄存器的值等),以便完成中断服务后,能恢复中断前的状态,继续执行被中断暂停的工作。保存现场信息,要耗费大量时间,增加了系统的开销。关于中断方式的详细介绍,见 7.3 节的中断技术。

7.2.3 直接存储器存取方式

直接存储器存取(DMA)方式在外设与主存储器之间开辟直接的数据传送通路,不通过处理器传送,适合快速大批量传输数据(如硬盘与主存直接传输数据)。图 7.7 中的实线表示 DMA 方式的数据传送,虚线表示外设与主存之间没有传输通路,由处理器控制传输。

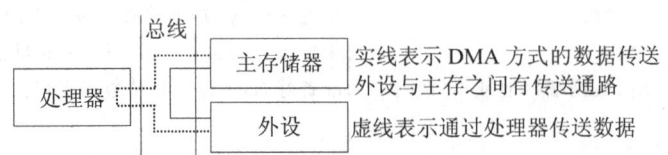

图 7.7 DMA 方式的示意图

由处理器控制数据传输时,处理器需要负责提供数据的源地址、目的地址,承担修改地址、传送数据的工作。采用 DMA 方式传输数据,需要 DMAC(direct memory access controller,DMA 控制器),由 DMAC 控制主存与外设之间传送数据,处理器只需让出总线,处理器负责的工作由 DMAC 承担。如图 7.8 所示,DMA 方式下主存与外设传送数据的具体过程如下。

(1) 外设准备就绪后,向 DMAC 发出请求信号 DREQ(direct request)。

(2) DAMC 收到请求信号后,向处理器发出占用总线的请求信号 HOLD,请求处理器让出总线的控制权,以便由 DAMC 控制总线。

(3) 处理器收到 HOLD 信号,在完成总线的当前使用(当前总线周期)后,立即响应 HOLD 信号,将数据总线、地址总线、控制总线变成高阻状态,放弃总线的控制权,向

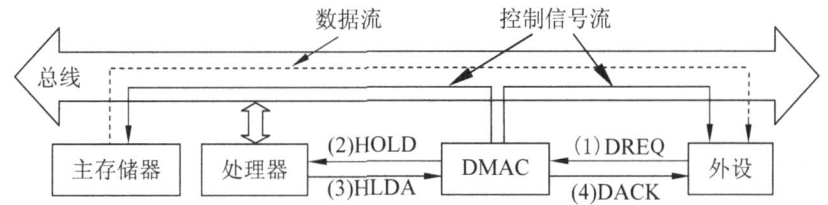

图 7.8 DMA 方式主存与外设传送数据示意图

DMAC 发出总线响应信号 HLDA(hold acknowledge)。

(4) DMAC 收到 HLDA 信号后,获得总线的控制权,向外设发出 DMA 请求的响应信号 DACK(direct acknowledge)。

(5) DMAC 先将发送数据的源地址放到地址总线,随后发出读命令,将源地址中的数据放到数据总线,然后发出写命令,将数据写到目的地址。该过程一直持续到 DMAC 完成预定数据块的传送为止。

(6) 完成数据传送后,DMAC 撤销 HOLD 信号,处理器发现 HOLD 信号失效后,立即撤销 HLDA 信号,恢复对系统总线的控制权,继续执行被中断的程序。

因为 DMA 方式不通过处理器传送数据,因此进入 DMA 方式传送数据后,处理器处于空闲状态,其内部状态保持不变,不需要保护现场。DMAC 控制总线的时间长短取决于 HOLD 信号的有效时间。

DMA 传送数据不局限于存储器和外设之间,可以扩充到在存储器的两个区域之间或两种高速外设之间。随着外设的种类、数量越来越多,管理控制越来越复杂,对 DMAC 的要求越来越高,有时需要同时使用多个 DMAC,会引起冲突。为了解决这些问题,引入了输入输出通道方式的数据传送。

7.2.4 通道传输方式

通道是用来控制外设工作的硬件装置,可看成是一个简单的处理机,有独立的指令系统,用于统一管理外设,代替处理器。通常由通道控制输入输出操作。大型计算机的通道完全独立于处理器,是专门负责输入输出操作的处理机。依靠通道实现处理器、外设并行工作,极大地提高了系统效率。图 7.9 是通道控制下的系统结构。

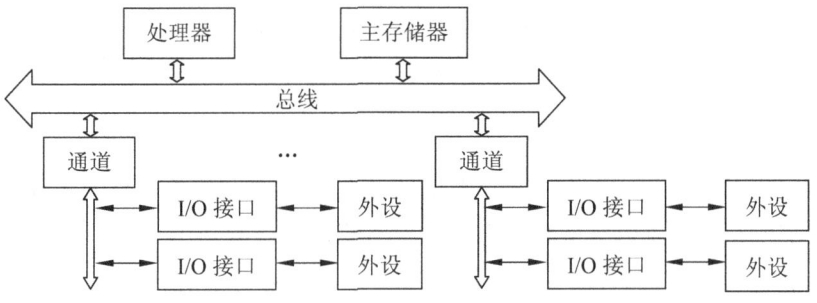

图 7.9 通道控制下的系统结构

7.3 中断技术

中断是现代计算机的一项重要技术。利用中断可以及时处理外设请求和突发事件，提高处理器的工作效率。

7.3.1 中断的基本概念

1. 什么是中断

所谓中断，是处理器执行程序时，处理器外部或内部发生某种事件，强迫处理器暂时中止（中断）正在运行的程序，转去处理事件，即执行处理事件的程序（称为中断服务程序或中断处理程序），处理完事件后，又返回被中止（中断）的程序继续执行，这一过程称为中断。

日常工作或生活中也有中断现象，如教师正在讲课，有学生提问，教师中止（中断）讲课，回答问题后继续讲课。

2. 中断源

中断的来源称为中断源。引起中断的事件和能发出中断请求的设备都是中断源。中断源分成两类：内部中断源、外部中断源。内部中断源在处理机的内部，外部中断源在处理机之外。

1) 内部中断源与内部中断

内部中断源在处理机的内部，引发的中断称为内部中断。根据内部中断的原因，内部中断又分为软中断和异常，软中断由执行中断指令引起。异常是处理机执行指令时，因出现错误、故障引起的中断，如除数为零、运算结果溢出等。

(1) 软中断。

软中断是执行中断指令 INT N 引起的中断，也叫 INT N 中断或 N 型中断，N 为中断的类型码。例如，INT 22 中断指令的功能是检查键盘是否有键按下。

(2) 除法出错中断。

处理器执行除法指令时，发现除数为 0 或商超出范围，就会引发除法出错中断，立即执行中断类型码 0 的中断处理程序，即执行中断指令 INT 0。除法出错中断也叫 0 型中断。

(3) 单步中断。

单步执行指令时，产生单步中断。如果设置标志寄存器的单步标志位 TF=1，处理器每执行完一条指令，就引发单步中断。单步中断的类型码是 1，也叫 1 型中断，属于软中断。

(4) 断点中断。

调试程序过程中,如果需要跟踪程序的走向,了解中间结果,可以在程序中添加 INT 3 指令,以此设置断点,运行程序时会在断点处暂停,以便了解当前状态,如地址、寄存器、变量的值。断点中断称为 3 型中断,属于软中断。

(5) 溢出中断。

执行运算指令后,如果导致标志寄存器的溢出标志位 OF＝1,则表示运算结果溢出,引起中断类型码为 4 的溢出中断。如果运算结果无溢出,程序就继续执行下一条指令。

2) 外部中断源

外部中断源在处理机之外,如硬件设备、外设接口等。外部中断源引发的中断称为外部中断或硬件中断。外部中断分为可屏蔽中断、非屏蔽中断两类。可屏蔽中断由可屏蔽中断请求信号线(interrupt request,INTR)发出。非屏蔽中断由非屏蔽中断请求信号线(not maskable interrupt,NMI)发出。

(1) 可屏蔽中断。

对于可屏蔽中断,处理器可以响应,也可以不响应,取决于标志寄存器的中断允许标志位 IF。如果 IF＝0(关中断),处理器不响应中断。如果 IF＝1(开中断),当处理器正常执行程序且没有 DMA 请求的情况下,执行完当前指令后立即响应中断。执行 STI 指令可设置 IF＝1,执行 CLI 指令可设置 IF＝0。

由键盘、磁盘、打印机、时钟等外设发出的中断请求都属于可屏蔽中断。当有多个外设同时或先后请求中断时,按优先级排队,等待处理。

(2) 非屏蔽中断。

对于非屏蔽中断,处理器必须给予响应(处理),不受中断允许标志位 IF 的约束,处理器执行完当前指令后,即去处理非屏蔽中断。非屏蔽中断的优先级高于可屏蔽中断。

特定的内部软件或外部硬件都可以引起非屏蔽中断。例如,外部硬件发生紧急或异常情况(如掉电),就会引发非屏蔽中断。

3. 中断服务程序

处理中断事件的程序叫中断服务程序或中断处理程序。不同的中断对应不同的中断服务程序。执行中断服务程序不同于一般的子程序,发生中断事件后,会自动执行对应的中断服务程序。子程序不是自动执行,是通过指令人为调用执行。

4. 中断类型和中断向量

每个中断源都对应一个中断类型号,简称中断类型,也叫中断向量码。每个中断源(中断类型)都对应一个中断服务程序,存储在内存中,供处理器处理中断时执行。中断服务程序第 1 条指令的位置称为中断服务程序的起始地址(入口地址或首地址),简称中断向量或中断矢量。

中断类型(中断向量码)与中断向量存在对应关系,两者的关系见 7.3.3 节。发生中断时由中断源提供中断类型号,处理器根据中断类型号确定中断源,以便获得中断服务程序的起始地址。

7.3.2 中断的过程

一个完整中断的过程由请求中断、响应中断、处理中断 3 个阶段组成。

1. 请求(申请)中断

当外设(中断源)要求处理器为它服务时,通过中断请求信号线向处理器发出中断请求,产生一个电位信号,加到处理器的中断请求信号线上,该中断请求信号一直保持到被处理器发现,处理器发现后清除该信号,避免重复响应同一个中断请求,为下一次服务请求做准备,这些可由中断控制器负责完成。

2. 响应中断

处理器执行每条指令后,都会检测中断请求线是否有中断请求信号,决定是否响应(回应)它。响应中断应具备以下条件。

(1) 处理器处于开中断状态,即标志寄存器的标志位 IF=1,IF=0 是关中断。

(2) 不处于 3 种状态:复位(reset)、保持(hold)、有非屏蔽中断请求(NMI)。保持状态是指处理器放弃对总线的控制权,由其他设备占用总线。处于复位或保持状态时处理器不工作,不能响应中断。非屏蔽中断的优先级高于可屏蔽中断,当同时有非屏蔽中断请求、可屏蔽中断请求时,处理器响应非屏蔽中断请求,不响应可屏蔽中断请求。

(3) 执行完某些指令(如开中断指令 STI、中断返回指令 IRET)后,才能响应可屏蔽中断。

3. 处理中断

处理中断就是执行相应的中断服务程序,在执行之前需要保护断点。

1) 保护断点

记录(保存)断点信息的目的是为了处理完中断后能继续执行被中止的程序。假设某程序执行完第 K 条指令发生中断,应暂停执行第 $K+1$ 条及后面的指令,第 $K+1$ 条指令的地址就是断点,处理完中断后,应能从断点处开始执行指令,即回到 $K+1$ 条指令继续执行。处理器会自动将断点信息、标志寄存器的值等当前程序的现场信息存入栈中保存,以备恢复现场时使用。

2) 按优先级处理中断

不同的中断源对应不同的中断服务程序。中断源提出中断后,由处理器识别中断源,确定中断服务程序。当多个中断源同时提出中断请求时,处理器先处理优先级高的中断,具体原则如下。

(1) 对同时产生的中断,先处理优先级高的中断,优先级相同时按排队原则处理。

(2) 对非同时产生的中断,按先请求先处理的原则,并且低优先级的中断服务程序允许被高优先级的中断源中断,即中止正在执行的低优先级的中断服务程序,转去处理高优先级的中断,这叫中断嵌套。

按照优先级响应中断,需要确定中断源的优先级,有软件、硬件两种确定方式。例如,软件查询法是顺序查询中断请求,先查询的优先级高,先被服务。硬件识别包括并行判优(如中断向量法)、链式判优等。中断向量法由中断源提供中断的类型号,处理器根据类型号确定中断源和优先级,将优先级高的中断请求送到处理器的中断请求信号线上。

3) 执行中断服务程序

保护断点信息后,就执行中断服务程序。图 7.10 是中断服务程序的流程,给出编写中断服务程序涉及的指令。图 7.10(a)是允许被打断的中断服务程序流程,即允许优先级高的中断请求打断低级的中断服务。保护现场是保护那些在中断服务程序中用到的寄存器的原值,通过 PUSH 指令存入栈中保存。例如,"PUSH AX"指令是将 AX 寄存器的值存入栈中。保护现场后应立即开中断,以便能响应高级的中断请求。恢复现场之前必须先关中断,防止在恢复现场过程中被新的中断请求打断,通常使用 POP 指令恢复现场,如"POP AX"指令是恢复 AX 寄存器的原值。最后一条指令是中断返回指令 IRET,即恢复由处理器自动保护的断点信息,通过恢复现场、返回断点可以恢复处理中断之前的全部状态,以便能恢复执行被中止的程序。

图 7.10(b)是不允许被打断的中断服务程序流程,即不允许优先级高的中断请求打断优先级低的中断服务。在为中断源服务之前关闭中断,可确保处理完该中断后才能接受(响应)新中断。

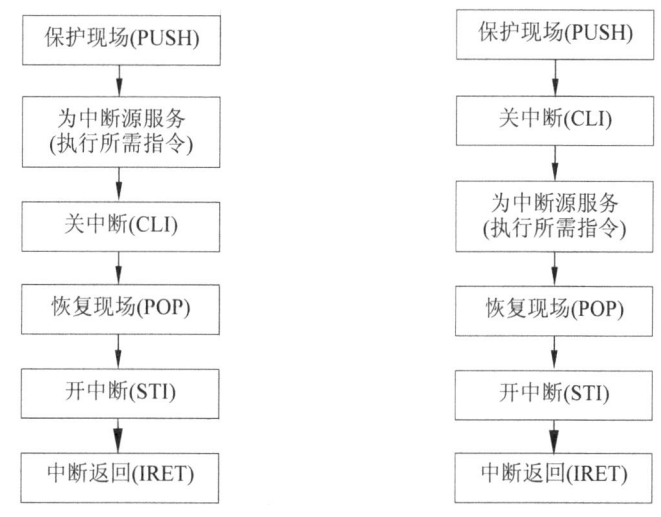

(a) 允许被打断的中断服务程序流程　　(b) 不允许被打断的中断服务程序流程

图 7.10　中断服务程序的流程

7.3.3　中断服务程序地址的获取方法

执行中断服务程序,需要知道中断服务程序的第一条指令在什么位置,即获取中断服务程序的起始地址(中断向量)。在不同的工作模式下,该起始地址的获取方法不同,下面分别进行介绍。

1. 实模式下中断服务程序地址的获取方法

对于 8086/8088 系统或系统工作于实模式,所有中断服务程序的地址都存放在内存的中断向量表中,该表存于内存的 0~1023 单元中,共 1KB,如图 7.11 所示,每个中断向量占 4B,两个高位字节存放中断服务程序所在段的基地址(CS),两个低位字节存放它的偏移地址(IP),如 0~1 单元存放 0 号中断服务程序所在段的基地址,2~3 单元存放其偏移地址。

0~1 单元	2~3 单元	4~5 单元	6~7 单元		1020~1021	1022~1023
偏移量	段的基地址	偏移量	段的基地址	...	偏移量	段的基地址
中断类型 0 的中断向量		中断类型 1 的中断向量			中断类型 255 的中断向量	

图 7.11 中断向量表的结构

由中断向量表可知,每个中断向量在中断向量表的位置是"中断类型号×4",如 2 号中断向量在该表的位置是 2×4,该表的 8~11 这 4 个单元存放 2 号中断向量,10~11 两个单元存放它所在段的基地址,8~9 两个单元存放偏移量,段基地址、偏移量两者结合能算出该中断服务程序的地址。再如,255 号中断向量在该表的位置是 255×4,该表的 1020~1023 这 4 个单元存放 255 号中断向量。

2. 保护模式下中断服务程序地址的获取方法

如果系统工作于保护模式,中断服务程序的地址由中断描述符表(interrupt descriptor table,IDT)提供,中断描述符表取代了实模式的中断向量表。IDT 的位置不再固定于内存的 0~1023 单元,IDT 被定义成一个特殊段,可放在内存的任意位置,容量也不限于 1KB,该特殊段的地址由中断描述符寄存器(interrupt descriptor table register,IDTR)提供。

中断描述符存放在中断描述符表中。中断描述符也叫中断门(或称门描述符,简称门)。门的含义是,当发生中断时必须先通过这些门,然后才能进入相应的中断服务程序。门可以提供中断服务程序的地址等信息,每个门都对应一个中断类型,共有 256 个中断类型,即 IDT 中最多存放 256 个中断描述符,每个中断描述符占 8B。

门有不同类型,包括中断门(interrupt gate)、陷阱门(trap gate)、调用门(call gate)、任务门(task gate)。不同类型的门处理中断会有区别,通过中断门、调用门、陷阱门处理的中断,它的中断服务程序与当前正在执行的程序在同一任务中;通过任务门处理的中断,它的中断服务程序与当前正在执行的程序不在同一任务中。

中断类型号 n 乘以 8,可以得到对应门(中断描述符)在中断描述符表的偏移(相对)

地址。IDT 的起始地址、长度(界限)由 IDTR 给出。IDTR 是一个 48 位寄存器,高 32 位提供中断描述符表的起始地址(基址),低 16 位提供中断描述符表的长度,通过 LIDT 指令向 IDTR 装入数据。

一个中断描述符由 8B 组成,其中 2B 用于存储段选择符,4B 用于存储偏移量,2B 用于存储其他属性,格式如图 7.12 所示。下面简单介绍一下各字节的含义。

0~1B	偏移量 A15~A0				
2~3B	段选择符				
4~5B	P 15 位	DPL 14~13 位	0 12 位	TYPE 11~8 位	0 0 0 7~5 位	字的计数值 4~0 位
6~7B	偏移量 A31~A16				

图 7.12　中断描述符的格式

1) 段选择符

段选择符存放在图 7.12 的 2~3B 中,提供被调用中断服务程序所处段的选择符,通过它可以得到段描述符在描述符表中的位置。根据门类型段选择符指向不同类型的段描述符,是调用门、中断门或陷阱门时指向代码段描述符,是任务门时指向任务状态段(task status segment,TSS)描述符。

2) 偏移量

偏移量存放在 0~1B、6~7B 中,占 4B,提供被调用中断服务程序在段中的偏移地址。

3) P

P(present)表示门描述符的有效性,占 1 位。P=1 表示门描述符有效,P=0 表示门描述符无效。

4) DPL

DPL(descriptor privilege level)表示中断的优先级,占 2 位,可表示 4(0~3)个级别,0 级的优先级最高。

5) TYPE

TYPE 表示门的类型,占 4 位。取值为 1110 时表示 32 位中断门,为 1111 时表示 32 位陷阱门,为 0101 时表示任务门,为 1101 时表示是 32 位调用门,为 1011 时表示是忙状态的 32 位任务状态段。

6) 字的计数值

该参数只对调用门有效,表示调用子程序时,从调用程序级的栈向子程序级的栈复制字(或双字)的个数,16 位的栈用单字,32 位的栈用双字。

图 7.13 给出保护模式下中断服务程序地址的获取过程,具体说明如下。

(1) 根据中断类型号 N 得到中断门在中断描述符表(IDT)中的偏移地址(偏移量),从 IDTR 寄存器的高 32 位(47~16 位)取出中断描述符表的起始地址(基址),由公式

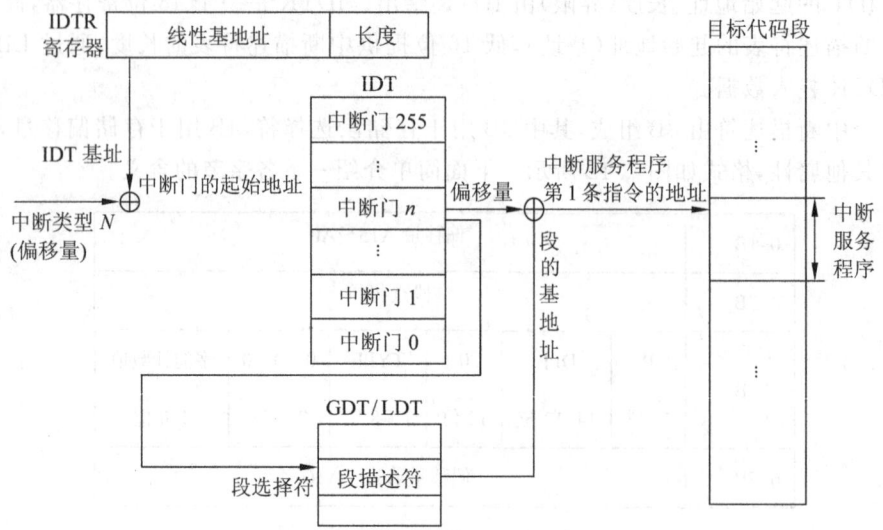

图 7.13 保护模式下中断服务程序地址的获取过程

"IDT 的基址 + $N \times 8$"算出对应中断门的起始地址。

(2) 从 IDT 中取出对应的中断门描述符,分解出段选择符、偏移量、属性。

(3) 根据中断门提供的段选择符,从全局描述符表(global descriptor table,GDT)或局部描述符表(local descriptor table,LDT)取出段描述符。

(4) 根据段描述符提供的中断服务程序所在段的基地址、中断描述符提供的偏移地址(偏移量),算出所需中断服务程序的起始地址(第 1 条指令的地址)。

得到中断服务程序第 1 条指令的地址后,从该地址开始执行中断服务程序。

7.3.4 8259 中断控制器

8259 是可编程中断控制器(programmable interrupt controller,PIC),用于管理可屏蔽中断请求,它兼容 Intel 系列机。一片 8259 能控制 8 个中断源,多片级联可以接受、管理多级中断,构成中断系统。

8086/8088 微机含一片 8259 中断控制器,80286 以上的微机含两片 8259 中断控制器,两片连成级联形式,新型微机将中断控制器集成在芯片组中,功能与 8259 完全兼容。

1. 外部引脚和内部结构

图 7.14、图 7.15 分别是 8259 的外部引脚和内部结构简图。

1) 8259 的外部引脚

使用 8259,首先要了解各引脚的功能,各引脚如图 7.14 所示。

(1) $\overline{CS}$(chip select)是片选信号,低电位时 8259 工作,能被处理器读写。

(2) $\overline{CS}$(read)、$\overline{WR}$(write)分别是读、写控制信号,连接系统的读、写信号线。

(3) $D_0 \sim D_7$ 是双向数据线,连接系统总线的低 8 位数据线,编程时通过 $D_0 \sim D_7$ 向

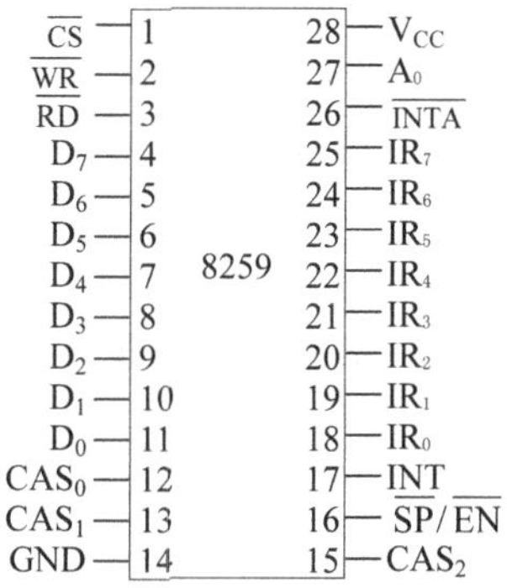

图 7.14 8259 的外部引脚

8259 芯片写入控制字、命令字。响应中断时,通过 $D_0 \sim D_7$ 将中断类型号送给处理器。

(4) $CAS_0 \sim CAS_2$ (cascade)是级联控制线,当多个 8259 级联工作时,有 1 个作为主控片,其他都是从属片。主控片的 $CAS_2 \sim CAS_0$ 作为输出,连接从属片的 $CAS_2 \sim CAS_0$。当从属片提出中断申请时,主控片的 $CAS_2 \sim CAS_0$ 将相应编码送给从属片,允许从属片中断。

(5) A_0 是 8259 内部寄存器的选择信号,用于选择不同的寄存器,通常连接地址总线的某一位,如 A_0 或 A_1 等。

(6) $\overline{INTA}$(interrupt acknowledge)是中断响应信号,连接处理器的 $\overline{INTA}$。

(7) $IR_0 \sim IR_7$(interrupt requests)是中断请求输入信号线,外设中断请求可加在 $IR_7 \sim IR_0$ 的任意端。

(8) INT(interrupt request)是中断请求输出信号,连接处理器的中断请求信号 INTR。

(9) $\overline{SP}/\overline{EN}$(slave program/enable buffer)是双功能引线。8259 工作在非缓冲方式时作输入线,工作在缓冲方式时作为输出线。$\overline{SP}=1$(高电位)时指定 8259 作为主控片,$\overline{SP}=0$(低电位)时指定 8259 作为从属片。

(10) V_{CC}(voltage)、GND(ground)分别是 +5V 电源线、地线。

2) 8259 的内部结构

图 7.15 是 8259 的内部结构简图,不必了解内部结构的细节,只要了解 3 个状态寄存器:中断请求寄存器(IRR)、中断屏蔽寄存器(IMR)、中断服务寄存器(ISR)。下面介绍 3 个状态寄存器,具体应用见后边的例题。

图 7.15 8259 的内部结构简图

(1) 中断请求寄存器(IRR)。

IRR(interrupt request register)是 8 位寄存器,用于保存外部中断源($IR_0 \sim IR_7$)发来的中断请求信号。IRR 的每一位对应一个中断源,当中断源有中断请求时,对应位变成 1 (置位),中断得到响应后该位变成 0(复位)。

(2) 中断屏蔽寄存器(IMR)。

IMR(interrupt masked register)是 8 位寄存器,分别存放 $IR_0 \sim IR_7$ 的中断屏蔽字,某位为 0 表示允许对应的中断,为 1 表示屏蔽(禁止)对应的中断。可由指令修改该寄存器。

(3) 中断服务寄存器(ISR)。

ISR(interrupt serve register)是 8 位寄存器,用于记录正在被服务的中断源,对应 $IR_0 \sim IR_7$,哪个 IR 被服务(被响应),ISR 的相应位就为 1。中断嵌套时 ISR 有多位为 1。

2. 工作过程

下面以单片 8259 为例说明中断控制器的工作过程。

(1) 当 $IR_0 \sim IR_7$ 的一条或多条中断请求线有中断请求(为 1)时,IRR 的相应位变为 1(置位)。

(2) 中断优先级判别电路判别中断优先级和中断屏蔽寄存器的状态,如果允许中断,8259 就通过 INT 向处理器发出中断请求信号 INTR。

(3) 处理器响应中断时用 $\overline{INTA}$ 信号回应 INTR。

(4) 8259 接到处理器的第一个 $\overline{INTA}$ 脉冲后,使 ISR 的相应位为 1,IRR 的相应位为 0。

(5) 当处理器再输出一个 $\overline{INTA}$ 脉冲时,8259 把刚才已选定中断源的中断类型号放到数据总线,以便处理器获得中断服务程序的地址,并转去执行。

(6) 如果 8259 处于自动结束中断方式,在第二个 $\overline{INTA}$ 脉冲结束时,将中断源在 ISR 的相应位清零。如果处于非自动中断结束方式,则需由中断服务程序向 8259 发出结束中断的命令,才能将 ISR 的相应位清零。

3. 工作方式

通过编程指定 8259 的工作方式,以适应不同需要。

1) 级联方式

1 片 8259 有 8 个中断请求线($IR_0 \sim IR_7$),能管理 8 个中断源,若超过 8 个,则需要多片,指定 1 片作主控片(主片),主片的输出端 INT 连接处理器,其余作从属片(从片),从片的输出端 INT 连接主片的 IR 端,主片的 8 个输入端($IR_0 \sim IR_7$)可连接 8 个从片,即一个主片连接 8 个从片,可以管理 64 个中断源。

2) 优先级方式

(1) 固定优先级方式。

该方式下,只要不重新设置优先级,所有中断源的优先级固定不变,8 个(0~7)中断源的优先级是 $IR_0 \sim IR_7$,优先级 IR_0 是最高级(0 级),优先级 IR_7 是最低级(7 级)。8259 通电后默认采用固定优先级方式。

(2) 循环优先级方式。

该方式下,中断源有初始优先级,中断源得到服务后,优先级自动降为最低级。例如,8 个(0~7)中断源的初始优先级是 IR_0(最高级)~ IR_7(最低级),如果 IR_4、IR_6 有中断请求,则先处理 IR_4,并把 IR_4 优先级降为最低级,把 IR_5(IR_4 的下一个)升为最高级,优先级

的顺序变为 IR_5(最高级)、IR_6、IR_7、IR_0、IR_1、IR_2、IR_3、IR_4(最低级)。

3) 中断嵌套方式

(1) 普通完全嵌套方式。

该方式允许优先级低的中断源被优先级高的中断源中断,即允许中断嵌套。

(2) 特殊完全嵌套方式。

该方式用于多片 8259 的级联,执行某级中断服务程序时,如果有同级的中断请求,可以响应,即允许同级中断嵌套。从片的 8 个中断源属于同级。

4) 中断结束方式

(1) 自动结束方式(auto end of interrupt,AEOI)。

在结束中断服务程序前,不用执行中断结束命令,系统自动将 ISR 的相应位清零,该方式用于不出现中断嵌套的系统。

(2) 非自动结束方式(end of interrupt,EOI)。

该方式要求中断服务程序向 8259 发出结束中断的命令,才能将 ISR 的相应位清零。

5) 中断源屏蔽方式

屏蔽就是禁止某个中断源请求中断,即通过编程使 IMR 的相应位为 1。

(1) 普通屏蔽方式。

设置中断屏蔽寄存器 IMR 的某位为 1,即禁止该位请求中断。IMR 的某位为 0,是允许请求中断。

(2) 特殊屏蔽方式。

如果执行某个中断服务程序时,允许响应那些优先级比它低的中断请求,则需采用该方式。

6) 中断触发方式

外部中断源通过 8259 的 $IR_0 \sim IR_7$ 提出中断请求,具体有以下两种触发方式。

(1) 电位触发。

某个 IR 线出现高电位时表示有中断请求,响应后及时撤销该高电位,防止再次触发同一个中断。

(2) 边沿触发。

某个 IR 线出现上升沿信号时表示有中断请求,上升沿后的高电位不再产生该中断。

4. 命令字

8259 命令字包括初始化命令字、操作命令字。初始化命令字用于设置 8259 的初始状态,需在工作前设置。操作命令字用于设置 8259 的工作方式,可在初始化之后(工作期间)随时设置。

1) 设置初始化命令字

8259 有 4 个初始化命令字 ICW1~ICW4。

(1) 初始化命令字 1(ICW1)。

ICW1 是第 1 个初始化命令字,要求写入地址线 A_0 为 0 的端口(偶数地址端口)。图 7.16 给出了 ICW1 各位的功能。

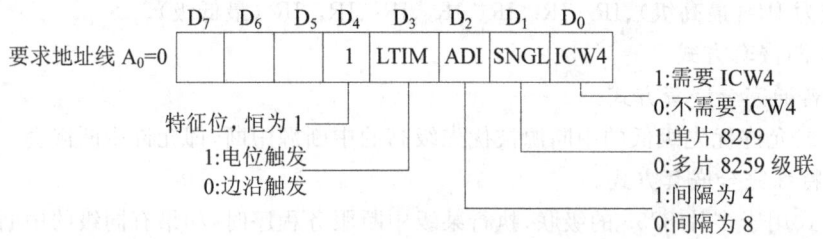

图 7.16 初始化命令字 1(ICW1)

D_0 位用于设置是否向 8259 写入初始化命令字 4(ICW4)。该位是 1 表示需要写入。

D_1 位用于表示是否单片,标记为 SNGL(single)。SNGL=1 表示单片,SNGL=0 表示多片级联。

D_2 位用于设置时间间隔,标记为 ADI。ADI=1 表示间隔是 4,ADI=0 表示间隔是 8。

D_3 位用于设置 $IR_0 \sim IR_7$ 的中断请求触发方式,标记为 LTIM。LTIM 是 1 表示电位触发,LTIM 是 0 表示边沿触发。

D_4 位是 ICW1 的特征位,恒为 1(高电位状态)。

$D_5 D_6 D_7$ 在不同系统中有不同用途。

$D_2 D_1 D_0$ 对应中断源 $IR_0 \sim IR_7$ 的序号,如 $D_2 D_1 D_0 = 000$ 对应 IR_0,$D_2 D_1 D_0 = 111$ 对应 IR_7。$D_7 \sim D_3$ 由用户编程指定。$D_2 \sim D_0$ 与 $D_7 \sim D_3$ 结合形成中断源的中断类型码(中断向量码)。将 ICW2 送至总线时要求地址线 A_0 为 1。例如,设置 ICW2 是 40H,$IR_0 \sim IR_7$ 的中断类型码应是 40H~47H。

例 7.2 某微机用单片 8259 管理中断,中断请求信号采用边沿触发,间隔取 8,需要设置 ICW4,端口地址是 20H、21H,写出设置初始化命令字 1(ICW1)的指令。

解:根据要求 ICW1 的 $D_1=1$(单片 8259),$D_3=0$(边沿触发),$D_2=0$(间隔 8),$D_0=1$(需要设置 ICW4),$D_4=1$(特征位,恒为 1),其余位为 0,即 ICW1 取值 00010011B(13H),用下面的指令设置 ICW1。

```
MOV   AL,13H
OUT   20H,AL           ;ICW1 写入偶数端口地址 20H
```

2) 初始化命令字 2(ICW2)

ICW2 用于设置中断源 $IR_0 \sim IR_7$ 的中断类型码,要求写入地址线 A_0 为 1 的端口(奇数地址端口)。图 7.17 给出了 ICW2 各位的功能。

例 7.3 某微机的 8 个可屏蔽中断源为 $IR_0 \sim IR_7$,中断类型码分别是 40H~47H,端口地址是 20H、21H,请写出设置初始化命令字 2(ICW2)的指令。

解:根据要求,ICW2 应是 40H,可用下面的指令设置 ICW2。

```
MOV   AL,40H
OUT   21H,AL           ;ICW2 写入奇数端口地址 21H
```

3) 初始化命令字 3(ICW3)

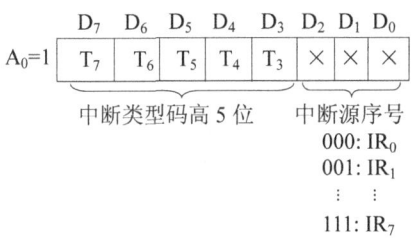

图 7.17 初始化命令字 2(ICW2)

ICW3 是级联命令字,用于多片 8259 级联,要求写入地址线 A_0 为 1 的端口(奇数端口)。图 7.18 给出了 ICW3 各位的功能。

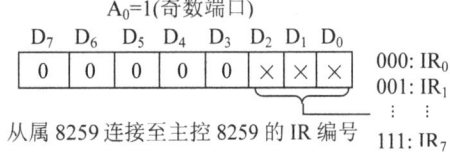

(a) 主控 8259 的 ICW3　　　　　　(b) 从属 8259 的 ICW3

图 7.18 初始化命令字 3(ICW3)

在主控 8259 中,ICW3 的每一位对应一个中断请求,标记为 $S_0 \sim S_7$,哪位是 1,就表示相应的中断请求线 IR 连接从属 8259 的 INT。假设主控 8259 的 IR_6、IR_2 分别连接从属 8259 的 INT,则主控 8259-ICW3 的 D_6、D_2 应是 1,D_7、$D_5 \sim D_3$、D_1、D_0 都是 0,即 $D_7 \sim D_0$ 取值 01000100B(44H)。

从属 8259-ICW3 的低 3 位 $D_2 \sim D_0$ 表示连接至主控 8259 的 IR 编号,高 5 位 $D_7 \sim D_3$ 都取 0。假设从属 8259 接至主控 8259 的 IR_2,从属 8259-ICW3 的 $D_2 D_1 D_0 = 010$,表示 IR 编号是 2,$D_7 \sim D_3$ 是 00000,即 $D_7 \sim D_0$ 是 00000010(02H)。

例 7.4 假设有 3 片 8259,1 片作主片,2 片作从片,主片的 IR_6、IR_2 引脚各连接 1 个从片,可用下面指令设置 ICW3。

用下面 2 条指令设置主片的 ICW3,设端口地址是 20H、21H。

```
MOV    AL,44H     ;44H 是主片的 ICW3,表示 IR₆、IR₂ 引脚连接从片 8259
OUT    21H,AL     ;写入奇地址端口
```

下面设置连接 IR_2 从片的 ICW3,设端口地址是 30H、31H。

```
MOV    AL,02H
OUT    31H,AL
```

下面设置连接 IR_6 从片的 ICW3,设端口地址是 40H、41H。

```
MOV    AL,06H
OUT    41H,AL
```

4) 初始化命令字 4(ICW4)

ICW4 用于设置 8259 芯片的工作方式，要求写入地址线 A_0 为 1 的端口(奇数端口)。图 7.19 给出了 ICW4 各位的功能。

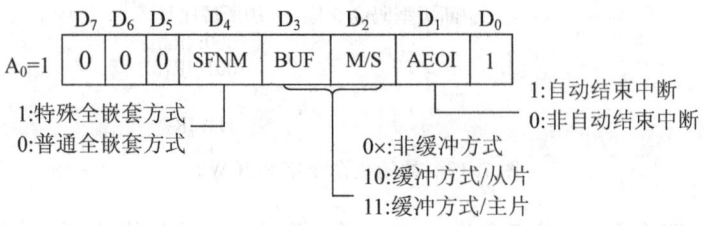

图 7.19　初始化命令字 4(ICW4)

D_0 位用于说明连接何种处理器。该位是 1 表示连接 8086/8088 处理器。

D_1 位用于规定是否自动结束中断，标记为 AEOI(auto end of interrupt)。该位是 1 表示自动结束中断，是 0 表示非自动结束中断，需在中断服务程序中发出结束中断的命令(OCW2)。

D_3 位用于表示多片 8259 级联时是否以缓冲方式工作，标记为 BUF(buffer)。该位是 1 表示采用缓冲方式，即数据总线 $D_7 \sim D_0$ 与系统数据总线 $D_7 \sim D_0$ 连接时中间增加缓冲器，8259 芯片将 $\overline{SP/EN}$ 作输出端，输出一个允许信号，用于控制打开、关闭缓冲器。

D_2 位用于指定缓冲模式下(BUF=1)8259 是主片，还是从片，标记为 M/S(master/subordinate)。该位为 1 表示是主片，为 0 表示是从片。非缓冲模式下(BUF=0)，数据从 8259 芯片直接流向处理器，$\overline{SP/EN}$ 引脚作输入信号 $\overline{SP}$，用 $\overline{SP}$ 指定主片或从片，D_2 位不起作用，取 0 或 1 都可以。

D_4 位适用多片 8259 级联，用于允许或禁止中断特殊完全嵌套方式，标记为 SFNM。该位是 1 表示允许特殊完全嵌套，是 0 表示禁止特殊完全嵌套，只允许普通完全嵌套。特殊完全嵌套方式下，响应某级中断后，还可以响应同级的中断请求，不能响应更高优先级的中断请求。普通完全嵌套方式下，响应某级中断后不再响应同级及较低级的中断请求，可以响应更高优先级的中断请求。

$D_7 \sim D_5$ 是特征位，恒为 0。

5) 编写 8259 的初始化程序(向 8259 写入初始化命令字)

8259 芯片工作前要写入初始化命令字 ICW1~ICW4，即初始化 8259 芯片，以便设置 8259 的连接方式、中断触发方式、中断结束方式等。ICW1~ICW4 使用两个端口，ICW1 使用地址线 $A_0=0$ 的端口(偶数端口)，ICW2~ICW4 使用 $A_0=1$ 的端口(奇数端口)，初始化顺序是 ICW1~ICW4，如图 7.20 所示。

例 7.5　某微机系统用一片 8259 管理中断，要求电位触发中断请求信号、间隔 8、设置 ICW4、普通完全嵌套、非自动(普通)结束中断、非缓冲、中断类型码 08H~0FH、端口地址 20H、21H，编写 8259 的初始化程序。

解：ICW1 的 $D_1=1$(单片 8259)，$D_2=0$(间隔 8)，$D_3=1$(电位触发)，$D_0=1$(设置 ICW4)，特征位 D_4 恒为 1，所以 ICW1 应是 00011011B(1BH)。ICW2 用于设置中断源 $IR_0 \sim IR_7$ 的中断类型码，ICW2 应是 00001000B(08H)。ICW3 用于多片 8259 的级联，单

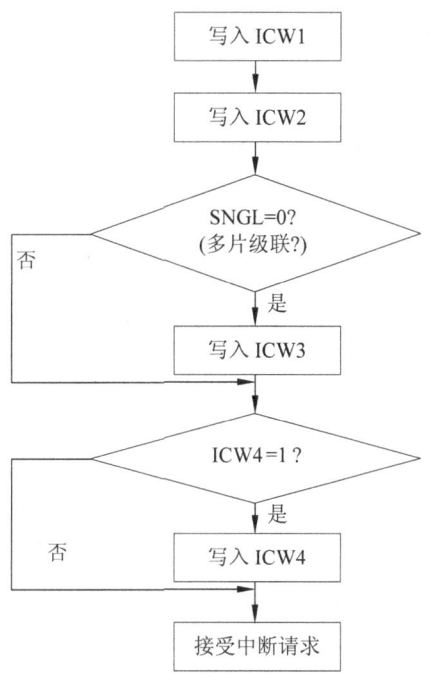

图 7.20 8259 初始化顺序

片不需要 ICW3。ICW4 的 $D_4=0$(普通完全嵌套),$D_3D_2=0\times$(非缓冲),$D_1=0$(中断非自动结束),特征位 D_0 恒为 1,ICW4 应是 00000001B(01H)。用下面的指令写入 ICW1、ICW2、ICW4,即初始化 8259 芯片。

```
MOV     AL,1BH      ;ICW1=1BH(单片、电位触发、设置 ICW4)
OUT     20H,AL      ;ICW1 写入 8259 的偶数端口地址
MOV     AL,08H      ;ICW2=08H(中断源 IR₀ 的中断类型码是 08H)
OUT     21H,AL
MOV     AL,01H      ;ICW4=01H(普通完全嵌套、非缓冲、中断非自动结束)
OUT     21H,AL      ;ICW2 写入奇数端口地址
```

例 7.6 某微机采用两片 8259 管理 16 个中断。图 7.21 是主、从两片的级联框图,从片的 INT 端连接主片的 IR_3 引脚。要求 8259 电位触发、中断非自动结束、非缓冲。主片的参数是:特殊完全嵌套、偶数端口地址 20H、奇数端口地址 21H、中断类型码 08H~0FH。从片的参数是:普通完全嵌套、偶数地址 A0H、奇数地址 A1H、中断类型码 70H~77H。编写主片、从片的初始化程序。

解:ICW1 的 $D_1=0$(2 片级联),$D_3=1$(电位触发),$D_0=1$(需要设置 ICW4),$D_4=1$(特征位恒为 1),其他位为 0,ICW1 是 00011001(19H)。主片的 ICW2 对应中断类型号 08H,从片的 ICW2 对应中断类型号 70H。ICW3 用于设置多片级联,主片的 IR_3 连接从片的 INT,主片 ICW3 的 $D_3=1$,ICW3 是 00001000(08H)。从片 ICW3 的 $D_7 \sim D_3$ 是 00000,$D_2 \sim D_0$ 表示连接主片的 IR 编号,从片的 INT 连接主片的 IR_3,$D_2D_1D_0=011$,从片的 ICW3 是 00000011(03H)。通过 ICW4 设置 8259 的工作方式,主片 ICW4 的特征位

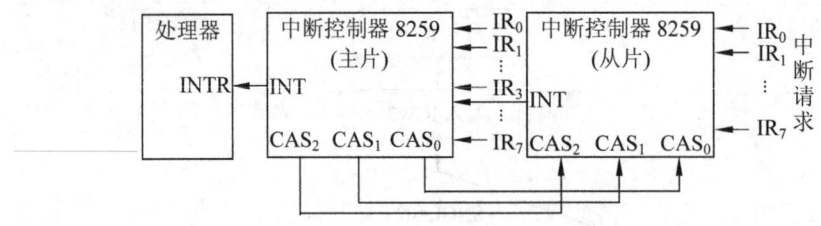

图 7.21 两片 8259 级联框图

$D_7 \sim D_5$ 恒为 0,$D_4=1$(特殊完全嵌套),$D_3D_2=0\times$(非缓冲),$D_1=0$(中断非自动结束),特征位 D_0 恒为 1,主片的 ICW4 是 00010001(11H)。从片的 ICW4 的 $D_4=0$(普通完全嵌套),$D_3D_2=0\times$(非缓冲方式),$D_1=0$(中断非自动结束),特征位 D_0 恒为 1,从片的 ICW4 是 00000001(01H)。

```
;下面是主片初始化指令
    MOV    AL,19H    ;ICW1=19H(2 片级联、电位触发、需要设置 ICW4)
    OUT    20H,AL    ;ICW1 写入主片的偶数地址
    MOV    AL,08H    ;ICW2=08H(中断类型号 08H~0FH)
    OUT    21H,AL    ;ICW2 写入主片的奇数地址
    MOV    AL,08H    ;ICW3=08H(主片 IR₃ 端接从片 INT)
    OUT    21H,AL
    MOV    AL,11H    ;ICW4=11H(特殊完全嵌套、非缓冲、非自动结束中断)
    OUT    21H,AL
;下面是从片初始化指令
    MOV    AL,19H    ;ICW1=19H
    OUT    0A0H,AL   ;ICW1 写入从片的偶数地址
    MOV    AL,70H    ;ICW2=70H(IR₀ 的中断类型码是 70H)
    OUT    0A1H,AL   ;ICW2 写入从片的奇数地址
    MOV    AL,03H    ;ICW3=03H(从片的 INT 连接主片的 IR₃)
    OUT    0A1H,AL
    MOV    AL,01H    ;ICW4=01H(普通完全嵌套、非缓冲、中断非自动结束)
    OUT    0A1H,AL
```

6) 设置 8259 的操作命令字

有 4 个操作命令字 OCW1～OCW3,用于改变 8259 芯片的工作方式。初始化命令送入 8259 后,8259 进入工作状态(准备接收 IR 端的中断请求),在 8259 工作期间可随时写入操作命令字,以便规定 8259 的操作方式。

操作命令字 OCW1～OCW3 的设置次序没有严格要求,对端口地址有严格规定,OCW1 必须写入奇数地址端口,OCW2、OCW3 必须写入偶数地址端口。

初始化 8259 后,如果没有写入任何操作命令字,8259 以完全嵌套方式响应来自 IR_0～IR_7 输入线的中断请求信号,IR_0 的优先级最高,IR_7 的优先级最低。响应中断时从中断请求寄存器(IRR)中选出优先级最高的申请信号,存入 ISR,ISR 的相应位变为 1(置位),处理器从中断服务程序返回之前,ISR 的相应位保持 1,直到处理器发出中断结束命令。当 ISR 的某位为 1(响应该位对应的中断)时,如果处理器重新开放中断,则可以继续响应优先级较高的中断申请,形成中断嵌套。

(1) 操作命令字 1(OCW1)。

OCW1 是中断屏蔽命令字,写入中断屏蔽寄存器(IMR)中,用于屏蔽(禁止)中断请求。图 7.22 给出了 OCW1 各位的功能。D_0～D_7 标记为 M_0～M_7,对应中断请求输入线 IR_0～IR_7,M_i=1 表示屏蔽(禁止)IR_i 中断请求,M_i=0 表示允许 IR_i 中断请求。

	D_7	D_6	D_5	D_4	D_3	D_2	D_1	D_0	
A_0=1	M_7	M_6	M_5	M_4	M_3	M_2	M_1	M_0	M_i=1:禁止 IR_i 的中断请求 M_i=0:允许 IR_i 的中断请求

图 7.22　操作命令字 1(OCW1)

例 7.7　假设 8259 端口地址是 20H、21H,屏蔽 IR_7～IR_4 引脚的中断申请,允许 IR_3～IR_0 引脚的中断申请,对应的 OCW1 是 F0H(11110000B),用下面的指令设置 OCW1。

```
MOV    AL,F0H      ;OCW1=F0H
OUT    21H,AL      ;OCW1→IMR(奇数端口地址)
```

(2) 操作命令字 2(OCW2)。

OCW2 用于设置中断优先级、循环方式、中断结束方式等。图 7.23 给出了 OCW2 各位的功能。

① D_4D_3 是 OCW2 的特征位,恒为 0。

② D_7 是优先级循环控制位,标记为 R(rotation)。R=0 表示优先级固定,IR_0 优先级最高、IR_7 优先级最低。R=1 表示优先级自动循环,处理某级中断后,它的优先级自动变成最低级(IR_7),它的下一级自动变成最高级(IR_0)。

③ D_2～D_0 位是系统最低优先级的编码,标记为 $L_2L_1L_0$。例如,$L_2L_1L_0$=000 表示 0 级中断,对应 IR_0 的中断申请。

④ D_6 是特殊级的控制位,标记为 SL(special level),用于控制由 $L_2L_1L_0$ 指定的优先级是否有效,SL=1 表示有效,SL=0 表示无效。

⑤ D_5 是中断结束方式控制位,标记为 EOI(end of interrupt)。EOI=0 表示自动结束中断,适用于单片 8259,一旦进入中断过程,8259 自动将当前 ISR 的对应位 ISR_i 清 0

(复位)。EOI＝1表示非自动结束中断,需要在中断服务程序中通过指令向8259写入将EOI位置为1的OCW2,才能结束中断(复位当前ISR的对应位),允许8259为其他中断源服务。

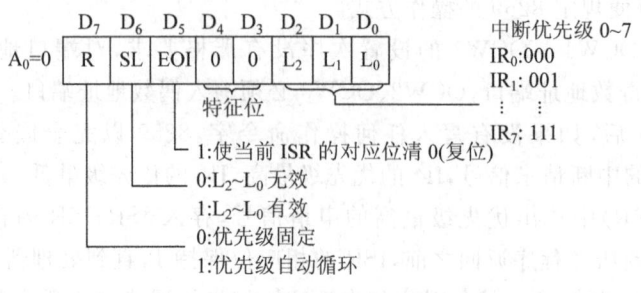

图 7.23 操作命令字 2(OCW2)

(3) 操作命令字 3(OCW3)。

OCW3有3个作用:一是设置或取消中断特殊屏蔽方式;二是设置查询方式;三是读8259内部寄存器方式。图7.24给出了OCW3各位的功能。

① $D_6 D_5$用于设置和取消中断特殊屏蔽方式,D_6是特殊屏蔽允许位,标记为ESMM(enabled special masked mode),D_5是特殊屏蔽方式位,标记为SMM(special masked mode)。将$D_6 D_5 = 11$的OCW2写入8259,是允许特殊屏蔽,使其脱离当前的优先级方式,只要标志寄存器的IF位是1,就可以响应任何一级未屏蔽的中断请求。将$D_6 D_5 = 10$的OCW2写入8259,是取消特殊屏蔽,恢复原来的优先级方式。

② $D_4 D_3$是OCW3的特征位,恒为01。

③ D_2是查询方式控制位,标记为P。该位是1表示查询8259的中断状态,查询之前先向8259写入P位是1的OCW3,然后执行一条输入指令(IN),查询结果可读入处理器的AL寄存器。图7.25给出了查询结果,I＝0表示没有中断请求,I＝1表示$IR_0 \sim IR_7$中有中断请求,$W_2 W_1 W_0$是中断请求的最高优先级。查询方式时处理器关闭自己的中断允许触发器,不响应8259中断申请。

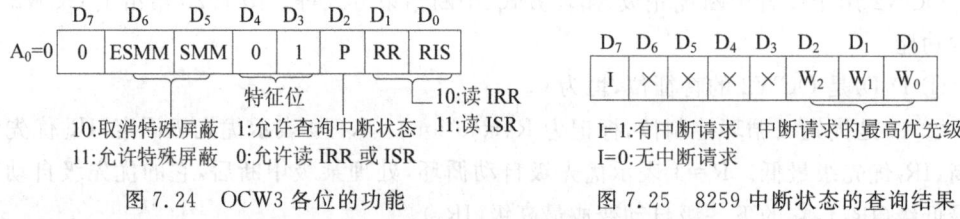

图 7.24 OCW3 各位的功能　　　　　　图 7.25 8259 中断状态的查询结果

④ $D_1 D_0$用于指定读哪个寄存器,因为IRR、ISR共用一个地址,所以读之前需要选择,设置$D_1 D_0 = 11$表示读ISR,$D_1 D_0 = 10$表示读IRR。

(4) 编写向8259写入操作命令字的程序。

例 7.8 用主、从两片8259管理中断,从片的INT端接主片的IR_3(图7.21),主片的偶数端口地址是20H,奇数端口地址是21H,从片的偶数端口地址是A0H,奇数地址是A1H。主片查询从片ISR的状态,当从片的全部中断得到响应后,执行结束中断命令,编写该程序段。

解：从片的全部中断得到响应后，从片的 ISR＝00H。要查询从片的 ISR，首先向 8259 写入 OCW3(00001011B 或 0BH)，即 $D_2=0$(P 位是 0)，$D_1D_0=11$ 表示允许读 ISR，然后用一条输入指令将 ISR 的数据读入 AL 寄存器，如果 ISR 是 00H，则通过写入 OCW2 结束中断。

因从片的 INT 端连接主片的 IR_3，所以 OCW2 的 $D_2D_1D_0(L_2L_1L_0)=011$，因 $D_2D_1D_0$ 有效，所以 $D_6(SL)=1$，因采用 OCW2 结束中断，所以 $D_5(EOI)=1$，特征位 D_4D_3 恒为 0，即主片的 OCW2 是 01100011B(63H)，将该 OCW2 写给主片，可结束中断。中断服务程序部分内容如下。

```
        MOV   AL,0BH     ;OCW3=0BH(允许读 ISR)
        OUT   0A0H,AL    ;OCW3 写入从片的偶数地址
        IN    AL,0A0H    ;读从片的 ISR,存入 AL 寄存器
        OR    AL,AL      ;判断是否 ISR=00H
        JNZ   EXIT       ;如果 ISR≠00H,则转至该中断服务程序的出口 EXIT
        MOV   AL,63H     ;如果 ISR=00H,则响应从片的全部中断后,由 OCW2(63H)结束
                         ;中断
        OUT   20H,AL     ;OCW2(63H)写入主片,可结束中断(主片 ISR 的 D₃位清 0)
EXIT:   IRET             ;结束中断程序,返回
```

习　　题

一、选择题

1. 处理器与外设不能直接连接，通过_____连接。
   (A) 桥梁　　　　(B) 接口　　　　(C) 端口　　　　(D) 缓冲器

2. _____是显示器与处理器之间的接口。
   (A) 声卡　　　　(B) 网卡　　　　(C) 显卡　　　　(D) 视屏采集卡

3. 下列数据传送方式中，效率最高的是_____方式。
   (A) IN/OUT　　　(B) 查询　　　　(C) 中断　　　　(D) 串行

4. _____的说法正确。
   (A) 中断分为内部中断、外部中断，外部中断也叫硬件中断
   (B) 内部中断源在处理机内部，外部中断源在处理机之外
   (C) 外部中断分为可屏蔽中断、非屏蔽中断
   (D) A、B、C

5. 软中断是_____引起的中断。
   (A) 执行 INT N 指令　　　　(B) 掉电
   (C) 外设　　　　　　　　　　(D) 溢出

6. _____的说法错误。

(A) 外设的中断请求属于可屏蔽中断
(B) 内部中断包括软中断和异常
(C) 可屏蔽中断的优先级高于非屏蔽中断的优先级
(D) 异常是执行指令时出现错误或故障引起的中断,如除数为零

7. 处理器是否响应可屏蔽中断请求,由标志寄存器的_____标志位控制。
   (A) TF　　　　(B) IF　　　　(C) OF　　　　(D) SF

8. _____的说法错误。
   (A) 处理中断前要记录(保存)断点信息,即保护断点
   (B) 保存断点的目的是能返回到断点处继续执行被中断的程序
   (C) 任一时刻,只允许一个外设与处理器通过总线传送数据
   (D) IF 不是中断允许标志位

9. _____的说法正确。
   (A) 中断服务程序中,采用 PUSH 指令保存寄存器的原值
   (B) 中断服务程序结束前,采用 POP 指令恢复寄存器的原值
   (C) 断点地址信息就是处理完中断后,应执行指令的地址,由处理器自动存入栈中保存
   (D) A、B、C

10. _____的说法错误。
    (A) 初始化命令字用于设置 8259 的初始状态,在 8259 工作前设置
    (B) 操作命令字用于设置 8259 的工作方式
    (C) 可在初始化后随时设置 8259 的工作方式
    (D) 可随时初始化 8259

二、填空题

1. 接口的基本功能包括_____、_____、_____、_____。
2. 为了协调_____的速度差异,接口应具有_____数据的功能,如显卡中的_____能够_____。
3. 计算机的信号与外设的信号存在_____,接口应具有_____的功能,为传送数据_____信号支持。例如,显卡能将来自计算机的_____转换成_____,送给_____显示。
4. 计算机连接_____个外设,接口应具有_____的功能,识别计算机发来的_____,_____对应的设备,以便_____。
5. 接口中能被处理器直接访问的寄存器称为_____,有 3 种端口:_____、_____、_____。存放数据的数据寄存器叫_____。存放外设状态信息的状态寄存器叫_____。存放控制信息的控制寄存器叫_____。
6. 外设端口和内存可以各自_____编址,或者两者_____编址。采用_____编址,_____、_____的编号都从_____开始。
7. 使用_____指令从输入端口读出数据,使用_____指令向输出端口输出

数据。

8. 一个接口通常包括_____个端口。端口地址译码的目的是_____,采用_____实现。

9. 处理器与外设传输数据的方式有_____、_____、_____、_____等。先检查外设是否准备好,然后再传输数据的方式称为_____。

10. 引起中断的_____和能发出_____的设备都是中断源,具体分为_____、_____。

11. 中断的过程是_____、_____、_____。

12. 每个中断源都对应一个_____,简称_____或_____,共有_____个,取值是_____到_____。中断类型号与中断向量存在_____,如"INT 33"指令调用中断类型_____的中断服务程序,根据_____获得_____。

13. DMA（direct memory access）称为_____,适合_____传送数据。它在_____之间直接开辟传送数据的_____,_____只负责启动,不干预传送,完全由_____控制。

14. 实模式下,中断服务程序的地址存储在_____中,每个地址用_____B存储,两个低字节存储_____,两个高字节存储_____。保护模式下,中断服务程序的地址存储在_____中。

15. 8259是_____,用于管理_____。在_____,通过_____设置它的初始状态。通过_____设置工作方式,可在_____之后随时设置。

三、问答题

1. 为什么需要使用输入输出接口？输入输出接口有哪些基本功能？
2. 什么叫端口？常见的端口有几种？分别存放什么信息？
3. 什么是中断？处理器按优先级处理中断的原则是什么？
4. 简述中断的过程。
5. 8259中断控制器的主要功能是什么？

第 8 章　常用的接口芯片

本章介绍几种常用的接口芯片,包括定时/计数芯片 8254、并行接口芯片 8255、串行接口芯片 8250、数/模转换芯片 DAC0832、模/数转换芯片 ADC0809。

8.1　定时/计数芯片 8254

8254 芯片是定时器或计数器,可以在程序控制下产生时间信号,用于解决计算机中的时间控制问题,如时钟、动态随机存储器(DRAM)的定时刷新、实时采样等。

8254 是 8253 的改进型,8254 芯片中的每个计数器最高的计数频率都是 10MHz,8253 最高的计数频率是 2MHz。通过减法实现计数,是减法计数器。减法计数器的计数原理是:给计数器送入一个计数初值,计数器每接收一个计数脉冲,就使计数值减 1,减到 0 时输出一个定时信号。

8.1.1　外部引脚和内部结构

图 8.1 给出了 8254 芯片的外部引脚和内部结构。

1. 外部引脚

8254 芯片有 22 个外部引脚,各引脚的功能如下。

(1) $CLK_0 \sim CLK_3$(clock)是时钟脉冲的输入线,用于向 8254 内部的计数器输入脉冲信号。

(2) $GATE_0 \sim GATE_3$ 是门控信号输入线,用于启动或禁止计数器工作。

(3) $OUT_0 \sim OUT_3$ 是计数器的输出线,用于输出信号。

(4) $D_0 \sim D_7$(data)是 8 位数据线,用于传送数据(如计数初值、命令字)。

(5) $\overline{RD}$(read)是读操作控制线,低电位有效,$\overline{RD}=0$ 时可以读出数据。

(6) $\overline{WR}$(write)是写操作控制线,低电位有效,$\overline{WR}=0$ 时可以做写操作。

(7) $\overline{CS}$(chip select)是片选信号线,低电位有效,$\overline{CS}=0$ 时允许 8254 工作。

(8) $A_0 \sim A_1$(address)是地址线,用于选择计数器、控制寄存器,见表 8.1。

表 8.1 通过 A_1A_0 选择 8254 芯片的内部器件

A_1	A_0	选 择	A_1	A_0	选 择
0	0	计数器 0	1	0	计数器 2
0	1	计数器 1	1	1	控制寄存器

2. 内部结构和工作原理

8254 芯片的内部结构如图 8.1 所示,包括 1 个控制寄存器、3 个减法计数器(计数器 0~计数器 2)、读写控制电路、数据总线缓冲器等部件。8254 芯片占用 4 个端口,3 个计数器各占 1 个端口,控制寄存器占 1 个端口,编程时主要涉及计数器和控制寄存器。

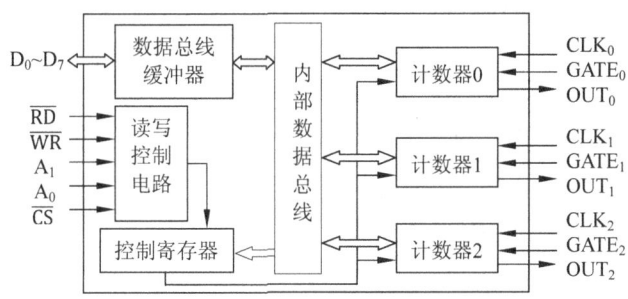

图 8.1 8254 芯片的外部引脚和内部结构

3 个减法计数器都是 16 位减 1 计数器,它们各自独立工作。为计数器设定计数初值后开始计数,CLK 输入端每接收一个脉冲,计数值就减 1,减到 0 时,在 OUT 输出端产生一个输出信号,此计数过程可以重复,反复从计数初值减到 0。

控制寄存器是 16 位寄存器。计数器有 6 种工作方式,可将指定工作方式的数据写入控制寄存器,也可以读出其中的数据。8253 芯片只能把数据写入控制寄存器,不能读出。

读写控制电路用于产生控制信号。数据总线缓冲器是一个 8 位双向的三态缓冲器,处理器通过该缓冲器读写 8254。

3. 计数的启动方式

计数的启动方式有硬件启动、软件启动两种。

硬件启动是,计数器开始计数前让门控信号 GATE 处于低电位,通过输出指令向计数器送入计数初值后,并不开始计数(减 1 操作),当 GATE 由低变高时开始计数。

软件启动是,让 GATE 端处于高电位,通过输出指令向计数器送入计数初值后立即开始计数。实际上,写入计数初值后,CLK 端接收到第 2 个脉冲(下降沿)时开始计数,计数初值是 N,减到 0 需要 $N+1$ 个 CLK 脉冲。

8.1.2 工作方式及控制字

8254 芯片的每个计数器都有 6 种工作方式(方式 0~方式 5),向控制寄存器写入控制字(control word,CW),可以设定工作方式。不同的工作方式,计数过程、输出信号不同。

1. 工作方式

1) 方式 0

方式 0(计数结束产生中断)是软件启动,不自动重复计数。由于是软件启动,所以通过门控信号 GATE 控制计数。只有 GATE 是高电位时,才能计数。GATE 变成低电位,停止计数。

方式 0 的计数原理是,要求门控信号 GATE 是高电位,计数器以方式 0 工作。向控制寄存器写入控制字(CW)后,OUT 变成低电位。为计数器设定计数初值 N 后,从下一个 CLK 脉冲的下降沿开始计数(减 1 操作),计数值减到 0 时,输出端 OUT 变成高电位,OUT 端得到一个负脉冲。GATE 变成低电位,停止计数,直到 GATE 变成高电位后再接着计数,计数值减到 0 时结束计数。不自动重复计数,计数结束后保持高电位。图 8.2 是 8254 芯片方式 0 的工作波形。由于方式 0 的输出信号 OUT 可当作中断请求信号,所以方式 0 也叫计数结束中断方式。

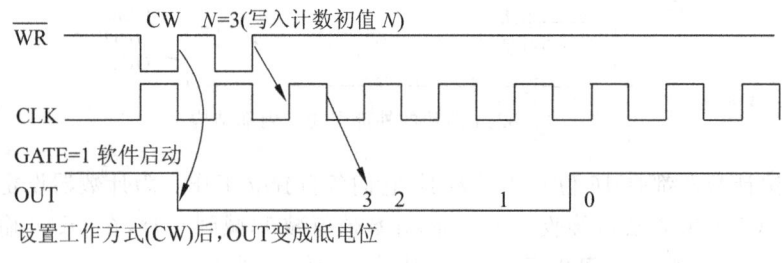

图 8.2 8254 芯片方式 0 的工作波形

方式 0 的计数过程中,可以随时写入新的计数初值,无论原来的计数过程是否结束,都按新值重新计数。

2) 方式 1

方式 1(可重复触发单稳方式)是硬件启动,不自动重复计数。为计数器设置工作方式 1(CW)后,OUT 变成高电位。写入计数初值 N 后不开始计数,只有门控信号 GATE 出现一个由低电位到高电位的跳变(GATE 上升沿),才能从下一个 CLK 脉冲的下降沿开始计数,此时 OUT 变成低电位。计数过程中,如果门控信号 GATE 变成低电位,则停止计数。当 GATE 再变高电位后,接着计数。计数到 0 时,OUT 变成高电位,OUT 端得到一个负脉冲。图 8.3 是 8254 芯片方式 1 的工作波形。

如果需要重复计数,计数值减到 0 时无须再次写入计数初值,只需让 GATE 由低电位变高电位,在 GATE 的上升沿触发(启动)计数器,实现重新计数。

计数过程中可以改变计数值,如果写入新的计数值,本次计数过程不受影响,本次计数结束后,按新的计数初值计数。

3) 方式 2

方式 2(频率发生器方式)可以自动重复计数,硬件启动或软件启动。为计数器设置

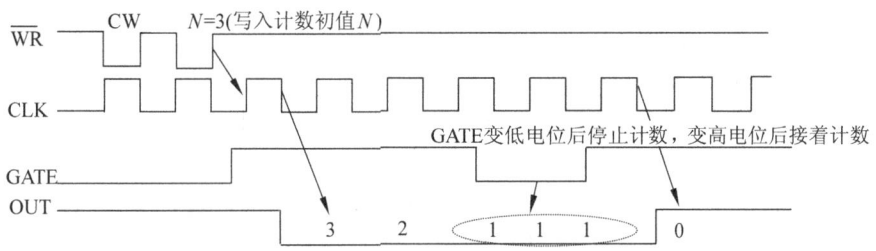

图 8.3 8254 芯片方式 1 的工作波形

工作方式 2(CW)，且计数期间 OUT 是高电位，计数到 0 时，OUT 端输出低电位，得到一个负脉冲，重新装入计数初值，开始新一轮的计数。由于自动重复计数可在 OUT 端输出连续的负脉冲，负脉冲宽度等于 1 个 CLK 周期，即负脉冲频率是 CLK 频率的 $1/N$，所以方式 2 也叫分频器（或降频器），分频系数等于计数初值 N。例如，假设计数器 CLK 端接入频率 3MHz 的脉冲信号，计数初值 N 是 3，则 OUT 端可以输出频率 1MHz(3MHz/3) 的负脉冲信号。图 8.4 是 8254 芯片方式 2 的工作波形。

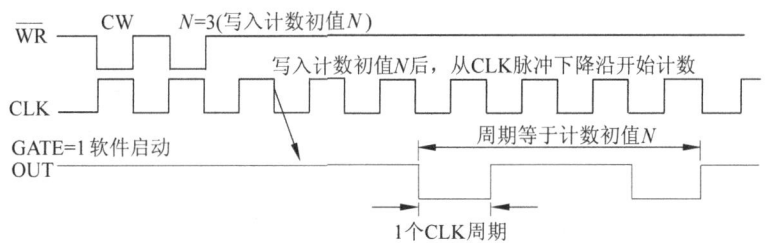

图 8.4 8254 芯片方式 2 的工作波形

计数过程中写入新的计数值，本次计数过程不受影响，下一轮计数按新计数值计数。

4）方式 3

方式 3（方波发生器方式）与方式 2 相似，自动重复计数，硬件启动或软件启动。为计数器设置方式 3(CW) 后，OUT 立即变成高电位。方式 3 与方式 2 的区别是，计数值减到 $N/2$ 时 OUT 变成低电位，从 $N/2$ 减到 0 时 OUT 又变成高电位，进入新一轮计数，OUT 输出的波形是方波。这是理论上的计数过程。实际上，每来一个 CLK 脉冲，计数器就减 2，减到 0 时 OUT 端变成低电位，之后自动装入计数初值 N，开始新一轮计数。

计数初值 N 是偶数时输出对称方波。高、低电位的宽度都是 $N/2$ 时钟周期。计数值 N 是奇数时输出不对称方波，高电位宽度是 $(N+1)/2$ 时钟周期，低电位宽度是 $(N-1)/2$ 时钟周期。图 8.5 是 8254 芯片方式 3 的工作波形。

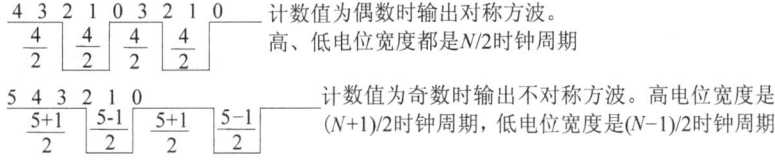

图 8.5 8254 芯片方式 3 的工作波形

5) 方式 4

方式 4(软件触发选通方式)属于软件启动,不能自动重复计数。为计数器设置方式 4(CW)后,OUT 立即变成高电位,装入计数初值 N 后,如果门控信号 GATE 是高电位,则开始计数。计数结束,OUT 端变成低电位,输出 1 个负脉冲,宽度等于 1 个 CLK 脉冲周期。

因为不能自动重复计数,所以每装入计数初值,只有 1 次计数过程,计数值减到 0 停止计数。再次计数需要再次装入计数初值。由于是软件启动,所以计数受门控信号 GATE 的控制,即 GATE 高电位时计数。图 8.6 是 8254 芯片方式 4 的工作波形。

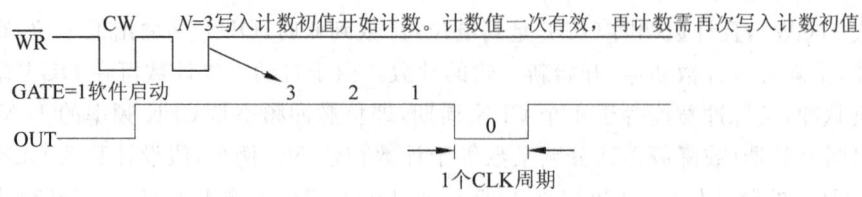

图 8.6　8254 芯片方式 4 的工作波形

6) 方式 5

方式 5(硬件触发选通方式)属于硬件启动,不能自动重复计数,其他方面与方式 4 相同。为计数器设置方式 5(CW)后,OUT 变成高电位,装入计数初值 N 后 GATE 变成高电位,此时不计数,当门控信号 GATE 出现一个由低电位到高电位的跳变(GATE 上升沿)时开始计数。计数结束时 OUT 端输出 1 个宽度等于 CLK 脉冲周期的负脉冲,之后 OUT 又变成高电位,且一直保持到下一次计数结束。图 8.7 是 8254 芯片方式 5 的工作波形。

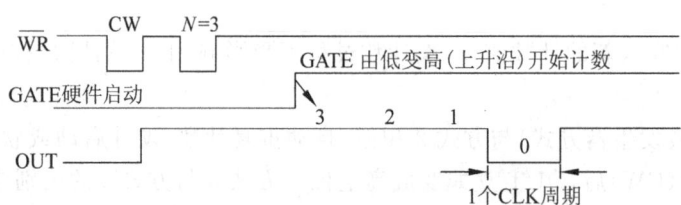

图 8.7　8254 芯片方式 5 的工作波形

表 8.2 归纳了 8254 计数器各种工作方式的特点,用于比较。

表 8.2　8254 芯片的工作方式

方式	启动计数	GATE 是 0 暂停计数	自动重复计数	更新计数初值	输出波形
0	软件启动(写入计数初值)	是	否	立即有效	延时时间可变的上升沿
1	硬件启动(GATE 上升沿)	否	否	下一轮有效	宽度 $N \times T_{CLK}$ 的单一负脉冲
2	软件启动、硬件启动	是	是	下一轮有效	周期 $N \times T_{CLK}$、宽度 T_{CLK} 的连续负脉冲
3	软件启动、硬件启动	是	是	下半轮有效	周期 $N \times T_{CLK}$ 的连续方波

方式	启动计数	GATE 是 0 暂停计数	自动重复计数	更新计数初值	输出波形
4	软件启动(写入计数初值)	是	否	下一轮有效	宽度 T_{CLK} 的单一负脉冲
5	硬件启动(GATE 上升沿)	否	否	下一轮有效	宽度 T_{CLK} 的单一负脉冲

2. 控制字

让 8254 芯片工作，必须先为它设置工作方式和计数初值，即初始化，通过指令把指定工作方式的控制字(control word,CW)写入 8254 的控制寄存器。控制字由 8 位二进制数构成，各位的功能见表 8.3。下面说明各位的功能。

表 8.3　8254 控制字的格式

$D_7 D_6$ 选择计数器	$D_5 D_4$ 选择读/写格式	$D_3 D_2 D_1$ 选择工作方式	D_0 选择计数制
00：计数器 0	00：锁存计数值	000：方式 0	0：二进制数
01：计数器 1	01：读/写低 8 位	001：方式 1	1：十进制数
10：计数器 2	10：读/写高 8 位	010：方式 2	
11：控制寄存器（读控制字）	11：先读/写低 8 位后读/写高 8 位	011：方式 3 100：方式 4 101：方式 5	

(1) $D_7 D_6$ 两位用于选择计数器。$D_7 D_6 = 00$ 选择计数器 0，即使用计数器 0。$D_7 D_6 = 01$ 选择计数器 1。$D_7 D_6 = 10$ 选择计数器 2。$D_7 D_6 = 11$ 选择控制寄存器，以便读出其中的控制字。

(2) $D_5 D_4$ 两位用于选择计数器的读写格式。$D_5 D_4 = 00$ 表示把计数器当前的计数值存入缓冲器，以便读出。在计数过程中要读出计数器当前的计数值，应设置 $D_5 D_4$ 两位取 0 值。$D_5 D_4 = 01$ 表示只使用 16 位计数器的低 8 位，高 8 位是 0。$D_5 D_4 = 10$ 表示只使用计数器的高 8 位，低 8 位是 0。$D_5 D_4 = 11$ 表示使用计数器的 16 位，先读/写低 8 位，后读/写高 8 位。

(3) $D_3 \sim D_1$ 用于选择工作方式。$D_3 D_2 D_1 = 000$ 是选择方式 0，$D_3 D_2 D_1 = 001$ 是选择方式 1，其他方式见表 8.3。

(4) D_0 用于选择计数制，选择二进制计数或十进制计数。$D_0 = 0$ 是指定二进制计数。每个计数器的字长是 16 位，二进制计数范围是 0000000000000000B～1111111111111111B（0000H～FFFFH），对应十进制数 0～65535。由于计数器采用减 1 操作，所以计数初值 0 对应最大计数值 65536，即最大计数值是 65536。$D_0 = 1$ 是指定十进制计数，计数值最多是 4 位十进制数，计数范围是 0～9999。计数初值 0 对应最大计数值 10000。

例 8.1　使用 8254 的计数器 0，采用工作方式 3、16 位二进制计数，写出控制字。

解：$D_7 D_6 = 00$ 是选择计数器 0，$D_5 D_4 = 11$ 是使用计数器的 16 位，$D_3 D_2 D_1 = 011$ 是选择方式 3，$D_0 = 0$ 是二进制计数，控制字是 00110110B，即 36H。

8.1.3 应用举例

使用8254芯片主要涉及两个问题：一是如何与系统连接；二是如何初始化。

1. 与系统的连接

8254芯片可以直接与处理器的系统连接。8254芯片占用4个端口，3个计数器各占1个端口，控制寄存器占1个端口。图8.8是8254与系统总线连接的例子，A_0、A_1连接系统的地址线A_0、A_1，以便选择计数器、控制寄存器，如何选择见表8.1。高位地址线$A_2 \sim A_{15}$作译码器的输入信号，译码器的输出线连接8254的片选信号$\overline{CS}$。8254芯片的地址范围取决于地址译码器。不同的地址译码电路，得到的地址范围不同。

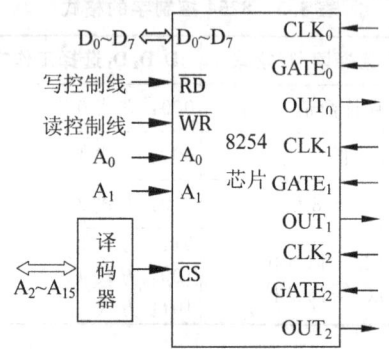

图8.8　8254芯片与系统总线连接的例子

2. 初始化

8254芯片的初始化程序包括设置控制字和计数初值。初始化的编程可以采用两种顺序：一是先把控制字分别写入所需的计数器，再分别写入计数初值；二是逐个设置所需的计数器，顺序可任意，可以先设置计数器1，再设置计数器2，或者采取其他顺序，对每个计数器先写入控制字，再写入计数初值。

例8.2　8254定时器在微机中有哪些应用？

解：主要有3方面应用：日时钟、动态存储器的定时刷新、扬声器发声。

(1) 采用计数器0，作为系统的计时器，产生时钟信号，实现日时钟计数。

计数器0工作于方式3，CLK_0端输入频率1.1931816MHz的脉冲信号，计数初值是0，即65536，OUT_0端输出方波脉冲序列，频率是1.1931816MHz/65536=18.2Hz。OUT_0连接中断控制器8259A的IRQ_0端，作为中断请求输入线，中断频率是每秒18.2次。计数1小时需要中断65520次(18.2×60×60=65520)。24小时需中断1573040次(1800B0H)。每次中断总是低位字加1，当低位字计满(为0)时，高位字加1。当高位字计数到0018H，低位字计数到00B0H时，表示计满24小时，双字复位(清0)。

(2) 采用计数器1，控制动态存储器(DRAM)的定时刷新。

计数器1工作于方式2，CLK$_1$端输入频率1.1931816MHz的脉冲信号，计数初值是18，即0012H，OUT$_1$端输出负脉冲的脉宽是1÷1.1931816MHz=838ns，周期是18÷1.1931816MHz=15.08μs，即每隔15.08μs产生一个脉冲，作为DMAC8237A～0通道的请求信号DREQ$_0$，定时刷新系统的动态存储器。

(3) 采用计数器2，作为音频发生器，为微机内置扬声器提供音频信号，利用扬声器进行提示和故障报警。也可以对计数器2重新初始化，用于乐曲演奏等。

例8.3 假设8254芯片的CLK$_0$端接连频率2MHz的脉冲信号(每隔0.5μs有一个脉冲)，让计数器0每隔10ms产生一个负脉冲，计数器0应采用哪种工作方式，计数初值是多少？请写出计数器0的初始化程序。

解：方式2可以产生负脉冲信号，计数器0的计数初值=10ms/0.5μs=20000。

控制字的D$_7$D$_6$=00是选择使用计数器0。因计数初值20000大于256(2^8)，所以应选择16位计数，D$_5$D$_4$=11表示16位计数。D$_3$D$_2$D$_1$=010表示采用方式2。因十进制的最大计数值是10000，二进制的最大计数值是65536，因为计数初值是20000，所以应采用二进制计数，即D$_0$=0。计数器0的控制字是00110100B，即34H。

采用不同的译码电路，8254芯片的地址范围不同。下面的初始化程序没有给出具体的地址。

```
MOV    DX,控制寄存器的地址      ;8254控制寄存器的地址→DX寄存器
MOV    AL,34H                  ;计数器0的控制字34H→AL
OUT    DX,AL                   ;控制字34H→计数器0
MOV    DX,计数器0的地址        ;计数器0的地址→DX
MOV    AX,2000                 ;计数器0的计数初值2000(7D0H)→AX,AH=07H,AL=D0H
OUT    DX,AL                   ;计数初值的低8位→计数器0
MOV    AL,AH                   ;计数初值的高8位AH→AL
OUT    DX,AL                   ;计数初值的高8位→计数器0
```

例8.4 假设8254芯片的CLK端接收频率1MHz的脉冲信号，需要输出周期20s的方波，如何连接？写出计数器的计数初值、控制字、初始化程序。

解：计数初值=方波的周期(s)×脉冲信号的频率(Hz)=20×10^6=2×10^7，计数初值是2×10^7。一个计数器的最大计数值是65536。达到2×10^7的计数初值，需要两个计数器串联连接。图8.9中，计数器0的OUT$_0$端连接计数器1的CLK$_1$端，即计数器0的输出信号是计数器1的输入信号。按照"计数器0的初值×计数器1的初值=2×10^7"的原则，给每个计数器设定计数初值。

下面的初始化程序中，计数器0、计数器1的计数初值分别取值2000、10000。两个计数器都采用方式3、16位的二进制计数。

综上所述，计数器0的控制字是00110110B(36H)，计数器1的控制字是01110110B(76H)。下面程序先初始化计数器0，后初始化计数器1，也可以先针对计数器1，后针对计数器0。

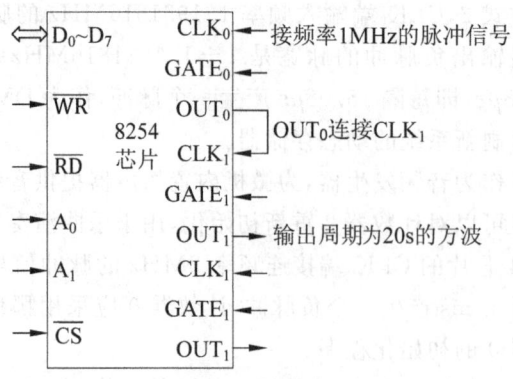

图 8.9 计数器 0 和计数器 1 的串联连接

```
MOV    DX,控制寄存器的地址      ;控制寄存器的地址→DX
MOV    AL,36H                ;计数器 0 的控制字 36H(方式 3)→AL
OUT    DX,AL                 ;控制字 36H→计数器 0
MOV    DX,计数器 0 的地址      ;计数器 0 的地址→DX
MOV    AX,2000               ;计数器 0 的计数初值 2000→AX
OUT    DX,AL                 ;计数初值的低 8 位→计数器 0
MOV    AL,AH                 ;计数初值的高 8 位 AH→AL
OUT    DX,AL                 ;计数初值的高 8 位→计数器 0
MOV    DX,控制寄存器的地址      ;控制寄存器的地址→DX
MOV    AL,76H                ;计数器 1 的控制字 76H(方式 3)→AL
OUT    DX,AL                 ;控制字 76H→计数器 1
MOV    DX,计数器 1 的地址      ;计数器 1 的地址→DX
MOV    AX,10000              ;计数器 1 的计数初值→AX
OUT    DX,AL                 ;计数初值的低 8 位→计数器 1
MOV    AL,AH                 ;计数初值的高 8 位 AH→AL
OUT    DX,AL                 ;计数初值的高 8 位→计数器 1
```

8.2 并行接口芯片 8255

8255 是 Intel 公司生产的并行通信接口芯片,用于主机与外设连接。并行通信是同时传送若干位的二进制数据,传输速度快、效率高,不适合长距离传输。

8.2.1 外部引脚和内部结构

1. 外部引脚

8255 采用双列直插式封装,+5V 供电,其外部引脚如图 8.10 所示。

(1) $D_0 \sim D_7$ 是 8 位三态双向数据总线,用于传送数据和控制字。

(2) $\overline{CS}$是片选线,低电位($\overline{CS}=0$)时选中芯片,允许 8255 工作。

(3) $\overline{RD}$=是读操作控制线,低电位($\overline{RD}=0$、$\overline{CS}=0$)时允许 8255 通过数据线发送信息,即可从 8255 读出数据。

(4) $\overline{WR}$是写操作控制线,低电位($\overline{WR}=0$、$\overline{CS}=0$)时,允许向 8255 写入数据。

(5) RESET 是复位线,通常连接系统的 RESET 线,高电位(RESET=0)时复位 8255(所有内部寄存器清 0),复位后 PA、PB、PC 3 个端口处于输入方式,RESET 是低电位时,8255 正常工作。

(6) $A_0 \sim A_1$是端口地址选择线,8255 内部有 3 个端口(A 口、B 口、C 口)、1 个控制寄存器,通过 $A_0 A_1$ 选择。$A_0=0$、$A_1=0$ 时选择 A 口,$A_0=0$、$A_1=1$ 时选择 B 口,$A_0=1$、$A_1=0$ 时选择 C 口,$A_0=1$、$A_1=1$ 时选择控制寄存器。

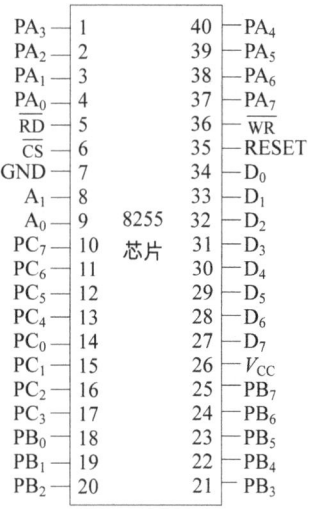

图 8.10 8255 芯片的外部引脚

(7) $PA_0 \sim PA_7$ 是 A 口的输入输出信号线,用于 8255 与外设传送数据,由编程指定是用作输入线,还是用作输出线。

(8) $PB_0 \sim PB_7$ 是 B 口的输入输出线。$PC_0 \sim PC_7$ 是 C 口的输入输出线。

2. 内部结构

8255 芯片的内部结构如图 8.11 所示,主要由 3 部分组成:与处理器的连接部分(数据总线缓冲器、读/写控制电路)、与外设的连接部分(A、B、C 组端口)、内部控制电路部分(A 组控制电路、B 组控制电路)。

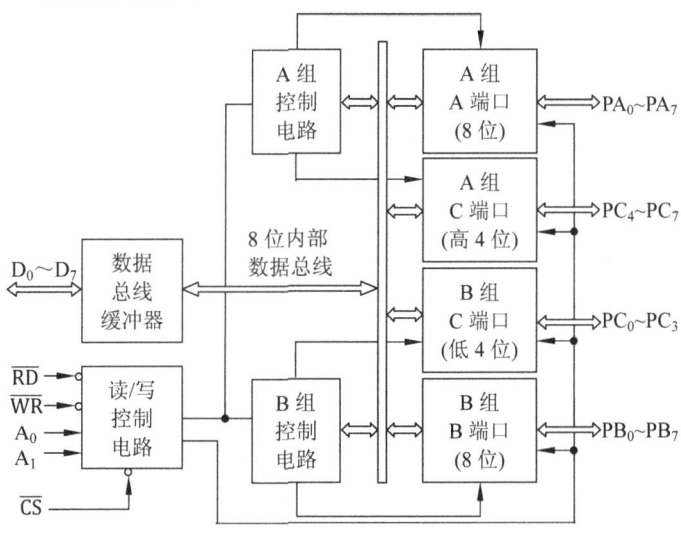

图 8.11 8255 芯片的内部结构

1) 数据端口

有 A、B、C 三个 8 位数据端口,是与外设连接的接口,通过编程指定是作为输入口(接收外设数据),还是作为输出口(向外设发送数据)。A、B、C 可分别作为独立的 8 位数据端口。C 口有特殊性,可以单独作数据端口,或将 8 位分成高 4 位、低 4 位两部分,分别作 A 口、B 口控制信号的输出口、状态信号的输入口,配合 A 口、B 口工作。

2) A 组、B 组的控制电路

为了控制方便,3 个端口分成 A、B 两组。A 组包括 A 端口的 8 条数据线 $PA_0 \sim PA_7$ 和 C 端口的高 4 位数据线 $PC_4 \sim PC_7$。B 组包括 B 端口的 8 条数据线 $PB_0 \sim PB_7$ 和 C 端口的低 4 位数据 $PC_0 \sim PC_3$,通过编程控制 A 组、B 组。A 组、B 组的控制电路包括控制寄存器和状态寄存器。8255 工作前通过编程把控制字装入控制寄存器,以便指定各端口的工作方式。8255 工作期间可以读取状态寄存器中的数据(状态字),以便检测端口的状态。

3) 数据总线缓冲器

它是一个 8 位三态双向的数据缓冲器,通过它与系统的数据总线连接,以便与处理器传送数据。

4) 读/写控制电路

读/写控制电路负责管理 8255 与处理器的信息传送,它接收片选信号($\overline{CS}$)、地址信号(A_0、A_1)、控制信号(RESET、$\overline{WR}$、$\overline{RD}$),组合这些信号,形成控制 A 组、B 组的命令,以便传送信息。

8.2.2 与系统总线的连接及寻址

图 8.12 是 8255 芯片与系统总线的连接示意图。8255 芯片包括 3 个端口(A、B、C)和 1 个控制寄存器,占用 4 个外设地址。利用片选信号 $\overline{CS}$、地址线 $A_0 \sim A_1$ 及读写信号确定每个地址,对它读或写。例如,读 A 口是处理器把 A 口的数据读入 AL 寄存器,写 A 口是处理器把 AL 寄存器的数据写入 A 口输出。$\overline{CS}$、$A_0 \sim A_1$ 及读写信号的功能见表 8.4。

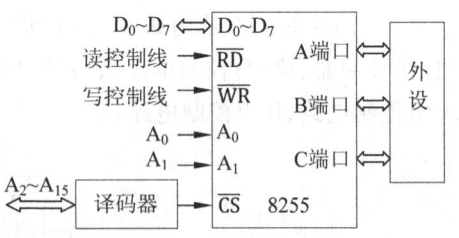

图 8.12 8255 芯片与系统总线的连接示意图

表 8.4 $\overline{CS}$、$A_0 \sim A_1$ 及读写信号的功能

$\overline{CS}$	A_0	A_1	$\overline{IOR}$	$\overline{IOW}$	操 作
0	0	0	0	1	读 A 口
0	0	1	0	1	读 B 口
0	1	0	0	1	读 C 口
0	0	0	1	0	写 A 口
0	0	1	1	0	写 B 口

续表

$\overline{CS}$	A_0	A_1	$\overline{IOR}$	$\overline{IOW}$	操　　作
0	1	0	1	0	写 C 口
0	1	1	1	0	写控制寄存器
1	×	×	1	1	$D_0 \sim D_7$ 三态

8.2.3　工作方式

8255 有 3 种工作方式(方式 0～方式 2)，通过编程指定。A 口可采用任何一种工作方式，B 口可采用方式 0 或方式 1，C 口只能采用方式 0。

1. 工作方式 0

方式 0 也叫基本输入输出方式，3 个端口(A、B、C)均可采用方式 0。方式 0 只能完成简单的输入输出操作，由于通信双方不联络，所以只适合无条件的传送数据，要求数据的发、收双方总处于准备好状态。

输出数据时，A～C 口都能锁存数据。输入数据时，A 口有锁存功能，B 口、C 口没有锁存功能，只有三态缓冲能力。方式 0 下，24 位数据线可分成 4 部分：A 口的 8 位数据线、B 口的 8 位数据线、C 口的高 4 位数据线、C 口的低 4 位数据线，构成 4 个独立的并行口，分别工作于方式 0，作数据的输入线或输出线。例如，定义 A 口、C 口的高 4 位作数据的输入线，即作输入口，B 口、C 口的低 4 位作数据的输出线，即作输出口，还可以定义 A 口作输入，B 口、C 口的高 4 位、C 口的低 4 位作输出，4 个并行口共有 16 种组合。

方式 0 也用于查询方式的输入输出，让 C 口的高 4 位(或低 4 位)作输入口，用于接收外设的状态信息，确定外设是否准备好，让 C 口的另外 4 位作输出口，用于向外设输出控制信号，A 口、B 口作数据口，用于传送数据。

2. 工作方式 1

方式 1 也叫选通输入输出方式，只有 A 口、B 口具有方式 1，C 口配合工作。方式 1 把 A～C 口分成 A、B 两组，A 组包括 A 口的 $PA_0 \sim PA_7$、C 口的高 4 位 $PC_4 \sim PC_7$，B 组包括 B 口的 $PB_0 \sim PB_7$、C 口的低 4 位 $PC_0 \sim PC_4$。A 口、B 口用于传送数据，作输入口或输出口，通过编程指定，A 口、B 口具有 4 种组合：一是 A 口、B 口均为输入口，用于接收外设数据；二是 A 口、B 口均为输出口，向外设传送数据；三是 A 口作输入口、B 口作输出口；四是 A 口作输出口、B 口作输入口。下面分别进行说明。

1) A 口、B 口均为输入口

图 8.13 是 A 口、B 口均为方式 1 输入口的连线图。C 口的 $PC_0 \sim PC_5$ 作控制口，其中 $PC_3 \sim PC_5$ 控制 A 口，$PC_0 \sim PC_2$ 控制 B 口。输入口包括 A 口的 $PA_0 \sim PA_7$、B 口的 $PB_0 \sim PB_7$、C 口的 $PC_6 \sim PC_7$，用于接收外设的数据。此安排固定不变，各控制线的功能如下。

(1) $\overline{STB}$(strobe)是选通信号，来自外设，低电位有效。$\overline{STB}$ 是低电位时，将来自外设

的 8 位数据送到 A 口或 B 口的输入缓冲器中，等待处理器读取。

(2) $\overline{\text{IBF}}$(input buffer full)是输入缓冲器满信号，是 8255 输出的状态信号，高电位有效，用于通知外设，数据已存于 A 口或 B 口的输入缓冲器，还未被处理器取走，外设不能送入下一个数据。当处理器取走数据后，$\overline{\text{IBF}}$ 变成低电位（复位），外设可送入下一个数据。

(3) INTR(interrupt request)是 8255 输入给处理器的中断请求信号，高电位有效。当外设把数据锁存于 A 口或 B 口的输入缓冲器（$\overline{\text{IBF}}=1$）且允许中断请求（INTE=1）时，INTR 变成高电位，要求处理器读取端口数据。处理器读取数据后，使 $\overline{\text{IBF}}$、INTR 变成无效（低电位），外设可送入下一个数据。

(4) INTE(interrupt enable)是中断允许信号，高电位有效，该信号在 8255 内部，没有外部引线。A 口、B 口的 INTR 均受 INTE 信号控制，只有 INTE 是高电位时，才能产生有效的 INTR 信号。PC_4 控制 A 口的 INTE，$PC_4=1$（置位）时允许中断。PC_2 控制 B 口的 INTE，$PC_2=1$ 时允许中断。

方式 1 输入数据的过程是：外设需要输入数据时，把数据送到 8255 的 A 口或 B 口，$\overline{\text{STB}}$ 低电位时，外设首先把数据锁存于 A 口或 B 口的输入缓冲器中，然后产生中断请求信号 INTR，并使 $\overline{\text{IBF}}$ 有效，以此要求处理器读取输入缓冲器中的数据，处理器读取数据后，使 $\overline{\text{IBF}}$、INTR 都变成无效（低电位）。

2) A 口、B 口均为输出口

该组合类似 A 口、B 口均为方式 1 的输入口。图 8.14 是 A 口、B 口均为方式 1 输出口的连线图。C 口的 $PC_0 \sim PC_3$、$PC_6 \sim PC_7$ 作控制口，PC_3、PC_6、PC_7 控制 A 口，$PC_0 \sim PC_2$ 控制 B 口。输出口包括 A 口的 $PA_0 \sim PA_7$、B 口的 $PB_0 \sim PB_7$、C 口的 $PC_4 \sim PC_5$，用于向外设输出数据。此安排固定不变，各控制线的功能如下。

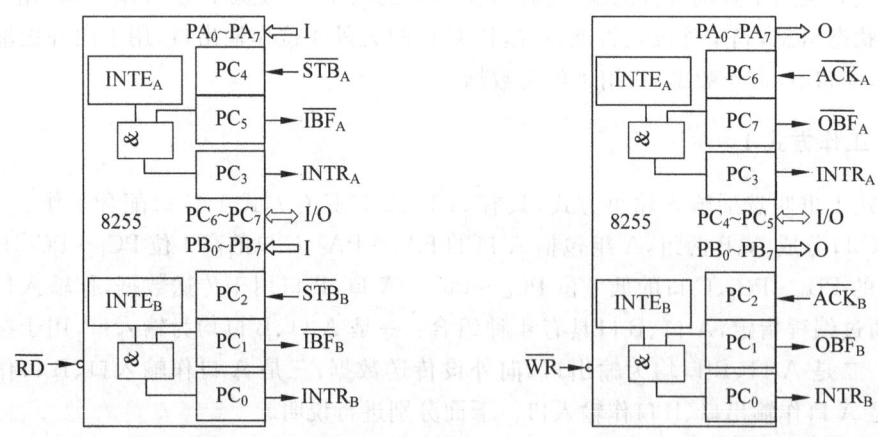

图 8.13　A 口、B 口均为方式 1 输入口的连线图　　图 8.14　A 口、B 口均为方式 1 输出口的连线图

(1) $\overline{\text{OBF}}$(output buffer full)是输出缓冲器满信号，由 8255 发给外设，低电位有效，用于通知外设，处理器已把数据写入 A 口或 B 口的输出缓冲器，外设可取走数据。

(2) $\overline{\text{ACK}}$(acknowledge)是来自外设的应答信号，低电位有效，用于通知 8255，外设

已把 A 口或 B 口输出缓冲器中的数据取走,并使 $\overline{OBF}=1$。

(3) INTR(interrupt request)是中断请求信号,高电位有效,当外设取走输出缓冲器中的数据后,用该信号通知处理器数据已取走,可输出下一个数据。

(4) INTE(interrupt enable)是中断允许信号,A 口、B 口的 INTR 均受 INTE 控制,INTE 是高电位时,可产生有效的 INTR 信号。PC_6 控制 A 口 INTE,$PC_6=1$(置位)时允许中断。PC_2 控制 B 口 INTE,$PC_2=1$ 时允许中断。

3) A 口作输入口、B 口作输出口或 A 口作输出口、B 口作输入口

这是混合的输入输出方式,一个端口作输入口,另一个端口作输出口。图 8.15 是 A 口作输入、B 口作输出的连线图。图 8.16 是 A 口作输出、B 口作输入的连线图。

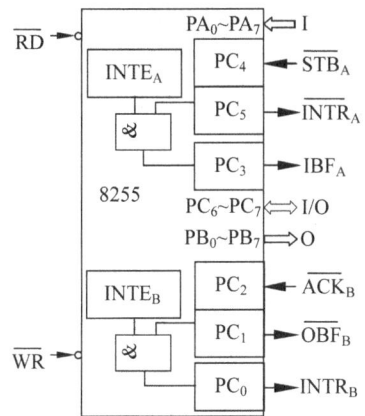

图 8.15 A 口作输入、B 口作输出的连线图　　　图 8.16 A 口作输出、B 口作输入的连线图

3. 工作方式 2

方式 2 也叫选通双向传输方式,仅适用 A 口。双向传输方式下,外设与处理器可双向传输数据,即 A 口既可作输入口,接收外设数据,也可作输出口,向外设发送数据。A 口采用方式 2 时,B 口只能是方式 0 或方式 1。图 8.17 是方式 2 的连线图,采用 C 口的信号线 $PC_3 \sim PC_7$ 控制 A 口,$PC_0 \sim PC_2$ 作输入输出线或作 B 口方式 1 的控制线。$INTE_1$ 是

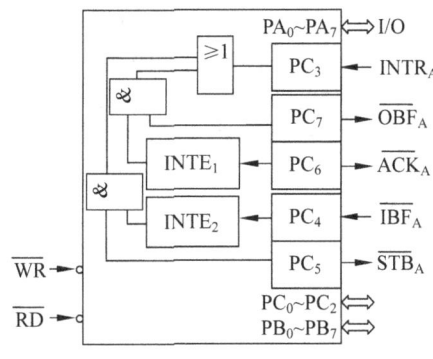

图 8.17 方式 2 的连线图

输出中断允许信号,由 PC_6 控制。$INTE_2$ 是输入中断允许信号,由 PC_4 控制,控制信号 $\overline{OBF}$、$\overline{ACK}$、$\overline{STB}$、IBF、$INTR$ 与方式 1 相同,主要区别如下。

(1) A 口可作输入口,也可作输出口,区分方法是:当 $\overline{ACK}$ 有效时,才能打开 A 口的输出数据三态门,让数据从 $PA_0 \sim PA_7$ 输出。当 $\overline{ACK}$ 无效时,A 口的输出数据三态门呈高阻状态。

(2) A 口的输入输出操作均可引起中断,区分方法是:$INTE_1$ 是输出中断允许信号,受 PC_6 控制,置位($PC_6=1$)后允许 A 口的输出中断请求。$INTE_2$ 是输入中断允许信号,由 PC_4 控制,PC_4 置位后允许 A 口的输入中断请求。

方式 2 的 A 口可以认为是方式 1 的输入、输出的分时组合工作,工作过程与方式 1 的输入、输出极为相似。A 口的 8 条数据线 $PA_0 \sim PA_7$ 有双向传输功能,既能向外设输出数据,又能由外设输入数据,需仔细控制,防止竞争数据线。不限制是先输入,还是先输出,顺序任意,但输入操作和输出操作有时序要求,输出时序是:处理器先把数据写入 A 口($\overline{ACK}$ 有效),后由外设从 A 口取走数据($\overline{IOW}$ 有效),即 $\overline{IOW}$(外设取数据)发生在 $\overline{ACK}$(允许取数据)有效前。输入时序是:外设先把数据送入 A 口锁存($\overline{STB}$ 有效),后由处理器从 A 口读取数据($\overline{IOR}$ 有效),即 $\overline{STB}$(外设已锁存数据)发生在 $\overline{IOR}$(允许读数据)有效前。外设锁存数据于 A 口后,即可撤销输入的数据,保证 $PA_0 \sim PA_7$ 能双向传送数据。

8.2.4 控制字和状态字

8255 芯片工作前要做初始化,即通过编程把控制字装入 8255 的控制寄存器,以便指定各端口的工作方式。8255 工作期间,可以读取状态寄存器中的数据(状态字),以便检测端口状态。

1. 控制字

8255 的控制字由 8 位二进制数据构成。$D_7=1$ 时用于设置工作方式,8255 方式控制字各位的含义如图 8.18 所示。$D_3 \sim D_6$ 位用于控制 A 组,包括 A 口的 8 位 $PA_0 \sim PA_7$、C 口的高 4 位 $PC_5 \sim PC_7$。$D_0 \sim D_2$ 位用于控制 B 组,包括 B 口的 8 位 $PB_0 \sim PB_7$、C 口的低 4 位 $PC_0 \sim PC_4$。$D_7=0$ 时是设置位控制字,仅用于控制 C 口的位操作(置位或复位),使 C

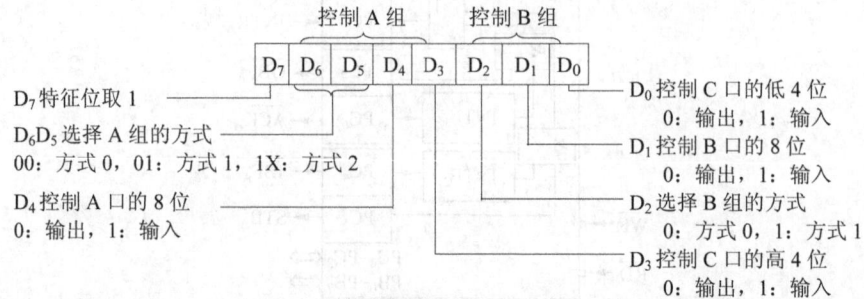

图 8.18 8255 方式控制字各位的含义

口的某位是1或是0,其他位不变。C口的位控制字各位的含义如图8.19所示。

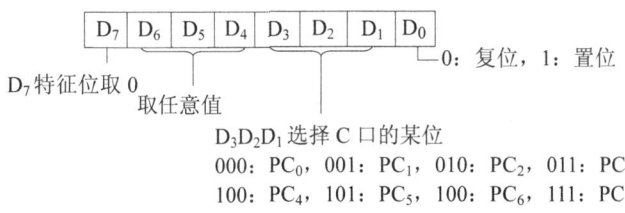

图 8.19 C口的位控制字各位的含义

例 8.5 假设8255控制寄存器的地址是83H,要求A口、B口采用方式1,A口作输出,B口作输入,C口的高4位作输入,低4位作输出,允许A口中断,禁止B口中断。编写指令向8255的控制寄存器写入这些参数。

解:本题是设置8255的方式控制字和位控制字。

由图8.18的方式控制字可知,设置方式控制字,要求$D_7=1$、$D_6D_5=01$。A口、B口采用方式1,应设置$D_2=1$。A口作输出,应设置$D_4=0$。B口作输入,应设置$D_1=1$。C口的高4位作输入,设置$D_3=1$,低4位作输出,设置$D_0=0$。方式控制字应是10101110B,即AEH。

允许或禁止端口中断,需设置C口的位控制字。方式1中,允许A口中断,需置位PC_6,即设置$PC_6=1$。禁止B口中断,需复位PC_2,即设置$PC_2=0$。由图8.19的位控制字可知,C口作位操作时要求$D_7=0$。$D_6D_5D_4$可取任意值,如取000。置位PC_6是$D_3D_2D_1=110$、$D_0=1$,PC_6的置位控制字应是00001101B,即0DH。复位PC_2是$D_3D_2D_1=010$、$D_0=0$,PC_2的复位控制字应是00000100B,即04H。

先设置方式控制字,后设置位控制字,用下面指令向8255的控制寄存器写入方式控制字、位控制字。

```
MOV    DX,83H      ;控制寄存器的地址→DX
MOV    AL,0AEH     ;方式控制字→AL
OUT    DX,AL       ;方式控制字→控制寄存器
MOV    AL,0DH      ;PC6的置位控制字→AL
OUT    DX,AL       ;PC6的置位控制字→控制寄存器
MOV    AL,04H      ;PC2的复位控制字→AL
OUT    DX,AL       ;PC2的复位控制字→控制寄存器
```

注意:仅对C口做位操作,也要先写入一个方式控制字(只需写一次),之后可多次写入C口的位控制字,使C口的某位是1或是0。

2. 状态字

通过读取状态寄存器的数据(状态字),可以检测端口的状态。方式2下,通过C口的数据可以检测A口、B口的状态。例如,A口、B口均是方式1的输入口时,C口输入8位数据,各位的含义如图8.20所示。A口、B口均是方式1的输出口时,C口输出状态字,各位的含义如图8.21所示。A口是方式2时,C口读入的状态字如图8.22所示,

$D_0 \sim D_2$ 由 B 口的工作方式决定,当 B 口是方式 1 的输入口时,$D_0 \sim D_2$ 的含义同图 8.20,当 B 口是方式 1 的输出口时,$D_0 \sim D_2$ 的含义同图 8.21。

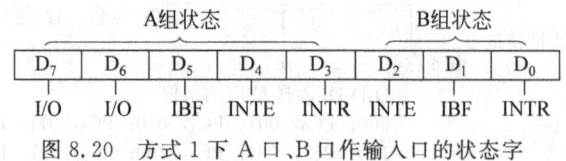

图 8.20　方式 1 下 A 口、B 口作输入口的状态字

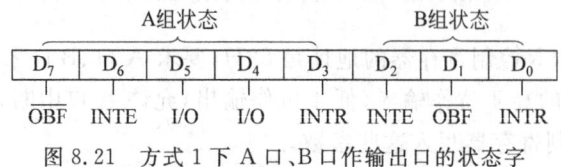

图 8.21　方式 1 下 A 口、B 口作输出口的状态字

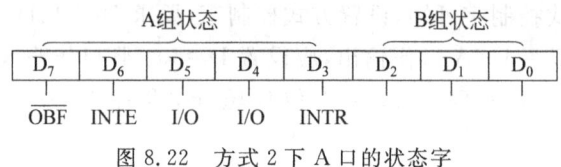

图 8.22　方式 2 下 A 口的状态字

注意：图 8.20 的状态字适用 A 口、B 口均为方式 1 的输入口,图 8.21 的状态字适用 A 口、B 口均为方式 1 的输出口。若方式 1 下,A 口、B 口的一个是输入口,另一个是输出口,状态字是图 8.20 和图 8.21 两个状态字的组合。

8.2.5　应用举例

例 8.6　用 8255 芯片作打印机的接口,数据区 BUF～BUF+255 单元存放 256 个字符,采用查询方式打印这些字符。

图 8.23 是 8255 与打印机的连线图,A 口的 $PA_0 \sim PA_7$ 连接打印机的数据线 $D_0 \sim D_7$,用于向打印机发送数据,即 A 口作输出,C 口的 PC_7 位连接打印机的选通信号 STROBE,PC_7 的初始值取 1,即 C 口的高 4 位作输出,PC_2 位连接打印机的忙信号 BUSY,即 C 口的低 4 位作输入。未使用 B 口,设 B 口作输入。

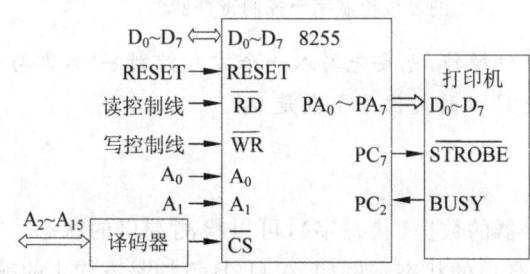

图 8.23　8255 与打印机的连线图

打印机的工作过程如下。

(1) 处理器把需打印的字符发给 A 口,即送到打印机的数据线 $D_0 \sim D_7$。

(2) 使 PC_7 位为 0,即选通打印机,以便 $D_0 \sim D_7$ 的数据送入打印机内部的缓冲器锁存,等待打印。

(3) 打印机内部的缓冲器收到数据后,将高电位的 BUSY 信号送给 PC_2,表示正在打印,打印完后送出低电位的 BUSY 信号,等待接收下一个打印字符。

因为采用查询方式,所以 A 口、B 口均以方式 0 工作,由图 8.18 的方式控制字可知,特征位 $D_7=1$,A 口、B 口采用方式 0,应该设置 $D_6D_5=00$、$D_2=0$。A 口作输出,应该设置 $D_4=0$。B 口作输入,应该设置 $D_1=1$。C 口的高 4 位作输出,应该设置 $D_3=0$。C 口的低 4 位作输入,应该设置 $D_0=1$。其余位取 0。方式控制字是 10000011B,即 83H。

置位或复位 PC_7,应使用位控制字,即设置 $D_7=0$,$D_6D_5D_4$ 可取任意值,如取 000。置位 PC_7($PC_7=1$),应该设置 $D_3D_2D_1=111$、$D_0=1$,PC_7 的置位控制字是 00001111B,即 0FH。复位 PC_7($PC_7=0$),应该设置 $D_0=0$,PC_7 的复位控制字是 00001110B,即 0EH。

```
;设 8255 控制寄存器的地址是 0383H,以下指令用于初始化 8255
        MOV    AL,83H        ;方式控制字→AL
        MOV    DX,0383H      ;8255 控制寄存器的地址→DX
        OUT    DX,AL         ;方式控制字→8255 控制寄存器
        MOV    AL,0FH        ;置位 PC7 的控制字→AL
        OUT    DX,AL         ;置位 PC7 的控制字→控制寄存器
;设 A 口、C 口的地址分别是 0380H、0382H,下面指令用于打印 256 个字符
        LEA    SI,BUF        ;第 1 个字符的地址→SI
        MOV    CX,0FFH       ;字符数(循环次数)→CX
        MOV    DX,0382H      ;C 口的地址→DX
PWAIT:  IN     AL,DX         ;C 口的 8 位数据→AL,用于检查打印机的状态
        AND    AL,04H        ;检查 PC2=1? 即 BUSY=1? 确定打印机是否忙
        JNZ    PWAIT         ;PC2=1 表示打印机忙,跳到 PWAIT 行,继续检查打印机的状态
        MOV    AL,[SI]       ;字符→AL
        MOV    DX,0380H      ;A 口的地址→DX
        OUT    DX,AL         ;AL→A 口,即送到打印机的 D0~D7
        MOV    DX,0383H      ;控制寄存器的地址→DX
        MOV    AL,0EH        ;复位 PC7 的控制字→AL
        OUT    DX,AL         ;复位 PC7 的控制字→控制寄存器,打印字符
        NOP                  ;耗时
        NOP                  ;耗时
        MOV    AL,0FH        ;置位 PC7 的控制字→AL
        OUT    DX,AL         ;置位 PC7 的控制字→控制寄存器
        INC    SI            ;SI 指向下一个字符
        DEC    CX            ;字符数减 1,即循环次数减 1
        JNZ    PWAIT         ;CX≠0 表示字符未打印完,跳到 PWAIT 行继续打印
        HLT                  ;打印完毕,暂停
```

例 8.7 用 8255 作非编码键盘的接口,管理图 8.24 的 4 行 4 列的矩阵键盘。

解：非编码键盘以线性排列或 M 行 N 列矩阵排列字符，电路比编码键盘简单，通过程序查询按下哪个键。

对于线性排列的非编码键盘，每个按键引出 1 根输入线，连接计算机输入输出接口的 1 根输入线，16 键需要 16 根输入线，线性键盘适合按键少的场合。对于矩阵排列的非编码键盘，键盘输入输出引出线的数量等于矩阵的行数加列数，4 行 4 列的矩阵键盘需要 8 根引出线。

图 8.24 的 4 行 4 列矩阵键盘有 16 个键（0♯～15♯），用一片 8255 管理，A 口的 4 根线 PA_0～PA_3 连接 0～3 行，作输出线，B 口的 4 根线 PB_0～PB_3 连接 0～3 列，作输入线。通过列、行扫描（查询）确定按下哪个键，列扫描用于确定是否有键按下，行扫描用于确定按键的位置，具体的扫描（查询）过程如下。

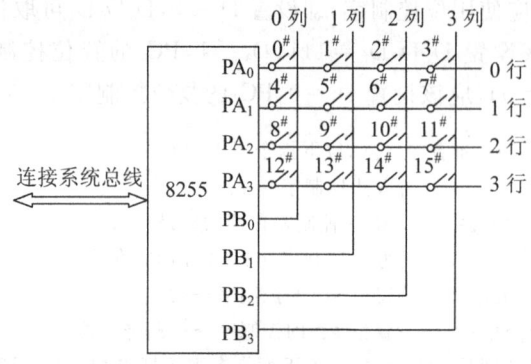

图 8.24　4 行 4 列矩阵的键盘接口

先做列扫描，确定是否有键按下。方法是：先让 A 口的 PA_0～PA_3 均输出 0，然后读 B 口的数据，检查 PB_0～PB_3 是否有低电位，若没有低电位，说明没有键按下，须再次列扫描（读 B 口的数据）。

若 PB_0～PB_3 的某位是低电位，为了消除抖动，需要执行耗时子程序（耗时 10～20ms）。耗时后，若低电位消失，说明低电位是无效数据，因干扰或按键抖动引起，须再次列扫描（读 B 口的数据）。

若耗时后低电位未消失，说明有键按下，需要逐行扫描，确定按键的位置。方法是：首先扫描第 0 行，即 A 口的输出 $PA_0=0$、$PA_1=1$、$PA_2=1$、$PA_3=1$，读 B 口的数据，检查 PB_0～PB_3 是否有低电位。若有低电位，说明第 0 行某列有键按下。若没有低电位，接着扫描第 1 行，即 A 口的输出 $PA_0=1$、$PA_1=0$、$PA_2=1$、$PA_3=1$，再扫描第 2 行、第 3 行，直到识别按键在矩阵的位置，根据键号执行该键对应的处理程序。

因为采用查询（扫描）方式确定按键的位置，所以 A 口、B 口均采用方式 0，A 口作输出，B 口作输入。由图 8.18 的方式控制字可知，设置方式控制字，应该设置 $D_7=1$；A 口、B 口采用方式 0，应该设置 $D_6D_5=00$、$D_2=0$；A 口作输出，应该设置 $D_4=0$；B 口作输入，应该设置 $D_1=1$，其余位取 0，方式控制字是 10000010B，即 82H。假设 A 口、B 口、控制寄存器的地址分别是 80H、81H、83H，扫描键盘的程序如下。

```
                ;初始化 8255
        MOV     AL,82H          ;方式控制字→AL,A 口方式 0 输出口、B 口方式 0 输入口
        OUT     83H,AL          ;方式控制字→控制寄存器
        ;扫描判断是否有键按下
        MOV     AL,00H
        OUT     80H,AL          ;输出 PA$_0$=PA$_1$=PA$_2$=PA$_3$=0
NEXT:   IN      AL,81H          ;读 B 口的 8 位数据→AL
        AND     AL,0FH          ;高 4 位取 0(屏蔽高 4 位)
        CMP     AL,0FH          ;检查 PB$_3$~PB$_0$是否有低电位
        JZ      LOOA            ;PB$_3$~PB$_0$无低电位,跳到 LOOA 继续列扫描
        CALL    DELAY           ;PB$_3$~PB$_0$有低电位,调用耗时子程序 DELAY
        IN      AL,81H          ;再次读 B 口的数据→AL
        AND     AL,0FH          ;高 4 位取 0(屏蔽高 4 位)
        CMP     AL,0FH          ;检查耗时后 PB$_3$~PB$_0$是否有低电位
        JZ      LOOA            ;耗时后低电位消失,说明未按键,跳到 NEXT 行继续扫描
        ;扫描判断按了哪个键
START:  MOV     BL,4            ;行数→BL
        MOV     BH,4            ;列数→BH
        MOV     AL,0FEH         ;设置 D$_0$=0,准备扫描第 0 行
        MOV     CL,0FH          ;键盘的屏蔽码→CL
        MOV     CH,0FFH         ;起始键号→CH
LOP1:   OUT     80H,AL          ;A 口输出,扫描一行
        ROL     AL,1            ;AL 左移 1 位(修改扫描码,准备扫描下一行)
        MOV     AH,AL           ;暂存 AL→AH
        IN      AL,81H          ;读 B 口,确定按键在哪列
        AND     AL,CL           ;高 4 位取 0(屏蔽高 4 位)
        CMP     AL,CL           ;比较
        JNZ     LOP2            ;如有列线是 0,则跳到 LOP2 行,找按键的所在列
        ADD     CH,BH           ;无键按下,修改键号,为了在下一行找键号
        MOV     AL,AH           ;恢复扫描码
        DEC     BL              ;行数 BL 减 1
        JNZ     LOP1            ;如行未扫描完,则跳到 LOP1 行,继续下一行
        JMP     START           ;重新扫描
LOP2:   INC     CH              ;键号 CH 加 1
        ROR     AL,1            ;右移 1 位
        JC      LOP2            ;无键按下,查下一列
        MOV     AL,CH           ;找到按键位置,键号→AL
        CMP     AL,0
        JZ      KEY0            ;若是 0 号键按下,则跳到 KEY0,处理该按键
        CMP     AL,1            ;判断是否是 1 号键
        JZ      KEY1            ;若是 1 号键按下,则跳到 KEY1
         ⋮
        CMP     AL,14           ;判断是否是 14 号键
        JZ      KEY14           ;如是 14 号键按下,则跳到 KEY14 行
```

```
            JMP      KEY15            ;如不是 0~14 号键,就是 15 号键,则跳到 KEY15
                :
KEY0:       :
KEY1:       :
                :
KEY15:      :
```

适当修改上述程序,可适用 M 行 N 列矩阵的键盘。关于耗时子程序 DELAY 的编写,参见第 4 章的例 4.14。

例 8.8 8255 芯片的数据线有 8 位,如何在 16 位、32 位或 64 位的计算机中作接口?

解:以 16 位计算机为例,可用 2 片 8255 构成 16 位的输入与输出接口。一片是偶地址端口,另一片是奇地址端口。偶地址端口的 8255 芯片由处理器的地址线 A_0 参与片选译码,8 位数据线连接处理器的低 8 位数据线 $D_7 \sim D_0$。奇地址端口的 8255 由处理器的总线高位允许信号 BHE 参与片选译码,8 位数据线连接处理器的高 8 位数据线 $D_{15} \sim D_8$。处理器可以对某个 8255 的各端口传送 8 位(字节)信息,也可以针对两个 8255 的对应两个端口(两个 PA 口,或两个 PB 口,或两个 PC 口),用一个总线周期传送偶地址的 16 位(字)信息。

8.3 串行接口芯片 8250

8250 是 Intel 公司生产的串行通信接口芯片。串行通信是数据一位接一位地顺序传送。串行通信的传输线少,传送距离远,传送速率较低。

8.3.1 外部引脚和内部寄存器

1. 外部引脚

图 8.25 给出了 8250 芯片的外部引脚,有 40 根引脚,除电源线(V_{CC})、地线(GND)外,其他引脚分成面向系统的引脚、面向外部通信设备的引脚两类。

1) 面向系统的引脚

(1) CS_0、CS_1、$\overline{CS_2}$(chip select)输入线是片选信号,同时有效时($CS_0=1$、$CS_1=1$、$\overline{CS_2}=0$),该芯片才能工作。

(2) CSOUT(chip select output)输出线是选片信号,当 CSOUT 是高电位时,表示 CS_0、CS_1、$\overline{CS_2}$ 都有效。

(3) $D_0 \sim D_7$ 是双向数据线,用于传送数据和命令。

(4) $A_0 \sim A_2$(address)输入线是地址信号,用于选择 8250 的内部寄存器。

(5) MR 输入线是复位信号,通常连接系统的 RESET 信号,高电位有效。

(6) $\overline{ADS}$(address strobe)输入线是地址选通信号,有效(低电位)时可把 CS_0、CS_1、$\overline{CS_2}$、A_0、A_1、A_2 锁存于 8250 内部。若不需要锁存这些信号,$\overline{ADS}$ 可接地,使其总有效。

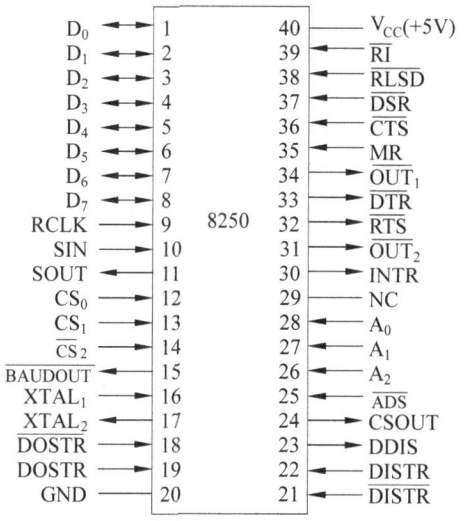

图 8.25　8250 芯片的外部引脚

(7) $\overline{\text{BAUDOUT}}$ 输出线是波特率输出信号,由 8250 内部的时钟发生器产生。

(8) DOSTR、$\overline{\text{DOSTR}}$(data output strobe)输出线是数据输出选通信号,其中一个有效时(DOSTR 高电位、$\overline{\text{DOSTR}}$ 低电位),可向 8250 寄存器写入数据或命令,都无效时不能写入数据。

(9) DISTR、$\overline{\text{DISTR}}$(data input strobe)输入线是数据输入选通信号,其中一个有效时(DISTR 高电位、$\overline{\text{DISTR}}$ 低电位),可读出 8250 寄存器中的数据,都无效时不能读出。

(10) INTR(interrupt)输出线是中断请求信号,高电位有效,当允许 8250 中断,发生这种(INTR 输出有效高电位,即接收数据寄存器满、发送数据寄存器空、接收数据错误、Modem 状态寄存器低 2 位有置 1 位)中断事件时,中断服务结束或系统复位后,INTR 变成低电位有效。

(11) DDIS 输出线是驱动器禁止信号,用于控制 8250 与系统之间的数据总线驱动器。处理器读 8250 时该信号输出低电位,非读时该信号输出高电位。

2) 面向外部通信设备的引脚

(1) SIN(serial input)输入线用于接收来自外设或其他系统的串行数据。

(2) SOUT(serial output)输出线用于向外设或其他系统发送串行数据。

(3) $\overline{\text{RTS}}$(request transmit)输出线用于请求发送数据,低电位有效,通知外设,8250 已准备好发送数据。

(4) $\overline{\text{CTS}}$(clear transmit)输入线用于接收清除信号,是 $\overline{\text{RTS}}$ 的回答信号,低电位时表示外设可以接收 8250 发来的数据。

(5) $\overline{\text{DTR}}$(data transmit)输出线用于请求发送数据,低电位有效,用于通知外设,8250 已准备好,可以通信。

(6) $\overline{\text{DSR}}$(data receive)输入线用于请求接收数据,低电位有效,表示外设已准备好,可以通信。

第 8 章　常用的接口芯片

(7) $\overline{\text{RLSD}}$ 输入线用于接收检测信号，低电位有效，表示 Modem（调制解调器）或数据装置已检测到通信线路送来的信号，可以开始接收数据。

(8) $\overline{\text{RI}}$ 输入线是振铃指示信号，低电位有效，表示 Modem 或数据装置已收到一个电话铃声信号。

(9) $\overline{\text{OUT}}_1$、$\overline{\text{OUT}}_2$ 输出线由用户控制，通过编程指定是低电位或是高电位。

(10) XTAL_1、XTAL_2 分别是外部时钟的输入线和输出线，可连接振荡器或外部的时钟信号。

2．内部寄存器

只有了解 8250 的内部寄存器，才能用好 8250。以下 10 个寄存器与用户编程有关。

1）通信线路控制寄存器（LCR）

LCR 是 8 位寄存器，用于存放串行通信的数据格式，如数据位数、停止位数、奇偶校验位等。LCR 各位的含义如图 8.26 所示，注意 D_7 位，读写除数锁存器之前，D_7 位应置 1，读写其他寄存器之前，D_7 位应设成 0。

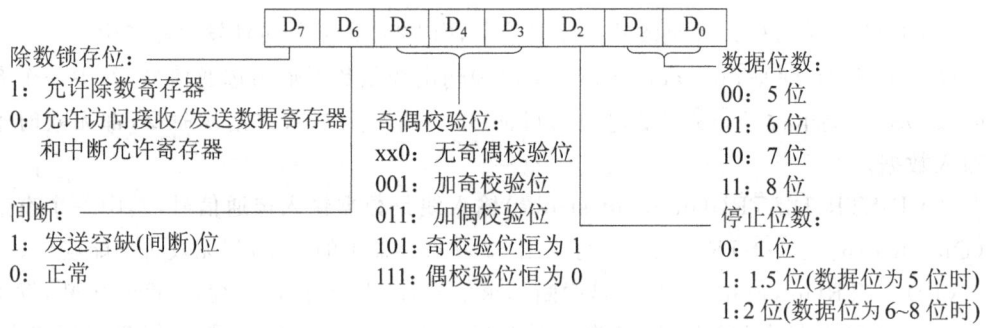

图 8.26　LCR 各位的含义

2）通信线路状态寄存器（LSR）

LSR 是 8 位寄存器，说明 8250 接收、发送数据的状态。LSR 各位的含义如图 8.27 所示。

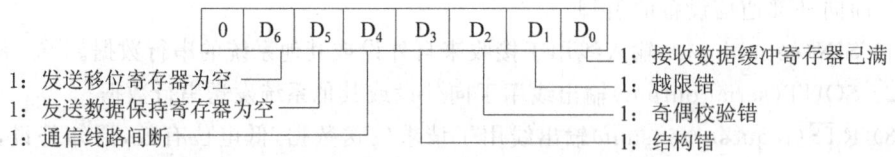

图 8.27　LSR 各位的含义

D_0 位是 1 时，表示 8250 已接收一个完整字符，处理器可以读取 8250 的接收数据缓冲寄存器。读取后，该位立即变成 0。

D_1 是越限状态标志。如果前一个数据还在接收数据缓冲寄存器中，处理器未读走，该位是 1。读走后该位变 0，表示可以接收下一个数据。

D_2 是奇偶校验错标志。8250 对收到的一个完整数据做奇偶校验运算，如果发现算出的值与发送来的奇偶校验位不同,就使该位为1,表示数据可能有错。处理器读寄存器时,使该位复位(为0)。

D_3 结构错标志。如果接收到的数据停止位不正确,则使该位为1。

D_4 线路间断标志。如果在大于一个完整数据字的时间内收到的均为空闲状态,则使该位为1,表示线路信号间断。处理器读寄存器时使该位为0。

如果出现以上4种状态的任何一种,8250都会发出线路状态错的中断。

D_5 是1时,表示发送数据保持寄存器为空。处理器把数据写入发送数据保持寄存器后,使该位为0。

D_6 是1时,表示发送移位寄存器为空。发送数据保持寄存器中的数据并行送入发送移位寄存器后,该位清零。

D_7 恒为0。

3) 发送数据保持寄存器(THR)

THR是8位寄存器,发送数据时处理器把数据写入寄存器。只要发送移位寄存器(TSR)无数据,THR中的数据就自动送入 TSR,以便串行移出。

4) 接收数据缓冲寄存器(RBR)

RBR是8位寄存器,8250接收到一个完整字符时,就把该字符由 RSR 送入 RBR。处理器可读取 RBR 数据。

5) 除数锁存器(DLR)

DLR是16位寄存器,用于存放除数(分频系数)。外部时钟按该除数可以算出所需的波特率。假设外部时钟频率是 f,8250要求的波特率是 F,则有下面公式:

$$除数 = f/(16 \times F)$$

例如,输入时钟频率是 1.8432MHz,要求用 1200Band 传送数据,除数应该是 96。8250工作前首先把除数写入除数锁存器,以便产生所需波特率。为了写入除数,首先使通信控制寄存器 D_7 位为1,然后16位除数的低8位、高8位先后写入除数锁存器。

6) 中断允许寄存器(IER)

IER 未使用 $D_4 \sim D_7$ 位,仅使用 $D_0 \sim D_3$ 位,用于允许或禁止4种中断(越限错中断、奇偶错中断、结构R错中断、间断中断),某位是0,允许对应的中断,是1禁止中断。IER 各位的含义如图 8.28 所示。Modem 状态引起的中断见下面的 Modem 状态寄存器。

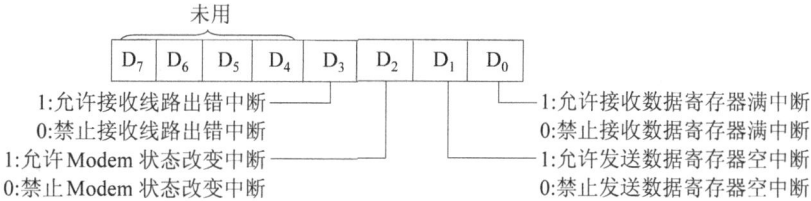

图 8.28 IER 各位的含义

7) 中断识别寄存器(IIR)

IIR 是8位寄存器,用于判断有无中断,是哪类中断。IIR 各位的含义如图 8.29 所示。$D_3 \sim D_7$ 位恒为0,$D_0 \sim D_2$ 这3位作中断标志。8250有4个中断源。接收数据出错中断的优先级最高,包括越限、奇偶错、结构错、间断等,读通信状态寄存器可使此中断复位。下一个优先级是接收数据寄存器满中断,读接收数据寄存器可复位此中断。再下一个优先级是发送数据寄存器空中断,写发送数据寄存器可复位此中断。最低优先级是 Modem 状态改变中断,包括清除发送(CTS)、数据设备就绪(DSR)、数据终端就绪(DTR)、接收线路信号检测(DCD)等 Modem 状态中断源。读 Modem 状态寄存器可复位此中断。

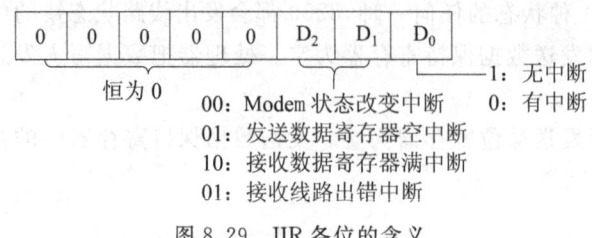

图 8.29 IIR 各位的含义

8) Modem 控制寄存器(MCR)

MCR 是 8 位寄存器,用于控制 Modem 或其他数字设备。MCR 各位的含义如图 8.30 所示。

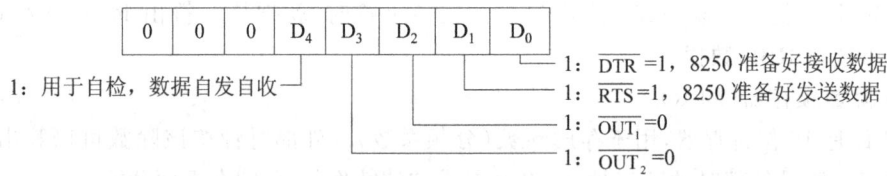

图 8.30 MCR 各位的含义

D_0 位表示是否准备好接收数据。该位是 1 时,8250 的 $\overline{DTR}$ 端输出低电位,表示 8250 准备好接收数据。该位是 0 时,$\overline{DTR}$ 端输出高电位,表示 8250 未准备好。

D_1 位表示是否准备好发送数据。该位是 1 时,8250 的 $\overline{RTS}$ 端输出低电位,表示 8250 准备好发送数据。该位是 0 时,$\overline{RTS}$ 端输出高电位,表示 8250 未准备好。

D_2、D_3 位分别控制 8250 的输出信号 $\overline{OUT}_1$ 和 $\overline{OUT}_2$。该位是 1 时,对应的 $\overline{OUT}$ 端输出 0,该位是 0 时,对应的 $\overline{OUT}$ 端输出 1。

D_4 位控制循环检测,实现 8250 的自我检测。该位是 1 时,SOUT 为高电位状态,SIN 与系统分离,发送移位寄存器中的数据由 8250 内部直接回送到接收移位寄存器的输入端。Modem 用于控制 8250 的 4 个信号 $\overline{CTS}$、$\overline{DSR}$、$\overline{RLSD}$、$\overline{RI}$ 与系统分离,8250 用于控制 Modem 的输出信号 $\overline{RTS}$、$\overline{DSR}$、$\overline{OUT}_1$、$\overline{OUT}_2$ 在 8250 芯片内部与 $\overline{CTS}$、$\overline{DSR}$、$\overline{RLSD}$、$\overline{RI}$ 连接,实现信号在 8250 芯片内部自发自收,即 8250 发送的串行数据在 8250 内部接收,完成 8250 自检,自检过程中不需要外部连线。自检时仍能产生中断,Modem 状态中断由 Modem 控制寄存器提供。D_4 位是 0 时,8250 正常工作,从自检状态转到正常工作状态,必须重新初始化 8250,包括 D_4 位清零。

9) Modem 状态寄存器(MSR)

MSR 是 8 位寄存器,用于表示 8250 与通信设备之间应答信号的当前状态及变化。

MSR 各位的含义如图 8.31 所示。当来自 Modem 的控制线变化时，Modem 状态寄存器的低 4 位 $D_0 \sim D_3$ 变成 1，读此寄存器时，4 位同时变成 0（清零）。

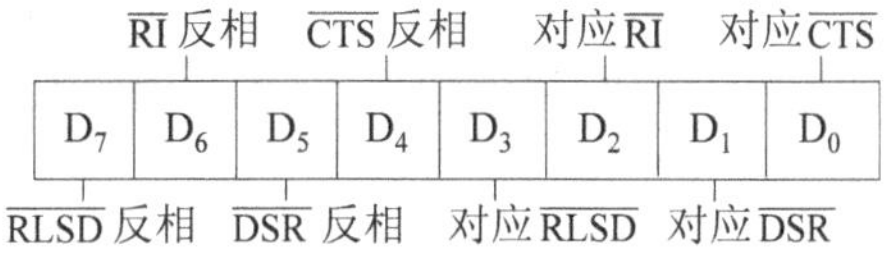

MSR 的低 4 位 $D_0 \sim D_3$ 分别反映 $\overline{CTS}$、$\overline{DSR}$、$\overline{RI}$、$\overline{RLSD}$ 4 个输入信号状态是否变化，某位是 0 表示对应的输入信号状态无改变，某位是 1 表示自上次该寄存器满之后，对应输入信号状态已改变。

图 8.31 MSR 各位的含义

MSR 的高 4 位 $D_4 \sim D_7$ 对应 $\overline{CTS}$、$\overline{DSR}$、$\overline{RI}$、$\overline{RLSD}$ 信号的状态。

D_4 等于 $\overline{CTS}$ 信号反相后的值。自检时该位等于 Modem 控制寄存器 $\overline{RTS}$ 的值。

D_5 等于 $\overline{DSR}$ 信号反相后的值。自检时该位为 $\overline{DSR}$ 的状态。

D_6 等于 $\overline{RI}$ 信号反相后的值。自检时该位为 $\overline{OUT_1}$ 的状态。

D_7 等于 $\overline{RLSD}$ 信号反相后的值。自检时该位为 $\overline{OUT_2}$ 的状态。

8.3.2 工作过程

1. 数据的发送过程

处理器把要发送的数据以字符为单位写入 8250 的 THR（发送数据保持寄存器）。当 TSR（发送移位寄存器）中的数据全部由 SOUT 端移出，使 TSR 变空后，THR 中的待发送数据自动送入 TSR。TSR 在发送时钟激励下，按照事先规定的字符传送格式（图 8.26），加上起始位、奇偶校验位和停止位，以约定的波特率（由波特率控制部件产生）按照从低到高的顺序从 SOUT 端逐位发送数据。

一旦 THR 内容送入 TSR，就在 LSR（通信状态寄存器）中建立"数据发送保持寄存器空"状态位，并产生中断。利用中断或者查询状态位就可以连续发送数据。

2. 数据的接收过程

由通信对方发来的数据在接收时钟 RCLK 作用下，通过 SIN 端逐位进入 RSR（接收移位寄存器）。RSR 根据初始化定义的数据位数确定是否收到一个完整数据，若收到，则立即把数据并行送入 RBR（接收数据缓冲寄存器）。RBR 收到 RSR 数据后，立即在 LSR 中建立"接收数据准备好"状态位，并产生中断。利用中断或者查询状态位就可以连续接收数据。

8.3.3 应用举例

1. 8250 的寻址

8250 内部有 10 个与编程有关的寄存器。8250 内部寄存器寻址见表 8.5。利用 $A_0 A_1 A_2$ 地址线编码可以选择 8 个寄存器。利用通信控制寄存器的 D_7 位（除数锁定位：

DLAB)选择除数锁存器。利用读写信号选择只读、只写、读写寄存器。一个 8250 芯片占用 7 个端口地址。表 8.5 的 7 个地址(3F8H～3FFH)是 IBM PC/XT 机的地址译码器提供的串行口(COM1)地址。8250 用于其他场合时,串行口地址由 8250 所在电路的译码器决定。

表 8.5 8250 内部寄存器寻址

CS_0	CS_1	$\overline{CS_2}$	DLAB	A_2	A_1	A_0	COM1 地址	$\overline{RD}$、$\overline{WR}$	选择寄存器
1	1	0	0	0	0	0	3F8H	只读	接收数据缓冲寄存器(RBR)
1	1	0	0	0	0	0	3F8H	只写	发送数据保持寄存器(THR)
1	1	0	1	0	0	0	3F8H	读、写	除数锁存器低 8 位(DLL)
1	1	0	1	0	0	1	3F9H	读、写	除数锁存器高 8 位(DLH)
1	1	0	0	0	0	1	3F9H	读、写	中断允许寄存器(IER)
1	1	0	×	0	1	0	3FAH	只读	中断识别寄存器(IIR)
1	1	0	×	0	1	1	3FBH	读、写	通信线路控制寄存器(LCR)
1	1	0	×	1	0	1	3FDH	只读	通信线路状态寄存器(LSR)
1	1	0	×	0	0	0	3FCH	读、写	Modem 控制寄存器(MCR)
1	1	0	×	1	1	0	3FEH	只读	Modem 状态寄存器(MSR)
1	1	0	×	1	1	1	3FFH		不用

2. 8250 的初始化

首先对 8250 初始化,然后才能按照查询方式或中断方式做串行通信。8250 初始化的顺序如下。

(1) 通信控制寄存器(LCR)的 D_7 位(除数锁存位:DLAB)置 1。

(2) 16 位除数写入除数锁存器(先写入低 8 位,后写入高 8 位)。

(3) 向各个寄存器写入控制字,包括通信控制字、Modem 控制字、中断允许控制字等。

例 8.9 编写 8250 的初始化程序。8250 的 $XTAL_1$ 引脚输入频率为 1.8432MHz 的时钟信号,采用 1200Band 传送数据,禁止所有中断,数据格式是:1 位停止位、7 位数据位、有奇校验位,各寄存器的地址同表 8.5。

解:已知时钟频率为 1.8432MHz、波特率为 1200Band/s,用下式算出除数(分频系数)。

除数=时钟频率/(16×波特率)=1.8432×1000000/(16×1200)=96(十进制)=0060H(十六进制)

除数写入除数锁存器前,通信线路控制寄存器(LCR)的 D_7 位(DLAB)要置为 1,即向 LCR 写入控制字 10000000B(80H)。16 位除数 0060H 先写入低 8 位,后写入高 8 位。

根据数据格式要求,LCR 的 $D_5 D_4 D_3$=001(加奇校验位),D_2=0(1 位停止位),$D_1 D_0$

=10(数据位数 7),写入 LCR 的通信控制字是 00001010B(0AH)。

要求 Modem 控制寄存器(MCR)的 $D_7D_6D_5$=000(特征位恒为 0),D_4=0(不用于自检),D_3D_2=0(禁止中断,$\overline{OUT_1}$、$\overline{OUT_2}$均为高电位),D_1D_0=11($\overline{DTR}$、$\overline{RTS}$均为低电位 0,8250 用于发送、接收数据),写入 MCR 的 Modem 控制字是 00000011B(03H)。写入中断允许寄存器的控制字是 00H(禁止所有中断)。

满足上面要求的 8250 初始化程序如下。

```
    MOV   DX,3FBH    ;通信线路控制寄存器的地址→DX
    MOV   AL,80H     ;通信线路控制寄存器的 D₇=1
    OUT   DX,AL      ;80H→通信线路控制寄存器
    MOV   DX,3F8H    ;除数锁存器低 8 位地址→DX
    MOV   AL,60H     ;除数低 8 位→AL,除数是 0060H
    OUT   DX,AL      ;除数低 8 位→除数锁存器
    INC   DX         ;除数锁存器高 8 位的地址→DX
    MOV   AL,0
    OUT   DX,AL      ;除数高 8 位→除数锁存器
    MOV   DX,3FBH    ;通信线路控制寄存器的地址→DX
    OUT   DX,AL
    MOV   AL,0AH     ;数据格式:1 位停止位、7 位数据位、有奇校验位
    OUT   DX,AL      ;数据格式→通信线路控制寄存器
    MOV   DX,3FCH    ;Modem 控制寄存器的地址→DX
    MOV   AL,03H     ;使DTR、RTS信号有效
    OUT   DX,AL      ;Modem 控制字→Modem 控制寄存器
    MOV   DX,3F9H    ;中断允许寄存器的地址→DX
    MOV   AL,0       ;禁止所有中断
    OUT   DX,AL      ;中断允许控制字→中断允许寄存器
    ⋮
```

3. 8250 的数据收发

初始化指令之后是发送、接收数据的指令。若采用查询方式通信,处理器检查通信线路状态寄存器(D_0位、D_5位),确定接收数据缓冲寄存器(RBR)是否就绪(D_0=1 就绪)、发送数据保持寄存器(THR)是否为空(D_5=1 空)。

例 8.10 假设要发送的数据已放在首地址 DATA 的内存区域,数据的字节数存于 BX 寄存器中,则下面的指令以查询方式发送若干字节的数据。

```
SEND:     MOV   DX,3FDH    ;通信线路状态寄存器的地址→DX
          LEA   SI,DATA    ;数据区的首地址→SI
WAITSEND: IN    AL,DX      ;通信线路状态寄存器数据→AL
          TEST  AL,20H     ;检查发送数据保持寄存器空否(D₅=1 空)
          JZ    WAITSEND
          PUSH  DX
          MOV   DX,3F8H    ;发送数据保持寄存器的地址→DX
```

```
        MOV   AL,[SI]       ;数据[SI]→AL
        OUT   DX,AL         ;发送数据
        POP   DX
        INC   SI            ;指向下一个要发送的数据
        DEC   BX            ;数据字节数减 1
        JNZ   WAITSEND
```

例 8.11 下面的指令用于接收一个数据。首先读通信线路状态寄存器,检查是否有任何错误,根据图 8.27 可知,通信线路状态寄存器的 $D_4=1$ 表示通信线路间断,$D_3=1$ 表示结构错,$D_2=1$ 表示奇偶校验错,$D_1=1$ 表示越限错,$D_0=0$ 表示接收数据缓冲寄存器未收到完整数据,即用 00011110B(1EH)测试是否有错。若有错,则转向错误处理(ERROR)。若无错,则检查是否收到一个完整数据,若收到完整数据(通信线路状态寄存器的 $D_0=1$),则从接收数据缓冲寄存器中读出数据,将低 7 位数据存于 AL。

```
RECEIVE: MOV   DX,3FDH      ;通信线路状态寄存器的地址→DX
WAITRBR: IN    AL,DX        ;通信线路状态寄存器中的数据→AL
         TEST  AL,1EH       ;检查是否有错
         JNZ   ERROR
         TEST  AL,01H       ;检查是否收到一个完整数据(D₀=1)
         JZ    WAITRBR
         MOV   DX,3F8H      ;接收数据缓冲寄存器的地址→DX
         IN    AL,DX        ;RBR→AL
         AND   AL,7FH       ;低 7 位数据→AL
                ⋮
ERROR:          ⋮
```

因篇幅所限,请自行设计 8250 的详细程序或参考其他书籍。

8.4 数/模转换芯片和模/数转换芯片

数/模转换是数字信号(digit)转换成模拟信号(analog),简称 D/A 转换。模/数转换是模拟信号(analog)转换成数字信号(digit),简称 A/D 转换。D/A 转换、A/D 转换广泛应用于日常生活、工业生产等领域,如手机、实时控制、自动测量系统。例如,在工业生产的自动控制系统中,传感器测量得到的通常是温度、压力、流量等模拟量,计算机不能处理这些模拟信号,需通过 A/D 转换器转换成数字信号,传送给计算机处理,计算机输出的数字信号通过 D/A 转换器转换成模拟信号,以便推动生产中的执行元件,控制生产过程,如图 8.32 所示。

8.4.1 模/数转换芯片

模/数转换芯片的功能是把模拟信号(analog)转换成数字信号(digit)。模/数转换芯

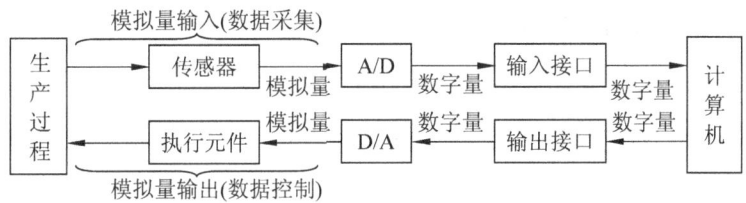

图 8.32 计算机自动控制系统

片简称 ADC(analog digit converter)。ADC 的类型有计数型、双积分型、逐位反馈型等。计数型的 ADC 速度慢、价格低,适用于慢速系统。双积分型的 ADC 分辨率高、抗干扰好、转换速度慢,适用于中速系统。逐位反馈型的 ADC 转换精度高、速度快、抗干扰能力差。

1. 模/数转换的基本原理

模拟信号转换成数字信号需要经过采样、量化、编码,转换过程如图 8.33 所示。每隔一个时间间隔在模拟信号上测量一个幅度值(叫采样),把采样得到的模拟电压用数字表示(叫量化),最后再对量化产生的二进制数据进行编码(有时还需要压缩数据),以便按照规定格式表示数据,完成模拟信号的数字化。

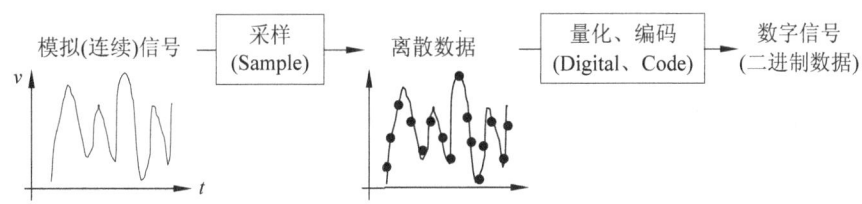

图 8.33 模拟信号转换成数字信号的过程

模拟信号数字化的主要参数有采样频率、量化精度。

采样频率是每秒采集模拟信号的次数,采样频率越高,数字化数据的保真度越好。根据采样定理可知,采集模拟信息时,采样频率应不低于模拟信号最高频率的两倍,信号才可能完全复原,称为无损失数字化。例如,人类语音的最高频率是 4000Hz,语音转换成数字信号,每秒需采样 8000 次,声音的最高频率是 20kHz,采样频率通常采用 44.1kHz。

用若干位的二进制数存储采样得到的数据称为量化精度。量化位数越多,占用的存储空间越高,精度越高,失真越小。量化精度一般有 8 位、12 位、16 位、32 位等。例如,采用 16b(16 个二进制位)存储采样得到的声音信号,声音可分为 2^{16}(65536)级。采用 8 位存储,能区分 2^8(256)级的声音。量化位数越多,声音质量越高。

例 8.12 假设采样声音的频率是 44.1kHz、量化位数为 16、双声道、录音 1 分钟,计算存储数据占用的字节数。

计算公式:采样频率(Hz)×量化位数×声道数×录音时间(秒)   (单位:位)

占用字节数 =(44100×16×2×60)÷8 = 10584000

2. 模/数转换芯片的主要指标

1) 分辨率（量化间隔 Δ）

一个最低有效位对应的模拟量即输出数字量变化一个相邻数码所需的输入模拟信号的变化量。

$\Delta = V_{max}/(2^n - 1)$ （n 是转换器的位数，V_{max} 是满量程电压）

例 8.13 有 8 位的模/数转换器、5V 的满量程电压，试计算分辨率是多少？

解：$\Delta = 5V/(2^8 - 1) = 5V/255 = 19.6mV$

2) 量化误差

量化误差可以用绝对量化误差或相对量化误差表示。

绝对量化误差 $= 1/2 \times$ 量化间隔 $= V_{max}/[2(2^n - 1)]$，相对量化误差 $= 1/[2(2^n - 1)] \times 100\%$

例 8.14 模/数转换器的满量程电压 10V、量化精度 10 位，求绝对量化误差或相对量化误差各是多少？

解：绝对量化误差 $= 10/(2(2^{10} - 1)) \approx 4.88mV$，相对量化误差 $= 1/[2(2^{10} - 1)] \times 100\% \approx 0.049\%$

3) 转换时间和输入电压范围

转换时间是实现一次转换所需的时间。量化精度越高（字长越长），转换速度越慢。

输入电压范围是能转换的模拟输入电压的变化范围，有 0~5V、0~10V 等。

3. 典型的模/数转换器及应用

ADC0809 是逐位逼近型的模/数转换芯片，采用 CMOS 材料，成本低，被广泛使用。ADC0809 有 8 个模拟量的输入通路，可将其转换成 8 位的二进制数字量。图 8.34 是 ADC0809 芯片的内部结构。图 8.35 是 ADC0809 芯片的外部引脚。

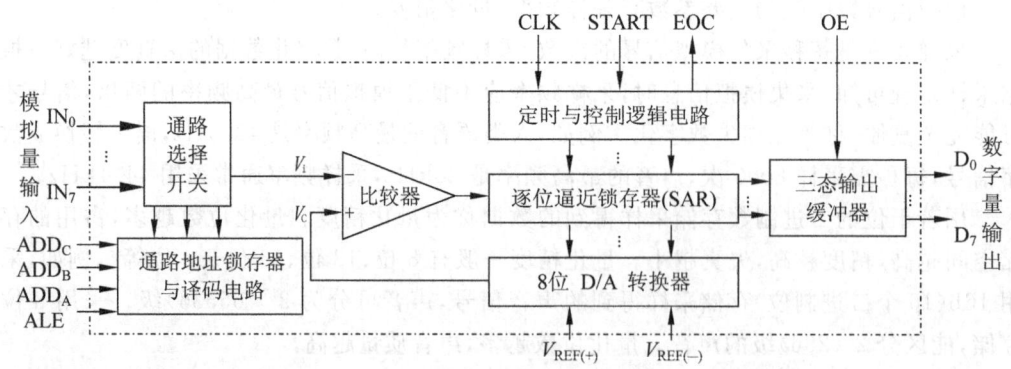

图 8.34 ADC0809 芯片的内部结构

1) ADC0809 的主要指标

主要指标包括：8 位分辨率、时钟频率 10~1280kHz、单电源 +5V、单极性 0~5V 的模拟输入范围、总的不可调量化误差 ±1LSB，A/D 的转换时间取决于时钟频率。

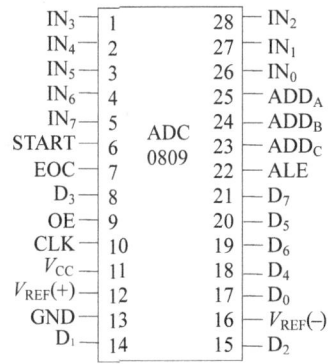

图 8.35 ADC0809 芯片的外部引脚

2) ADC0809 引脚的功能

(1) $IN_0 \sim IN_7$ 是 8 路模拟输入信号。

(2) $D_0 \sim D_7$(data)是 8 位数字量的输出信号(三态)。

(3) ADD_A(address)、ADD_B、ADD_C 是通路的地址信号,用于选择 8 路输入的某路信号。

(4) ALE(Address latch enable)是通路地址的锁存允许信号。

(5) START 是转换启动信号。

(6) EOC(end of control)是转换结束信号,高电位时表示正在进行 D/A 转换,低高电位时表示结束一次转换。

(7) OE(output enable)是输出允许信号,用于打开输出三态门,以便读出转换结果。

(8) CLK(clock)是 10kHz~1.2MHz 的时钟输入信号。

(9) $V_{REF}(+)$、$V_{REF}(-)$ 是参考电压输入线。

(10) V_{CC} 是 5V 电源输入线。

(11) GND(ground)是地线。

例 8.15 假设模拟输入通路 $IN_0 \sim IN_7$ 的端口地址分别是 300H~307H,查询 EOC 转换状态的端口地址是 308H,读取 A/D 转换结果寄存器的端口地址是 300H。编写 A/D 转换程序,要求顺序采样 $IN_0 \sim IN_7$ 的 8 个输入通路的模拟信号,结果依次保存在从 BUF 开始的 8 个单元中,隔 100ms 后做下一轮的 $IN_0 \sim IN_7$ 循环采样。

A/D 转换程序如下。

```
        DATA    SEGMENT
        BUF     DB  8 DUP (?)
        DATA    ENDS
        CODE    SEGMENT
AD:     MOV     CX,8                ;对通路计数单元 CX 赋初值
        MOV     DI,OFFSET BUF       ;寻址数据区,以便将结果保存在 BUF 存储区
START:  MOV     DX,300H             ;IN0 端口的地址→DX
LOOP1:  OUT     DX,AL               ;启动 A/D 转换,AL 是任意值
        PUSH    DX                  ;保存通路地址
```

```
            MOV     DX,308H         ;查询 EOC 状态的端口地址→DX
    WAIT:   IN      AL,DX           ;读 EOC 的状态→AL
            TEST    AL,80H          ;测试 A/D 转换是否结束
            JZ      WAIT            ;若未结束,则跳到 WAIT 行
            MOV     DX,300H         ;A/D 转换结果寄存器的端口地址→DX
            IN      AL,DX           ;读 A/D 转换结果
            MOV     [DI],AL         ;转换结果 AL→内存 DATA 存储区
            INC     DI              ;指向 DATA 存储区的下一个单元
            POP     DX              ;恢复通路地址
            INC     DX              ;指向下一个模拟通路
            LOOP    LOOP1           ;转下一通路采样
            CALL    DELAY           ;调用耗时 100ms 的子程序 DELAY
            JMP     AD              ;跳到 AD 行,做下一轮的 IN₀~IN₇循环采样
            CODE    ENDS
            END     START
```

关于耗时子程序 DELAY 的编写,参见第 4 章的例 4.14。

8.4.2 数/模转换芯片

1. 数/模转换的基本原理

数/模转换是数字信号(digit)转换成模拟信号(analog)。数/模转换芯片简称 DAC (digit analog converter)转换成模拟信号。DAC 的主要组成部件包括模拟开关、电阻网络、运算放大器,如图 8.36 所示。

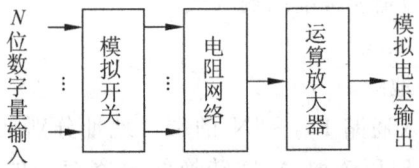

图 8.36 数/模转换器的基本构成

1) 基本运算放大器

基本运算放大器电路如图 8.37 所示,R_i 是输入电阻,R_f 是运算放大器的反馈电阻。当运算放大器放大倍数足够大时,$I=-I_i$,即 $V_I/R_i=-V_O/R_f$,输出电压 V_O 与输入电压 V_I 有下列关系:

$$V_O=-V_I\frac{R_f}{R_i}$$

2) 多路输入运算放大器

多输入支路的运算放大器电路如图 8.38 所示。I 是总电流,$I_1,I_2,I_3,\cdots,I_n$ 分别是各支路的电流。如果每个支路的输入电阻是 $2^i R(i=1,2,3,\cdots,n)$,即电阻权值是 2^i,$(R_f/R)V_I=V_{REF}$,V_{REF} 是基准电压,则有下列关系:

$$I = -(I_1 + I_2 + \cdots + I_n)$$
$$V_O = -I \times R_f = (V_1/R_1 + V_1/R_2 + \cdots + V_1/R_n) \times R_f$$
$$V_O = -V_1(1/2^1 R + 1/2^2 R + \cdots + 1/2^n R) \times R_f$$
$$V_O = -V_1(1/2^1 + 1/2^2 + \cdots + 1/2^n) R_f/R$$

输出电压 V_O 与基准电压 V_{REF} 的关系是：

$$V_O = -V_{REF}(1/2^1 + 1/2^2 + \cdots + 1/2^n) \quad (V_{REF} \text{是基准电压})$$

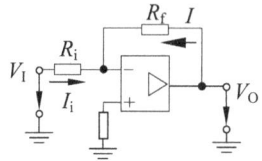 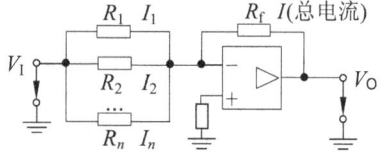

图 8.37　基本运算放大器电路　　　　图 8.38　多输入支路的运算放大器电路

3) 采用开关控制输入支路

在图 8.39 中采用开关控制每个输入支路。开关合上，有 $S_i = 1$，开关断开，有 $S_i = 0$。权电阻网络的输出电压 V_O 与输入的关系是：

$$V_O = -V_{REF}(S_1/2 + S_2/2^2 + \cdots + S_n/2^n)$$

采用开关控制输入支路后，数字量的变化转换成模拟量的变化，这就是 D/A 转换的基本原理。

在图 8.38 中，权电阻网络各支路的电阻值按 2 的倍数递增（$R_1 = 2^1 R$、$R_2 = 2^2 R$、…、$R_n = 2^n R$），需要多种电阻值，最高位电阻值和最低位电阻值相差悬殊，难制造，不易保证精度，制作数/模转换芯片时一般用 R-2R T 形电阻网络代替权电阻网络，如图 8.40 所示，这种电路仅使用 R、2R 两种电阻，容易生产，能保证精度。

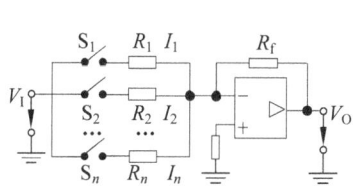 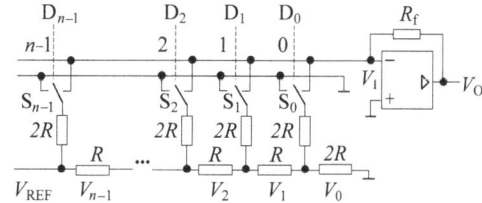

图 8.39　采用开关控制支路　　　　图 8.40　R-2R T 形的电阻网络

对于图 8.40 的 R-2R T 形的电阻网络，设 D 是输入的二进制数据，j 是二进制数的位数，则输出与输入的关系是：

$$V_O = \frac{-D}{2^j} \times \frac{R_f}{R} \times V_{REF} \quad (D \text{是输入的数字量}，j \text{是数字量的位数}，V_{REF} \text{是基准电压})$$

由上式可知，输出电压 V_O 正比于输入 D，输出电压幅度由 R_f/R、V_{REF} 决定。设 $R_f/R = 1$，通过输入 8 位（$D_0 \sim D_7$）数字量控制 8 个开关 $S_0 \sim S_7$，上式简化成下式：

$$V_O = \frac{-D}{256} \times V_{REF} \quad (D \text{是输入的 8 位数字量})$$

由上式可得出下面的结论：

(1) 输入数据 $D_7 \sim D_0$ 是 00000000B，即 D=0 时，8 个开关（$S_7 \sim S_0$）都断开，输出 $V_O=0$。

(2) 当输入数据 $D_7 \sim D_0$ 是 11111111B，即 D=255 时，8 个开关都闭合，输出 $V_O = -255/256V_{REF}$。这是输出电压幅度的最大值。

(3) 当输入数据是 00000001B，即 D=1 时，只有 S_0 开关闭合，$V_O = -1/256V_{REF}$。

(4) 当输入数据是 00000010B，即 D=2 时，S_1 开关闭合，$V_O = -2/256V_{REF}$。

(5) 当输入数据是 00000011B，即 D=3 时，S_1、S_0 两个开关闭合，$V_O = -3/256V_{REF}$。

(6) 当输入数据是 00000100B，即 D=4 时，S_2 开关闭合，$V_O = -4/256V_{REF}$。

(7) 当输入数据是 00000101B，即 D=5 时，S_2、S_0 开关闭合，$V_O = -5/256V_{REF}$。

(8) 当输入数据是 00000110B，即 D=6 时，S_2、S_1 开关闭合，$V_O = -6/256V_{REF}$。

(9) 当输入数据是 00000111B，即 D=7 时，$S_2 \sim S_0$ 三个开关闭合，$V_O = -7/256V_{REF}$。

(10) 当输入数据是 00001000B，即 D=8 时，S_3 开关闭合，$V_O = -8/256V_{REF}$。

2. 数/模转换芯片的主要参数

1) 分辨率

分辨率（resolution）表示数/模转换器分辨模拟量的能力，是数/模转换器对数字输入量变化的敏感程度，表示输入的数字量每变化 1 个最低有效位（least significant bit，LSB），输出的变化程度，即数/模转换能产生的最小模拟量的变化，可以用数字量的位数表示，如 8 位、10 位等，位数越多，分辨率越高。分辨率也可定义为当输入的数字量等于 1（最低有效位）时，电压与输入最大值对应的满量程电压的比值。

例 8.16 已知数/模转换器的位数是 10，满量程（满度电压值）是 5V，分别计算输入数字量等于 1（最低有效位）时的输出电压、输入是最低有效位时的输出电压的变化值、分辨率。

解：

最低有效位时，输出电压值 $= 5V/(2^{10}-1) = 5V/1023 \approx 0.04888V = 48.88mV$

最低有效位时，输出电压的变化值 = 最低有效位时的电压值

分辨率 $= 5V/5V(2^{10}-1) = 1/(2^{10}-1) = [1/(2^{10}-1)] \times 100\%$

2) 转换精度

数/模转换实际的输出值与理论值存在偏差（误差），最大偏差采用满量程（full scale range，FSR）的百分比度量，如 0.05% FSR，也可用最小量化阶 Δ（$\Delta = \pm 1/2$LSB）度量。分辨率高，不表示转换精度高。

3) 转换时间

转换时间（setting time）表示数/模转换的转换速度，是输入满量程变化（如从全 0 到全 1）时，数/模转换器输出的模拟量稳定到最终值 $\pm 1/2$LSB 所需的时间。

4) 线性误差

数/模转换的实际转换值与理想的转换值存在偏差，最大偏差/满量程 $\times 100\%$ 就是线性误差（linearity error）。

3. 典型的数/模转换芯片及应用

DAC0832 是广泛应用的数/模转换芯片，能将数字量转换为模拟量（电流）。

1) DAC0832 的内部结构和外部引脚

DAC0832 是 8 位数/模转换芯片,内部采用 T 形电阻网络,外部引脚如图 8.41 所示。输出是差动电流信号 I_{OUT1} 和 I_{OUT2},只有把差动信号输入到外接的运算放大器,才能输出模拟信号。芯片内部有反馈电阻,R_{fb} 是反馈电阻的引出端,AGND 连接模拟地,DGND 连接数字地,V_{REF} 是参考电压,取值范围是 $-10\sim +10V$,V_{CC} 是芯片的电源电压,取值 $+5V$ 或 $+15V$。

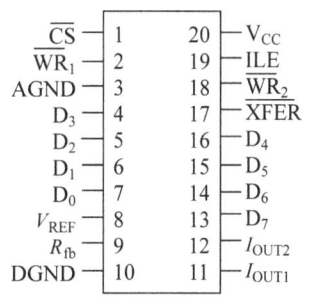

图 8.41 DAC0832 芯片的外部引脚

DAC0832 芯片的内部包括两级数据锁存器,如图 8.42 所示。第 1 级是 8 位的输入寄存器,控制它的信号有输入锁存允许信号 ILE、片选信号 $\overline{CS}$、写入信号 $\overline{WR_1}$。第 2 级是 8 位的控制寄存器,控制信号有写入信号 $\overline{WR_2}$、允许信号 $\overline{XFER}$(允许输入寄存器数据送入 DAC 寄存器)。I_{OUT2}、I_{OUT1} 是两个模拟电流输出。当 8 位控制寄存器全是 1 时,输出最大的电流,当控制寄存器是全 0 时,输出的电流是 0。I_{OUT2}、I_{OUT1} 之和是一个常数,即 $I_{OUT1}+I_{OUT2}=$ 常数。

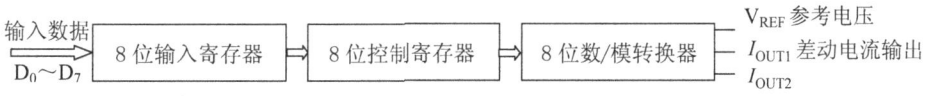

图 8.42 DAC0832 芯片的内部寄存器和转换器

2) DAC0832 的工作方式

DAC0832 有 3 种工作方式:单缓冲方式、双缓冲方式、无缓冲方式。

(1) 单缓冲方式。

单缓冲方式下,输入寄存器和控制寄存器的状态不同,一个是直通状态,另一个是锁存状态,输入数据经过第 1 级缓冲送入数/模转换器,如果处于直通状态,输入寄存器处于受控状态,要求 $\overline{WR}$、$\overline{XFER}$ 引脚连接数字地 DGND,ILE 连接 $+5V$,$\overline{WR}$ 连接处理器的 $\overline{IOW}$ 信号,$\overline{CS}$ 连接地址译码电路的输出端。由于控制寄存器处于直通状态,采用输出指令 OUT 把数据写入输入寄存器,经过控制寄存器送到数/模转换器,立刻做数/模转换,输出模拟量。

单缓冲方式下可以把 DAC0832 看成一个输出端口,直接连接系统总线,只要向该端口传送一个 8 位数据,输出端就有相应的输出电压。向 DAC0832 写入数据的程序如下。

```
MOV    DX,PORT     ;输入寄存器的端口地址→DX
MOV    AL,DATA     ;要转换成模拟信号的数据→AL
OUT    DX,AL       ;数据→输入寄存器
```

单缓冲方式下,通过数/模转换器可以产生各种波形,如锯齿波、三角波、方波等。

例 8.17　编写产生图 8.43 所示锯齿波的程序。

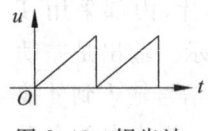

图 8.43　锯齿波

```
            CODE    SEGMENT
            ASSUME  CS:CODE
START:      MOV     AL,0
            MOV     DX,输入寄存器的端口地址
NEXT:       OUT     DX,AL              ;数字量→数/模转换器
            INC     AL                 ;AL 加 1
            MOV     AH,6               ;判断是否有键按下
            INT     33
            JZ      NEXT               ;如无按键,则跳到 NEXT 行
            MOV     AH,76              ;退出
            INT     33
            CODE    ENDS
            END     START
```

(2) 双缓冲方式。

双缓冲方式下占用两个端口地址,一个是输入寄存器的端口地址,另一个是控制寄存器的端口地址。数据经过两级缓冲(两个寄存器的锁存)送入数/模转换器,需要执行两条 OUT 指令,才能完成一次数/模转换。第 1 条 OUT 指令用于把数据送到输入寄存器,第 2 条 OUT 指令用于把输入寄存器的数据送入控制寄存器。

下面的程序完成一次数/模转换。

```
    MOV     AL,DATA      ;需要转换的数据→AL
    MOV     DX,PORT1     ;输入寄存器的端口地址→DX
    OUT     DX,AL        ;第 1 条 OUT 指令,数据→输入寄存器
    MOV     DX,PORT2     ;控制寄存器的端口地址→DX
    OUT     DX,AL        ;第 2 条 OUT 指令,数据→控制寄存器
```

双缓冲方式的优点是:接收数字量数据和数/模转换可以同时进行,效率高,还可以实现多个数/模转换同步进行。以下两种情况通常采用双缓冲方式的数/模转换。

① 要求先把需要转换的数据送入输入寄存器,然后在某个时刻启动数/模转换。可以先接通$\overline{CS}$端口,把数据送入输入寄存器,再选择$\overline{XFER}$端口,把输入寄存器的数据送入控制寄存器,做 D/A 转换。

② 在多路同步数/模转换系统中,可在不同时刻把需要转换的数据送入各个数/模转换器的输入寄存器,然后用一个转换命令同时启动多个数/模转换器,如 3 路的数/模转换系统可先用 3 条输出指令,选通 3 个数/模转换器的输入寄存器,数据分别写入各个输入寄存器,当数据准备就绪,再执行输出指令,使$\overline{XFER}$信号变低电位,同时选通 3 个数/模转换器的控制寄存器,做同步转换。

(3) 无缓冲器方式。

无缓冲器方式也叫直通方式。当 ILE 信号线连接高电位，$\overline{CS}$、$\overline{WR_1}$、$\overline{WR_2}$、$\overline{XFER}$信号线都连接数字地 DGND 时，数/模转换器处于直通方式，即输入寄存器、控制寄存器都处于直通状态。只要 8 位数字量送到输入端 $D_7 \sim D_0$，立刻写入输入寄存器和控制寄存器，做 D/A 转换，即模拟量的输出端始终跟踪输入端 $D_7 \sim D_0$ 的变化。由于直通方式不能直接连接数据总线，需外加并行接口(如 74LS373、8255 等)，故很少采用。

习 题

一、选择题

1. 8254 是_____芯片。
   (A) 定时/计数　　(B) 数/模转换　　(C) 模/数转换　　(D) 中断控制
2. _____的说法错误。
   (A) 8255 是并行通信接口芯片　　　　(B) 8250 是串行通信接口芯片
   (C) DAC0832 是数/模转换芯片　　　 (D) ADC0809 是数/模转换芯片
3. A/D 转换器用于_____。
   (A) 十进制数转换成二进制数　　　　(B) 二进制数转换成十进制数
   (C) 模拟信号转换成数字信号　　　　(D) 数字信号转换成模拟信号
4. D/A 转换器用于_____。
   (A) 十进制数转换成二进制数　　　　(B) 二进制数转换成十进制数
   (C) 模拟信号转换成数字信号　　　　(D) 数字信号转换成模拟信号

二、填空题

1. 8254 芯片内部有_____个计数器、_____个控制寄存器，占用_____个端口地址。控制字的 $D_7 D_6$ 两位用于选择_____，$D_7 D_6 =00$ 是选择_____，$D_7 D_6 =01$ 是选择_____。$D_3 \sim D_1$ 用于选择_____，$D_3 D_2 D_1 =000$ 是选择_____，$D_3 D_2 D_1 =011$ 是选择_____。

2. 8254 芯片是_____计数器，计数器的输入端每接收_____，计数值减_____，减到_____时_____有信号输出。

3. 每个计数器的最大计数值是_____。若需要计数值 200000，可以两个计数器_____连接，即第 1 个计数器的_____连接第 2 个计数器的_____，如果第 1 个计数器的计数初值是 200，第 2 个计数器的计数初值应是_____。

4. 并行通信接口可以同时传送_____，传输速度_____、效率_____，不适合_____。

5. 串行通信接口是_____顺序传送数据，传输线_____，传送距离_____，传送速率_____。

6. 扫描二维码、数码相机拍照是_____信号转换成_____信号。播放歌曲时声卡将_____信号转换成_____信号,录音时声卡将_____信号转换成_____信号。

7. 扫描图片是从_____点中取_____,采集的点越_____,获得的数据_____,占用存储空间_____,质量_____。

8. 模拟信号转换成数字信号需经过_____、_____,质量参数有_____、_____。

9. 每秒采集模拟信号的次数称为_____。用多少位的二进制数存储采集到的数据称为_____,位数_____,精度_____。

10. 已知声音采样频率为44.1kHz,量化位数为16,双声道,录音2分钟,存储数据占用字节数的计算公式是_____,代入值的计算公式是_____。

三、问答题

1. 8254定时器在微机中有哪些应用?
2. 为什么需要模/数转换、数/模转换?写出几个模/数转换的例子。
3. 什么是串行通信、并行通信?
4. 8250、8255、ADC0809、DAC0832分别是什么芯片?它们各自的用途是什么?

四、编程题

1. 假设8254计数器的CLK_0端连接频率2MHz的脉冲信号,让计数器0每隔10ms产生一个负脉冲,计数器0应采用哪种工作方式,计数初值是多少?写出初始化程序。

2. 让DAC0832数模转换器输出三角波、方波,编写相应的程序。

3. 假设8255并行接口芯片中的控制寄存器的地址是83H,要求A口、B口均采用方式1,A口作输入,B口作输出,C口的高4位作输入,C口的低4位作输出,允许B口中断,禁止A口中断。编写指令,向8255控制寄存器写入这些参数。

附录 习题答案

第1章习题答案

一、选择题答案

| 1. A | 2. D | 3. A | 4. D | 5. D | 6. C | 7. D | 8. B | 9. B | 10. C |

二、填空题答案

1. 硬件系统,软件系统,控制器,运算器,存储器,输入设备,输出设备
2. 中央处理器(处理器或 CPU),微处理器
3. 主存(或内存),程序,数据,存储容量,存储速度,若干个,编号(地址)
4. 总线结构,输入/输出接口(或 I/O 接口)
5. 执行程序,若干条,逐条,取指令,分析指令(或翻译指令、解释指令),执行指令
6. 8,2,1024,1024,1024,最小,基本
7. 1111.1,F.8H,00000000,11111111,0,255(或 2^8-1)
8. 0100,1101,0010
9. 原码,反码,补码,补码,负,正
10. 相同,00001100,符号位,每位取反值,$[X]_{反}+1$,$[X]_{原}$,原码,10001100,11110011,11110100,10011001,-25
11. 正数,$+(2^7-1)$或 $+127$,最小负数,$-(2^7-1)$或 -127,$-(2^{n-1}-1)$,$+(2^{n-1}-1)$,-2^{n-1},$+(2^{n-1}-1)$
12. 高,低,2,三态门,3,高电位,低电位,高电阻状态(隔断状态)
13. 定点,浮点,$\pm M \times 2^E$,尾数 M,阶码 E,尾数,阶码,不变,$+0.10001010 \times 2^4$
14. 二-十进制编码(或 8421 码),10000100.0101,字符,A,41,ASCII 码,42,30,48
15. 奇偶校验位(或 parity check bit),是否有误,奇数,11000001,C1

三、问答题答案

1~5 题答案略

6. 与运算、或运算、非运算、异或运算

与运算规则：1 AND 1=1,1 AND 0=0,0 AND 1=0,0 AND 0=0

或运算规则：0 OR 0=0,0 OR 1=1,1 OR 0=1,1 OR 1=1

非运算规则：NOT 0=1,NOT 1=0

异或运算规则：0 XOR 0=0,0 XOR 1=1,1 XOR 0=1,1 XOR 1=0

7. 计算机用补码表示符号数，运算结果也是补码。用补码表示符号数，减法运算可转换成加法运算。两个二进制数补码的运算有如下规则：

(1) $[X+Y]_{补}=[X]_{补}+[Y]_{补}$，即和的补码等于补码之和。

(1) $[X-Y]_{补}=[X]_{补}-[Y]_{补}$，即差的补码等于补码之差。

(1) $[X-Y]_{补}=[X]_{补}+[-Y]_{补}$，即差的补码等于第1数的补码与第2个数（负数）的补码之和。

8. 最高位是符号位，这里该位是0，是正数，对应的十进制数是+34

9. $[+12]_{原}$=00001100B,$[-14]_{原}$=10001110B,$[-14]_{补}$=11110010B

$[X]_{补}+[-Y]_{补}$=00001100B+11110010B=11111110B（补码），该数的原码是10000010B,即-2，验证了$[X]_{补}+[-Y]_{补}=X-Y=-2$

10. +101.11 的 $+2^E\times M$ 形式是 $+0.10111\times 2^3$，在计算机内的存储格式如下。

尾数符号	阶码符号	阶码数值7位	尾数23位
0	0	0000011	10111000000000000000000

第 2 章习题答案

一、选择题答案

| 1. C | 2. B | 3. D | 4. D | 5. A | 6. C | 7. A | 8. D | 9. B | 10. C |

二、填空题答案

1. 处理器数据线引脚的数量，通用寄存器的数据宽度，字长，64，处理器地址线引脚的数量，2^{16}，2^{20}，2^{32}

2. 16,32,64,代码段，数据段寄存器，堆栈段寄存器（或栈段寄存器），附加段寄存器

3. 执行指令，传送指令、数据等信息，算术逻辑单元，算术运算，逻辑运算，浮点数运算，处理器

4. 进位或借位，溢出标志位，零标志位，符号标志位，1，0

5. 偏移量，偏移地址，段首单元的地址，物理地址（或实际地址）

6. 实地址模式，实模式，纯模式，保护模式，不同

7. 不一样，段的首地址，段的长度，段的类型，保护级别，段描述符，段描述符表

8. 部分外存，虚拟内存（或虚拟存储器），内存，虚拟内存，运行

9. 存储器分段，代码段国，数据段，堆栈段（或栈段），附加段，存储器分页，分页部件，

分页

10. 包括多个内核(或多个计算引擎),多,多个任务

第3章习题答案

一、选择题答案

| 1. C | 2. A | 3. C | 4. A | 5. B | 6. C | 7. B | 8. D | 9. C | 10. B |

二、填空题答案

1. 操作码,操作数,操作码,操作数,目标操作数,源操作数
2. 目标,源,[SUB AX,AX],[XOR AX,AX]
3. 字节数或单元数,越大或越长,越多,越长,8,16,短或小,快
4. 先进后出或后进先出,将 AX 中的数据存入栈,从栈中取出数据送给 AX 寄存器
5. AL−BL 或 8−8,0,8,AL=BL,借位,0,AL−BL=0,1
6. 比较 AX,BX 两数的大小,减法,AX>BX,AX<BX,AX=BX
7. 乘数,被乘数,AL 寄存器,AX 寄存器
8. 除数,被除数,AX 寄存器,AL 寄存器,AH 寄存器
9. 循环,减 1,0,循环
10. 无符号数的逻辑左移,目标操作数,左,N 次,CF 标志位,0
11. 逻辑右移,进位标志位,0
12. 00000001,00000010,02,0,CF 标志位,0,2,04,4
13. 10010001,01001000,1,00100100,24
14. 中断服务程序(或中断处理程序),33 号中断服务程序,键盘输入单个字符,显示器显示单个字符,显示器显示字符串,键盘输入字符串,退出程序
15. 从端口地址 80H 的输入设备读出 2 字节数据,送入 AX 寄存器;从端口地址 PORT 的输入设备读出 4 字节数据,送入 EAX 寄存器;将 AL 寄存器中的数据送给端口地址 43H 的输出设备

三、问答题答案

1. 立即寻址是指常数(固定值)作为源操作数,如指令"MOV AX,15"。寄存器寻址是操作数在寄存器中,如"MOV AX,BX"的两个操作数都在寄存器中。存储器寻址是操作数在存储器中,如"MOV AL,[5]"的源操作数在数据段的 5 单元中。

2. "MOV AL,12H"的功能是把 12H 送给 AL 寄存器,源操作数采用立即寻址。"MOV AL,[12H]"的功能是把数据段 12H 单元中的数据送给 AL 寄存器,源操作数在存储器中,源操作数采用存储器寻址。

3. (1) MOV、LEA、ADD、SUB
   (2) INC、DEC、MUL、DIV、IMUL、IDIV

(3) CMP、XCHG

(4) SHL、SHR、SAL、SAR

(5) ROL、ROR、RCL、RCR

(6) CALL、RET

4. AL+1→AL,4AH

BL−1→BL,48H

AL−BL→BL,2

5. 两数的加法竖式如下：

$$
\begin{array}{r}
11100101 \\
+\ 10100100 \\
\hline
1\ 10001001
\end{array}
\quad
\begin{array}{l}
\text{被加数是补码} \\
\text{加数是补码} \\
\text{该结果是补码}
\end{array}
$$

进位

加法结果 10001001 是补码，它的原码是 11110111，即十进制数 −119。被加数 11100101 是补码，其反码是 10011010，原码是 10011011，即十进制数 −27。加数 10100100 的反码是 11011011，原码是 11011100，即十进制数 −92。第 2 条指令是 (−27)+(−92)，结果是 −119。

6. AX=15,BX=15,CF=0,ZF=1。CF=1,ZF=0。

7. 13×2÷4，商 6 存入 AL 寄存器，余数 2 存入 AH 寄存器。

8. AL 值是 00001111B
   BL 值是 10001111B
   CL 值是 00001111B
   AL 值是 0AH,00001010B
   BL 值是 8FH,10001111B
   CL 值是 10001010B
   CL 值是 01110101B,75H

9. 1234H、1234H
   BX 是 2340H
   BX 是 3402H
   AX 是 0123H
   AX 是 3012H

10. AX 值是 2
    BX 值是 2
    AX 值是 8
    AX 值是 10

11. 显示 26 个大写字母。

12. 计算 1+2+3+⋯+10,AX=55,BX=11,CX=0。

第 4 章习题答案

一、选择题答案

| 1. D | 2. B | 3. A | 4. B | 5. A | 6. D | 7. D | 8. C | 9. D | 10. C |

二、填空题答案

1. 机器语言,汇编语言,高级语言,机器

2. 汇编语言,高级语言,机器语言,汇编语言,汇编(编译),汇编程序

3. .ASM,.OBJ,.EXE,汇编,链接,汇编(编译),链接程序
4. 指令语句,指示性语句(或称伪指令),指示性,机器代码,汇编程序,指令,指令机器代码,CPU
5. 代码,数据段,附加段
6. 操作码,地址码或操作数,越长
7. 分析(翻译)指令,执行指令
8. 代码段,数据段,堆栈段,附加段
9. N1,1,6
10. N2,2,1234H
11. 2,5,7
12. 给变量Y分配1B、初值未知,给变量Y分配1个字、初值未知
13. 2,字符A,字符B
14. 3,第1B,第2B
15. 用符号X表示3,用符号Z表示3

三、程序填空题答案

1.
ASSUME CS:CODE,DS:DATA
MOV S,0
INC BL 或写成 ADD BL,1
MUL AL 或写成 MUL BL
CMP DX,100
MOV S,DX
INT 33

2.
ROL BX,CL
AND AL,0FH
MOV DL,AL
MOV AH,2
MOV AH,76

3.
CMP AL,8
MUL BL
MUL BL
ADD AX,4
MOV AH,76

4.
填空1:初始化段寄存器
填空2:初始化数据段
填空3:BX+1→BX
填空4:比较AX与50
填空5:AX≤50时,跳到NEXT行
填空6:和值AX→SUM
填空7:退出程序

5. 填空1:定义数据段
   填空2:定义字变量X,存入二进制数1001110010100110
   填空3:定义字节变量Y,初值未知
   填空4:结束数据段
   填空5:定义代码段
   填空6:0→AL,或AL清零

填空7：CX逻辑左移1位

填空8：检查进位标志位CF,当CF≠1时转到NEXT行

填空9：AL+1→AL,AL存放X数据中1的个数

填空10：无条件跳到NEXT行

第5章习题答案

一、选择题答案

1. A	2. B	3. B	4. C	5. A	6. D	7. B	8. D	9. A	10. D
11. C	12. A	13. D	14. C	15. D					

二、填空题答案

1. 总线,一组导线和相关控制电路的集合,数据总线,地址总线,控制总线,多

2. 数据传送,总线驱动,仲裁控制,出错处理

3. 源部件(或主部件、主设备),目的部件(或从部件、从设备),主部件,多,优先级,总线

4. 异步,半同步,同步,发送,接收,公用时钟,异步,请求,应答

5. 发现错误,处理错误,隔离或驱动连到总线,1,隔离,驱动

6. 总线位宽,总线带宽,总线工作频率,总线位宽,总线带宽,传送多少字节,时钟信号频率,越快,越宽

7. 32/8×66,264 MB/s,264兆字节

8. 国际正式公布或推荐的计算机系统互连各个模块的标准,各种不同模块组成计算机系统(或组成计算机应用系统),机械结构规范,功能结构规范,电气规范

9. 图形显示卡,高速,连续,间断

10. 机外总线(或用户总线),外设,USB,IEEE 1394,串,火线(或fire wire)

第6章习题答案

一、选择题答案

1. D	2. B	3. C	4. B	5. A	6. B	7. A	8. D	9. D	10. C

二、填空题答案

1. 存储,数据,程序,容量,速度,价格,可靠性,功耗

2. 内存,主存,内存,辅存,外存,硬盘,外存,内存

3. SRAM(或静态RAM),DRAM(或动态RAM),DRAM,充电,泄漏(放电),充电

(刷新),信息

4. 1024(或 2^{10})个存储单元,每个存储单元能存储 4 位二进制数,1,10

5. 存储芯片,全地址译码,部分地址译码,若干个(多个),存储单元

6. 全部高位地址线,存储芯片,存储单元,每个存储单元,部分高位地址线,几组不同

7. 存储器的某个局部区域,其他区域,局部性访问,多次访问

8. 局部性访问,缓存中查找,主存查找,缓存,再(下),主存,使用的内容

9. 辅存(外存),虚拟内存,分页,虚拟内存,分页(页式),分段分页(段页式)

10. 若干个段,逻辑地址,虚拟地址,段,虚拟地址,实际(物理)地址

第 7 章习题答案

一、选择题答案

| 1. B | 2. C | 3. C | 4. D | 5. A | 6. C | 7. B | 8. D | 9. D | 10. D |

二、填空题答案

1. 地址译码,信号变换,数据缓存,数据传送

2. 处理器与外设,缓存,显存,缓存数据

3. 差异,信号变换,提供,数字信号,模拟信号,显示器

4. 多,选择外设(或地址译码),服务请求信号,选择,传送数据

5. I/O 端口(或 I/O port),数据端口,状态端口,控制端口,数据端口,状态端口,控制端口

6. 独立(单独),统一,独立,外设端口,内存,0

7. IN,OUT

8. 多,选择(确定)端口,地址译码电路

9. 无条件传输,查询方式,中断控制方式,直接存储器存取方式(或 DMA 方式),查询方式

10. 事件,中断请求,内部中断,外部中断

11. 请求中断,响应中断,处理中断

12. 中断类型号,中断类型码,中断向量码,256,0,255,对应关系,33,33,中断服务程序的地址

13. 直接存储器存取方式,快速大批量,外设与主存,通路,处理器,DMAC(DMA 控制器)

14. 中断向量表,4,中断服务程序所在段的基地址,偏移地址,中断描述符表

15. 中断控制器,中断,工作之前,初始化命令字,操作命令字,初始化

第8章习题答案

一、选择题答案

| 1. A | 2. D | 3. C | 4. D |

二、填空题答案

1. 3,1,4,计数器,计数器0,计数器1,工作方式,方式0,方式3
2. 减法,一个脉冲信号,1,0,OUT 输出端
3. 65535(或65536),串联,输出线,输入线,1000
4. 多位(若干位)二进制数据,快,高,长(远)距离传输
5. 逐位,少,远,低
6. 模拟,数字,数字、模拟,模拟,数字
7. 无穷,部分,多,越多,越多,越高
8. 采样,量化,采样频率,采样精度
9. 采样,量化,越多,越高
10. 采样频率(Hz)×量化位数×声道数×录音时间(s)÷8,(44100×16×2×60)÷8

参 考 文 献

[1] 李珍香. 微机原理与接口技术[M]. 2版. 北京：清华大学出版社，2018.
[2] 李伯成. 计算机硬件技术基础[M]. 3版. 北京：清华大学出版社，2016.
[3] 焦明海. 计算机硬件技术基础[M]. 2版. 北京：清华大学出版社，2015.
[4] Intel Corporation. The Intel 64 and IA-32 Architectures Developer's Manual[M]. Santa Clara：2014.